Falko Bause
Wolfgang Tölle

Das Vieweg-Buch zu C++

Aus dem Bereich Computerliteratur

Effektiv Starten mit Turbo C++
von Axel Kotulla

Turbo Pascal 6.0
von Martin Aupperle

Arbeiten mit MS-DOS QBasic
von Michael Halvorson und David Rygmyr
(Ein Microsoft Press/Vieweg-Buch)

Microsoft BASIC PDS 7.1
von Frederik Ramm

Effektiv Starten mit Visual Basic
von Dagmar Sieberichs und Hans-Joachim Krüger

Das Vieweg-Buch zu C++
von F. Bause und W. Tölle

MS-DOS Profi Utilities mit Turbo Pascal
von Georg Fischer

100 Rezepte für Turbo Pascal
von Erik Wischnewski

Objektorientiert mit Turbo C++
von Martin Aupperle

Effektiv Starten mit Turbo Pascal 6.0
von Axel Kotulla

Grafik und Animation in C
von Herbert Weidner und Bernhard Stauss

Das Vieweg-Buch zu Turbo Pascal für Windows
von Ekbert Hering und Alexander Mendler

Vieweg

Falko Bause
Wolfgang Tölle

Das Vieweg-Buch zu

Eine umfassende und effiziente Anleitung für Ein- und Umsteiger

Die Deutsche Bibliothek - CIP-Einheitsaufnahme

Bause, Falko:
Das Vieweg-Buch zu C++ : eine umfassende und effiziente Anleitung für Ein- und Umsteiger in die Version 3 / Falko Bause ; Wolfgang Tölle.
ISBN 978-3-663-09563-7 ISBN 978-3-663-09562-0 (eBook)
DOI 10.1007/978-3-663-09562-0
NE: Tölle, Wolfgang:

Gedruckt auf säurefreiem Papier

ISBN 978-3-663-09563-7

INHALT

VORWORT

Dieses Buch wendet sich zum einen an alle, die den Einstieg in eine sehr zukunftsträchtige Programmiersprache im **Selbststudium** betreiben wollen. Zum anderen bietet dieses Buch denjenigen, die die AT&T C++-Versionen 1.2 und 2.0 bereits kennen, die Möglichkeit, die neueste Version 3.0 in kurzer Zeit zu erlernen. Zusätzlich dient dieses Buch u.a. durch den Anhang und das ausführliche Register als schnelles **Nachschlagewerk** und ist durch seinen Aufbau (mit Aufgaben und Musterlösungen, welche zusätzlich auf Diskette beiliegen) als **Lehrbuch** geeignet.

Die Autoren dieses Buches können bereits auf eine lange Erfahrung mit C++ zurückblicken. Die ursprüngliche Idee entstammt einer Vorlesung über die AT&T C++-**Version 1.2**, welche die Autoren an der Universität Dortmund im Sommersemester 1988 gehalten haben. Diese Version der Programmiersprache wurde von den Autoren bereits in einem früheren Buch (Bause/Tölle: Einführung in die Programmiersprache C++) behandelt, welches 1989 erstmalig erschien und - wie der Titel aufzeigt - eine allgemeine Einführung in die, zu der damaligen Zeit noch recht unbekannten, Programmiersprache beinhaltet.

1990 erschien die C++-**Version 2.0**, die erhebliche Änderungen und Erweiterungen gegenüber Version 1.2 mit sich brachte. Diese Version wurde in einem weiteren Buch (Bause/Tölle: C++ für Programmierer) in der ersten Auflage 1990 und dann in einer zweiten, verbesserten Auflage 1991 dokumentiert. Der Inhalt dieses Buches ging dabei bereits weit über eine allgemeine Einführung in die Programmiersprache hinaus.

Seit Ende 1991 existiert nun die C++-**Version 3.0** und wiederum sind wesentliche Sprachmittel hinzukommen und andere verändert oder verfeinert worden. Dieses Buch beschreibt den Sprachumfang der AT&T C++ Version 3.0 unter verschiedenen Gesichtspunkten.

Wurde bereits beim Übergang von Version 1.2 zu Version 2.0 versucht, den Aufbau der Bücher möglichst ähnlich zu halten (um so insbesondere Kennern der Version 1.2 das Erlernen der neuen Sprachmittel wesentlich zu erleichtern), so haben die Autoren auch in diesem Buch besonderen Wert auf eine ähnliche Struktur gelegt. Auf der einen Seite werden die Unterschiede zur Version 2.0 besonders hervorgehoben, andererseits sind Bemerkungen zur Version 1.2 weiterhin vorhanden. Fand beim Übergang von Version 1.2 zu Version 2.0 bereits eine deutliche Verfeinerung der Beschreibung statt, so ist die Beschreibung der Sprachmittel - selbst derjenigen, die in Version 3.0 nicht neu sind - in diesem Buch noch wesentlich detailliert worden. Viele ausführliche Hinweise und Bemerkungen kommentieren einerseits Unterschiede zwischen den verschiedenen Versionen von C++ sowie Unterschiede zu C bzw. ANSI C. Andererseits wird mittels dieser Kommentierungen deutlich auf Besonderheiten oder Gefahren der Sprache hingewiesen. Weiterhin werden die Vorteile der beiden bereits existierenden Bücher kombiniert: Je nach Kenntnisstand des Lesers ist eine **allgemeine Einführung** in die Sprache, ein **breiterer Überblick** sowie ein **tiefer Einstieg** möglich.

Ein weiterer wesentlicher Vorteil (aller drei Bücher) ist auch, daß der Aufbau so angelegt ist, daß Programmierer, die weder C noch C++ kennen, diese Programmiersprache leicht erlernen können. Damit ergibt sich die wohl recht einmalige Gelegenheit, **zwei Programmiersprachen** auf einmal zu erlernen. Kenner von C wiederum können die ersten Kapitel "querlesen" und sich auf die Besonderheiten von C++ konzentrieren. Allerdings hat dieses Buch nicht den Anspruch, eine Einführung in die Programmierung an sich zu sein, und es wird somit vorausgesetzt, daß der Leser eine andere Hochsprache (z.B. Pascal) oder Konzepte der Programmierung zumindest ansatzweise kennt.

Angefangen mit einem einführenden Beispiel und den - für ein praktisches Erproben von Beispielen wichtigen - Ein-/Ausgabeanweisungen wird das Wissen des Lesers schrittweise erweitert, ohne ihn gleich mit komplizierten Anweisungen zu überfordern. Im übrigen wurden vielfach solche Hinweise in das Buch eingearbeitet, die sich für die Programmierpraxis als wesentlich erwiesen haben.

Ein einführendes Beispiel in **Kapitel 2**, anschließend in **Kapitel 3** die Beschreibung von grundlegenden Konzepten über Kommentare, Bezeichner, Deklarationen und Definitionen, Initialisierung von Bezeichnern, etc., gefolgt von Grundlagen über Typen, Konstanten und Operatoren in **Kapitel 4** bilden die Basis für das Erproben kleinerer praktischer Probleme und für Aufgabenstellungen komplexerer Natur.

Eine ausführliche Beschreibung von Anweisungen in **Kapitel 5**, Funktionen in **Kapitel 6** und Structures in **Kapitel 7** beenden den C-spezifischen Teil von C++, der im wesentlichen identisch zu C ist, trotzdem aber einige wichtige Unterschiede beinhaltet.

Kapitel 8 leitet über zu den wichtigen Neuerungen von C++. Hier werden die Grundlagen des Konzepts der Klassen aufgezeigt und motiviert. Dieses Konzept wird anschließend in **Kapitel 9** in Form von abgeleiteten Klassen erweitert und vertieft. **Kapitel 10** beschäftigt sich sodann mit dem ebenfalls neuen Konzept des Überladens von Operatoren und **Kapitel 11** mit dem seit C++-Version 3.0 neuen Sprachmittel der Schablonen. Bemerkungen zur Ein-/Ausgabe in **Kapitel 12** und zur Ausnahmebehandlung, welche als zukünftige

Erweiterung der Sprache geplant ist, in **Kapitel 13** bilden den Abschluß des Hauptteils.

Übungsaufgaben in **Kapitel 14**, die sich an der Reihenfolge im Hauptteil orientieren und sukzessive immer anspruchsvoller werden, samt **ausführlichen Musterlösungen** in **Kapitel 15** unterstützen den Leser bei seinen ersten praktischen Schritten. Diese Musterlösungen liegen dem Buch zusätzlich auf Diskette bei. Dabei werden die Lösungen für drei gängige C++-Compiler angegeben:

- Borland C++ Compiler Vers. 3.0 (für den PC-Bereich)
- GNU C++ Compiler ab Vers. 1.35.1 (für den UNIX-Bereich)
- Sun C++ Compiler Vers. 2.1 (ebenfalls für den UNIX-Bereich)

Nach Bearbeiten des Hauptteils und der Aufgaben hat der Leser ein Wissen, auf deren Grundlage er auch größere praktische Probleme lösen kann. Gleichzeitig stellen die ausführlichen Musterlösungen ein wichtiges und schnelles Nachschlagewerk nicht nur für spezielle Probleme dar.

Kapitel 16 beinhaltet ein für den interessierten Leser sehr ausführliches Literaturverzeichnis.

Der **Anhang** listet in kurzer Form die wichtigsten syntaktischen Regeln der Spache auf und führt die Unterschiede zwischen den verschiedenen Versionen auf, so daß sich erfahrene Programmierer hier schnell einen Überblick über die wesentlichsten Bestandteile und Unterschiede verschaffen können. Ferner werden hier einige nützliche Hinweise zur Benutzung des C++-Compilers gegeben.

Ein ebenfalls sehr detailliertes **Register** erlaubt ein gezieltes Nachschlagen ganz bestimmter Sprachmittel.

1 EINLEITUNG

Zum Zeitpunkt der Entwicklung der Programmiersprache C wurden hauptsächlich Assemblersprachen zur Programmierung von Betriebssystemroutinen eingesetzt. Eine wesentliche Intention bei der Entwicklung von C war, diese Assemblersprachen weitgehend zu ersetzen, um insbesondere die Fehlerhäufigkeit bei der Programmerstellung zu reduzieren. Ein gutes Beispiel für den massiven Einsatz von C ist das Betriebssystem UNIX®. UNIX selbst, sowie eine Vielzahl von assoziierten Bibliotheksroutinen wurden überwiegend in C (und heute immer mehr in C++!) implementiert. Grob ausgedrückt bietet C somit insbesondere die Möglichkeit, fundamentale Objekte der Hardware (Bits, Worte, Adressen) mittels einfacher Befehle effizient zu manipulieren, wobei die Sprachelemente mit denen anderer Programmiersprachen, wie z.B. Pascal, durchaus vergleichbar sind; andererseits ist C jedoch auch universell einsetzbar.

Allerdings läßt C einige Konzepte, welche in anderen höheren Programmiersprachen vorhanden sind, vermissen. Dies war einer der Gründe zur Weiterentwicklung von C zur Programmiersprache C++. Die wesentlichen Erweiterungen gegenüber C sind - neben allgemeinen Verbesserungen und Verfeinerungen existierender C-Sprachmittel - die Unterstützung der Kreierung und Benutzung von Datenabstraktionen sowie die Unterstützung von objektorientiertem Design und objektorientierter Programmierung. Die Mächtigkeit von C++ liegt somit insbesondere in der Unterstützung von neuen Ansätzen zur Programmierung und in neuen Wegen, über Programmierprobleme nachzudenken. C++ basiert auf C, d.h. der Sprachumfang von C ist Bestandteil von C++. Dies hat u. a. auch den enormen Vorteil, daß existierende C-Applikationen sowie Tausende von C-Bibliotheksfunktionen weiter verwendet werden können.

C++ ist eine relativ junge Programmiersprache, welche von den AT&T Bell Laboratories entwickelt wurde. Eine erste Version dieser Sprache ist unter dem Namen "C with Classes" 1980 erstmals bekannt geworden, und seit dieser Zeit unterlag die Sprache einer ständigen Weiterentwicklung. Der Name C++ tauchte zuerst im Jahre 1983 auf, als "C with Classes" erweitert und reimplementiert wurde. Nach weiteren Veränderungen wurde die C++ Version 1.0 im Jahre 1985 generell verfügbar und in 1988 erschien die Version 1.2. Nach wesentlichen Erweiterungen wurde Mitte 1989 die Version 2.0 verfügbar und 1990 dann die Version 2.1. Ende 1991 wurde schließlich die hier beschriebene Version 3.0 herausgebracht.

® UNIX ist ein eingetragenes Warenzeichen der AT&T Bell Laboratories.

Bei der Entwicklung von C++ ist von Anfang an auf Standardisierungsmöglichkeiten geachtet worden; die Bemühungen um einen ANSI C++-Standard sind dafür ein gutes Beispiel. Außerdem gibt es beispielsweise Bestrebungen, einige in C++ neu entwickelte Techniken auch in andere Sprachen (z.B. Ada) zu integrieren. Weiterhin hatte und hat die Entwicklung von C++ wesentlichen Einfluß auf die Entwicklung des ANSI C-Standards (so ist z. B. das Konzept der strengen Typüberprüfung von C++ in den ANSI C-Standard übernommen worden). Laufzeiteffizienz, Speichereffizienz und Portabilität von C++-Implementationen waren andere wesentliche Designziele.

Für die Interpretation des Namens C++ gibt es mehrere Versionen. Die geläufigste ist, daß der Name aus dem C und dem Inkrementoperator ++ der Programmiersprache C entstand.

Wesentliche Änderungen gegenüber C bei der anfänglichen Konzeption von C++ (bis zur Version 1.2) waren zum einen die Einbettung des Klassenkonzeptes, welches z.B. in Simula67 vorzufinden ist, zum anderen die Möglichkeit des sogenannten Überladen von Operatoren (Operator Overloading). Speziell die Verwendung von Klassen und die explizite Trennung der Daten in "öffentlich" zugreifbare und "private" Teile ermöglichte es schon in den ersten Versionen, das grundlegende Konzept der abstrakten Datentypen mit einfachen Mitteln zu realisieren. Ein Anwender der Sprache war in der Lage, die Sprache durch selbstdefinierte Datentypen zu erweitern, die dann mit der gleichen Flexibilität und Einfachheit verwendet werden konnten wie die standardmäßig vorhandenen Typen. Außerdem unterstützte C++ den Aufbau von Klassenhierarchien und ermöglichte so objektorientiertes Programmieren.

In der Version 2.0 kamen neben Verfeinerungen und Verbesserungen bereits vorhandener Sprachelemente insbesondere folgende wesentliche Sprachelemente hinzu:

* die Möglichkeit, mehrfache Vererbung zu beschreiben,
* virtuelle Basisklassen,
* memberweise Initialisierung und Zuweisung von Klassenobjekten,
* typensicheres Binden,
* das Überladen der Operatoren *new* und *delete*,
* statische und konstante Member-Funktionen,

um nur einige Highlights zu nennen.

Die Version 3.0 schließlich beinhaltet - neben weiteren Verfeinerungen und Verbesserungen - zusätzlich sogenannte Schablonen ("Templates") und als zukünftige Erweiterung wird die Ausnahmebehandlung ("Exception Handling") in C++ integriert werden.

Es gibt viele Vorteile durch die Entscheidung, C++ auf der Basis von C zu entwickeln. Zum einen existieren bereits eine Vielzahl von Bibliotheksfunktionen in C (einige hunderttausend Programmzeilen), die weiterhin genutzt werden können. Zum anderen ist der große Bekanntheitsgrad von C zu nennen, so daß C-Programmierer die Sprache mit recht geringem Aufwand erlernen können.

Um aber C++ effektiv einsetzen zu können, reicht es nicht aus, nur einen neuen Satz an syntaktischen Strukturen zu erlernen. Die neuen Denkweisen im Vergleich zu C müssen eindeutig motiviert werden, um so die sinnvollen Verwendungsmöglichkeiten der neuen Sprachmittel grundlegend zu unterstreichen. Die Motivation für den Einsatz dieser - auch und insbesondere für den C-Programmierer - neuen Sprachelemente ist daher ein weiteres Anliegen dieses Buchs.

Seit der Geburt von C++ haben Anwender die Evolution der Sprache wesentlich beeinflußt. Die Erfahrung von Anwendern in verschiedensten Anwendungsgebieten hat nicht nur dazu geführt, daß C++ heute auf breiter Ebene akzeptiert wird; C++ ist dadurch auch eine sehr reife und stabile Programmiersprache geworden. Die Verbreitung von C++ geht sehr rasch vor sich, und C++ ist mittlerweise auch direkt bei fast allen Rechnerherstellern erhältlich. Das Betriebssystem UNIX wird bei AT&T bereits in C++ weiterentwickelt. Die Verfügbarkeit einer Vielzahl von Compilern und insbesondere die enormen Möglichkeiten der Sprache zeigen deutlich ihre Bedeutung für die Zukunft.

Dieses Buch beschreibt die C++-Version 3.0. Zum Verständnis sind Kenntnisse der Programmiersprache C nicht notwendig. Insofern bietet dieses Buch die wohl seltene Gelegenheit, gleich zwei Programmiersprachen auf einmal zu erlernen. Allerdings ist dies keine Einführung in die Programmierung an sich. Insofern sind Kenntnisse mindestens einer anderen höheren Programmiersprache (z.B. Pascal oder Modula) hilfreich und sollten vorhanden sein.

In den Kapiteln 2 - 7 wird der Anteil von C++ beschrieben, der, bis auf wenige Ausnahmen (insbesondere syntaktischer Art), identisch zu C ist. In den restlichen Kapiteln werden dann die o.g. Unterschiede zwischen C++ und C behandelt. Im Anhang sind wesentliche Merkmale der Sprache zum schnellen Nachschlagen noch einmal zusammengefaßt. Hier runden auch Übungsaufgaben, Musterlösungen, ein zum weiteren Nachlesen sehr ausführlich gehaltenes Literaturverzeichnis sowie ein umfangreiches Register die

Beschreibung der Sprache ab. Dabei erleichtern die zusätzlich auf Diskette beiliegenden Musterlösungen dem Leser die Bearbeitung der Übungsaufgaben.

Die meisten der ausgewählten Beispielprogramme bzw. -fragmente sind allerdings nicht unbedingt unter Effizienzaspekten entworfen worden. In vielen Fällen liegt die Darstellung der Sprachmittel und ihrer möglichen Verwendung bzw. Gefahren eindeutig im Vordergrund. Weiterhin wird darauf verzichtet, an jeder Stelle ausführliche Programmbeispiele zu verwenden, da hierdurch dem Leser der Blick für das Wesentliche verstellt wird; vielmehr wird Programmfragmenten zur Erläuterung der Sprachelemente häufig der Vorzug gegeben.

2 EIN EINFÜHRENDES BEISPIEL

Zu Beginn ein einfaches C++-Programmbeispiel. Es soll ein erstes Gefühl für die Programmiersprache C++ vermitteln und auch bereits auf erste Unterschiede zur Programmiersprache C aufmerksam machen.

In der sich anschließenden kurzen Diskussion der Programmteile wird jeweils darauf hingewiesen, an welcher Stelle dieses Buches diese Programmteile näher diskutiert werden.

```
/*  Dieses Programm berechnet für eine eingegebene Zahl
    n die Potenzen 2^n, 3^n,...,11^n und speichert diese
    Ergebnisse in einem Vektor(Array). Anschließend
    werden die Inhalte des Vektors ausgegeben. */

#include <iostream.h>

int i, n;

//  Definition eines 10-elementigen Vektors v mit den
//  Komponenten v[0], v[1], ..., v[9] vom Typ integer
int v[10];

/*  Definition einer Funktion mit Namen b_hoch_n und
    zwei Parametern b und n. Das Ergebnis der Funktion
    ist ein Integer-Wert, der dem Wert von b^n
    entspricht. */

int b_hoch_n(int b, int n)
{
    // Definition einer lokalen Integer-Variablen
    // ergebnis mit Anfangswert 1.
    int ergebnis = 1;

    while (n > 0)
    {
        ergebnis = ergebnis * b;
        n = n - 1;  // = ist der Zuweisungsoperator, in
                    // Pascal z.B. unter := bekannt
    }

    return ergebnis;      // Ergebnisrückgabe
}

main( )                   // Beginn des Hauptprogramms
{
    i = 0;
    cout << "Geben Sie eine ganze Zahl ein: \n";
                          // schreiben
    cin >> n;             // lesen
```

```
41      while (i < 10)
42      {
43          v[i]    =   b_hoch_n( (i+2), n);
44          i       =   i + 1;
45      }
46
47      cout << "\nDie Ergebnisse sind: \n";
48      i = 0;
49
50      while (i < 10)
51      {
52          cout    <<  (i+2) << " hoch " << n  << " = " << v[i]
53                  <<  "\n";
54          i = i + 1;
55      }
56  }
```

Im diesem Beispielprogramm sind am linken Rand Zeilennummern aufgeführt worden, da wir uns so leichter auf Teile des Programms beziehen können. Sollte das Programm vom C++-Compiler übersetzt werden, so dürfen diese Zeilennummern nicht vorkommen.

Bemerkung:
Das Übersetzen eines C++-Programmes wird in mehreren Schritten durchgeführt. Zuerst führt ein sogenannter Präprozessor bestimmte Schritte aus, z.B. die Anweisungen, die durch ein # gekennzeichnet sind (also z.B. *include*-Befehle; vgl. nächsten Abschnitt). Dieser Teil des Übersetzungsvorgangs ist Bestandteil aller C++- (und C-) Implementationen und die Ausgabe des Präprozessors wird Übersetzungseinheit (translation unit) genannt. Bei den weiteren Schritten des Übersetzungsvorgangs kann es von Compiler zu Compiler jedoch Unterschiede geben. So dient beispielsweise die Übersetzungseinheit bei einigen Implementationen als Eingabe für den C++-Compiler, der sie in ein semantisch äquivalentes C-Programm umsetzt, welches daraufhin wiederum vom C-Compiler kompiliert wird. Vielfach wird dieser Umweg über C bei heutigen C++-Compilern nicht mehr beschritten, sondern es wird direkt ausführbarer Code erzeugt (native compiler). Zur Vereinfachung werden wir im folgenden diese Schritte nicht mehr getrennt betrachten, sondern alle Vorgänge zusammenfassen und nur noch vom C++-Compiler bzw. vom Kompilieren sprechen.

Ein C++-Programm besteht aus einer oder mehreren Dateien, die zusammengebunden werden. Jede Datei besteht dabei aus einer Folge von Anweisungen. In Zeile 6 wird durch den Befehl **#include** die Datei **iostream.h** eingebunden, d.h. sie wird beim Kompilieren an dieser Stelle eingefügt. In dieser Datei sind u.a. die Deklarationen der Funktionen zur Ein- und Ausgabebehandlung abgelegt. Ohne diesen *include*-Befehl wären die im Programmbeispiel verwendeten Ein- bzw. Ausgabeanweisungen **cin >>** bzw. **cout <<** nicht bekannt. Die spitzen Klammern um den Namen *iostream.h* geben an, daß diese Datei unter einem vordefiniertem (UNIX-)Directory steht, z.B. */usr/include/CC*. Der Befehl *#include* muß bei einigen C++-Versionen am linken Rand der zu kompilierenden Datei stehen, da dieser Befehl sonst nicht ausgeführt wird (vgl. hierzu im Anhang: Hinweise zum Compiler).

Bemerkung:
iostream.h existiert erst seit C++ Version 2.0. Frühere C++-Versionen beinhalteten die entsprechende Bibliothek *stream.h*. Ältere Programme brauchen an dieser Stelle jedoch nicht geändert zu werden. Die Präprozessor-Anweisung *#include <stream.h>* wird auch weiterhin unterstützt; sie ist jetzt ein "Alias" für *#include <iostream.h>*.

#include-Anweisungen sind auch Bestandteil des Sprachumfangs von C, wobei zur Ein-/Ausgabe die Datei <stdio.h> eingebunden wird. Üblicherweise wird zur Ein- und Ausgabe in C die Funktion *printf ()* verwendet.

Das obige Programmbeispiel beginnt mit einem **Kommentar** (Zeilen 1 - 4), in dem beschrieben wird, welche Funktionalität dem Benutzer zur Verfügung gestellt wird. Auch die Zeilen 10 - 11, 14 - 17 und 21 - 22 sind Kommentare. Die Verwendung von Kommentaren wird ausführlich in Kapitel 3 diskutiert.

Hinweis:
Die in den Zeilen 1 - 4 verwendete Form eines Kommentars ist auch gültige Syntax in C, die in den Zeilen 10 - 11 verwendete Form allerdings nicht.

In den Zeilen 8 und 12 werden Variablen vom Typ **int** (Integer = ganze Zahlen) definiert. Die Variable *v* ist dabei ein n-Tupel (Array, Vektor) mit 10 Komponenten. Die Deklaration und Definition von Variablen sowie ihre Initialisierung wird in Kapitel 3 diskutiert, die verschiedenen Typen der Sprache C++ in Kapitel 4.

In der Zeile 23 wird eine Variable vom Typ Integer namens *ergebnis* definiert und *ergebnis* wird mittles des Zuweisungsoperators der Wert 1 zugewiesen. Operatoren werden ausführlich in Kapitel 4 vorgestellt. Der Gültigkeitsbereich von Variablen wird in Kapitel 5 diskutiert.

Die Zeilen 19 - 33 enthalten die Definition einer Funktion mit Namen *b_hoch_n*. Wird diese Funktion mit zwei aktuellen Parametern für *b* und *n* aufgerufen, so wird das Ergebnis b^n in der Variablen *ergebnis* berechnet. Die Ergebnisrückgabe erfolgt durch das Schlüsselwort **return**. Funktionen werden in Kapitel 6 behandelt.

In den Zeilen 35 - 56 steht das Hauptprogramm, gekennzeichnet durch das Schlüsselwort **main**. *main* ist eine spezielle Funktion (hier mit leerer Parameterliste, daher die beiden runden Klammern), welche in jedem lauffähigen C++-Programm vorhanden sein muß. Denn wird ein Programm aufgerufen, so wird nach der speziellen Funktion *main* gesucht, welche automatisch aufgerufen wird. Die Funktion *main* wird ebenfalls in Kapitel 6 näher behandelt.

Die geschweiften Klammern { bzw. } kennzeichnen den Beginn bzw. das Ende eines Blockes. So ist z.B. der Funktionsrumpf (-block) von *b_hoch_n* durch die geschweiften Klammern in den Zeilen 20 und 33 gekennzeichnet. Die Bedeutung von { und } ist z.B. vergleichbar mit den Schlüsselwörtern *begin* und *end* der Programmiersprachen Pascal und Simula. Blockstrukturen und elementare Anweisungen sind in Kapitel 5 beschrieben.

Abschließend noch ein paar Bemerkungen zu den Ein- und Ausgabeoperatoren.

Mittels **cout** << werden Ausgaben vorgenommen. So wird in Zeile 38 der in Anführungszeichen stehende Text (Textkonstante/String) *'Geben Sie eine ganze Zahl ein:'* ausgegeben. Das spezielle Symbol *n* veranlaßt einen Zeilenvorschub, so daß die nächste Ausgabe am Anfang der nächsten Zeile erfolgt. Spezielle Symbole innerhalb einer Ausgabe sind grundsätzlich durch das Zeichen \ (backslash) gekennzeichnet. Weitere Symbole zur Manipulation des Ausgabeformats sind im Anhang verzeichnet.

Die Anweisung in den Zeilen 52 - 53 zeigt ein anderes Format für die Ausgabeanweisung. Diese Anweisung ist äquivalent zur folgenden Anweisungsfolge:

```
cout << (i+2);
cout << " hoch ";
cout << n;
cout << " = ";
cout << v[i];
cout << "\n";
```

Mittels **cin** >> werden Eingaben von der Tastatur den angegebenen Variablen zugewiesen. So bedeutet die Anweisung *cin >> n;* (Zeile 40), daß der eingegebene Wert der Variablen *n* zugewiesen wird (vorausgesetzt, daß eine ganze Zahl eingegeben wird).

Ein- und Ausgabeanweisungen (formatiert und unformatiert) werden in Kapitel 12 ausführlicher diskutiert.

Für diejenigen, die bisher noch kein C++-Programm (oder auch C-Programm) gesehen haben, jedoch Kenntnisse in anderen Programmiersprachen haben, erscheinen einige der im obigen Beispiel verwendeten Sprachmittel sicherlich ungewohnt. Insofern soll dieses einführende Beispiel auch dazu dienen, einen ersten Überblick zu gewinnen und ein erstes Gefühl für diese ungewohnten Sprachelemente zu entwickeln.

Obiges Programm ist dabei, bis auf die zwei hervorgehobenen Ausnahmen (Ein-/Ausgabeanweisungen und Kommentare) gleichzeitig auch ein korrektes C-Programm.

In den nachfolgenden Kapiteln (bis einschließlich Kapitel 6) wollen wir die im Beispiel aufgezeigten Grundlagen der Sprache C++ vertiefen, wie z.B. grundlegende Konzepte über Kommentare, Bezeichner, Typen, Anweisungen,

Operatoren und Funktionen. Diese Kapitel (und zuzüglich das Kapitel 7) beschreiben auch gleichzeitig den Sprachumfang der Programmiersprache C. Insoweit dabei Unterschiede zwischen C und C++ vorhanden sind, werden diese explizit angesprochen.

Bemerkung:
C unterscheidet mehrere Dialekte, die aber allesamt auf dem "klassischen C", beschrieben von Brian W. Kernighan und Dennis M. Ritchie, basieren. Hinter ANSI C verbirgt sich die Anstrengung, C zu standardisieren; dabei wiederum existieren einige Unterschiede zwischen dem klassischen C und ANSI C. Diese verschiedenen Dialekte werden hier nicht intensiv behandelt. Wir verwenden daher im folgenden die allgemeine Bezeichnung C und werden nur an einigen Stellen auf Besonderheiten verweisen.

3 GRUNDLEGENDE KONZEPTE

3.1 Kommentare

Das Programmbeispiel aus Kapitel 2 beginnt mit einem **Kommentar** (Zeilen 1 - 4), in dem beschrieben wird, welche Funktionalität dem Benutzer zur Verfügung gestellt wird. Auch die Zeilen 10 - 11, 14 - 17 und 21 - 22 sind Kommentare. Kommentare sind wichtige Hilfsmittel für den Ersteller und andere Leser eines Programms. Sie haben ausschließlich Erklärungsfunktionen und können etwa Algorithmen verdeutlichen, den Zweck von Variablen erklären oder besondere Programmstellen hervorheben. Kommentare vergrößern den ausführbaren Programmcode nicht; sie werden vom Compiler (genauer: vom Präprozessor) vor der Codegenerierung entfernt.

In C++ gibt es - im Unterschied zu C - zwei Möglichkeiten, Kommentare zu verwenden:

1) durch Einschachtelung der zu kommentierenden Zeilen durch die Zeichenkombinationen `/*` und `*/` . Hier wird der Beginn eines Kommentars durch /* gekennzeichnet und mit */ abgeschlossen. Alle Zeichen, die sich zwischen diesen Zeichenkombinationen befinden, werden als Kommentar angesehen.

2) durch Voranstellen der Zeichen //, um den Rest einer einzigen Zeile als Kommentar zu kennzeichnen. Alle Zeichen, die sich rechts von diesen beiden Zeichen (aber nur in dieser einen Zeile) befinden, werden vom Compiler ignoriert.

Beispiele:

```
/*  Definition einer Funktion mit Namen b_hoch_n und zwei
    Parametern b und n. Das Ergebnis der Funktion ist ein
    Integer-Wert, der dem Ergebnis von b^n entspricht.
*/

int b_hoch_n(int b, int n);

//  Definition einer lokalen Integer-Variablen ergebnis
//  mit Anfangswert 1.

int ergebnis = 1;
```

```
/*
    Funktion, die das Minimum zweier Integer-Zahlen
    berechnet.
*/

int min(int a, int b);
```

Nur die erste der beiden Möglichkeiten existiert auch in C. Die Kommentarzeichen(-folgen) //, /* und */ haben keinerlei Bedeutung innerhalb des "Zeilenkommentars //" und werden wie jedes gewöhnliche Zeichen behandelt. Das gleiche gilt für die Kommentarzeichen(-folgen) // und /* innerhalb des "Blockkommentars /* .. */". Bei beiden Möglichkeiten darf zwischen den beiden kennzeichnenden Zeichen kein Leerzeichen stehen, da dies sonst beispielsweise zu folgenden Schwierigkeiten führen kann:

```
int ergebnis;
int i    =   10;
int k    =   5;
int *z   =   &k; /*
                    Definition eines Integer-Zeigers z
                    (Sprachliches Hilfsmittels dazu ist der
                    *), welcher mit der Adresse von k
                    initialisiert wird
                 */

ergebnis     =   i   / *z;
                 /*
                    Division von i durch den Wert, auf  den
                    z verweist  ergebnis hat den Wert 2
                 */

ergebnis     =   i   /*z;
                 /*
                    Direkt hinter i beginnt ein Kommentar
                 */
```

Im letzten Beispiel ist etwas Unerwünschtes passiert. Die zusammenhängende Schreibweise von /* (ohne Leerzeichen dazwischen) kennzeichnet den Beginn eines Kommentars und nicht - wie offensichtlich gewünscht - eine Division. Direkt dahinter steht der Beginn des eigentlichen Kommentars. Der Compiler wird hier aber (glücklicherweise) eine Fehlermeldung generieren, da hinter *i* das notwendige Semikolon fehlt; dies hängt allerdings von der nächsten Programmzeile ab.

Kommentare sind zweifellos nützlich und ihre Verwendung fraglos angebracht. Sie dürfen jedoch nicht dazu führen, daß ein Programm schlecht lesbar wird. Folgendes Beispiel soll deshalb als Abschreckung dienen, weil hier die eigentlich wichtigen Programmschritte sehr schlecht zu erkennen sind:

```
/*  Definition einer Funktion mit Namen b_hoch_n und zwei
Parametern b und n. Das Ergebnis der Funktion ist ein
Integer-Wert, der dem Ergebnis von b^n entspricht. */
int b_hoch_n(int b, int n);
/* Definition einer lokalen Integer-Variablen ergebnis
mit Anfangswert 1.*/
int ergebnis = 1; /* Zuweisung */
/*  Definition eines Zeigers auf Integer */
int *int_zeiger; /* Anfangs uninitialisiert */
/*  Schlechtes Beispiel für Kommentare */
```

Hinweis:
Da der "Zeilenkommentar //" nicht Bestandteil des Sprachumfangs von C ist, kann dies dazu führen, daß die C++- und C-Compiler gleiche Programmteile unterschiedlich interpretieren. Dazu folgendes Beispiel:

```
int y, z;
int x =    y//* Teile durch 10 */10;
           +z;
```

Der C-Compiler würde diese Anweisungsfolge wie folgt übersetzen:

```
int x =    y/10;
           +z;
```

In C++ entspricht dies dagegen folgender Anweisung:

```
int x = y + z;
```

3.2 Bezeichner

Namen werden in C++ genauso gebildet wie in vielen anderen Programmiersprachen. Ein **Bezeichner** (**Identifier**) besteht aus einer Folge von Buchstaben und Ziffern, wobei das erste Zeichen (Character) eines Namens ein Buchstabe sein muß. Das spezielle Zeichen _ (Unterstrich) wird ebenfalls als Buchstabe gewertet. Gültige Namen sind beispielsweise

```
u_name
sehr_langer_variablen_name
_var
_vAr          // ist ein anderer Name als _var!
b78u8
```

Man beachte, daß C++ zwischen Groß- und Kleinschreibung der Zeichen unterscheidet, und daß es bei der Namensbildung keine Beschränkung bzgl. der zugelassenen Länge (der Anzahl der Zeichen in einem Namen) gibt. Bezeichner, die mit __ (zwei aufeinanderfolgende Unterstriche) beginnen, sind reserviert für C++-Implementierungen und -Standardbibliotheken und sollten daher vom Anwender vermieden werden. Bezeichner, die mit _ (einem

Unterstrich) beginnen, sollten allerdings ebenfalls vermieden werden, da solche Bezeichner in C-Implementationen besondere Bedeutung haben.

3.2.1 Reservierte Wörter

Reservierte Wörter (Schlüsselwörter), wie z.B. die bereits aus dem einführenden Beispiel bekannten *return, int, while*, etc. sind nicht als Bezeichner in einem Programm zugelassen. In C++-Version 3.0 sind folgende Wörter reserviert:

```
asm        auto       break      case
catch      char       class      const
continue   default    delete     do
double     else       enum       extern
float      for        friend     goto
if         inline     int        long
new        operator   private    protected
public     register   return     short
signed     sizeof     static     struct
switch     template   this       throw
try        typedef    union      unsigned
virtual    void       volatile   while
```

Bemerkungen:
Diese Liste hat sich mit der Evolution von Version 1.0 zu Version 3.0 des öfteren verändert. Dies kann bei bereits vorhandenen Quellprogrammen und Bibliotheksfunktionen zu Kompatibilitäts- und Portabilitätsproblemen führen.

So war das Schlüsselwort *overload* in den Versionen 1.x wesentlicher Bestandteil des Sprachumfangs. Ab Version 2.0 wurde dieses Schlüsselwort nicht mehr benötigt; aus Kompatibilitätsgründen blieb es jedoch weiterhin Bestandteil der Liste der reservierten Wörter. In Version 3.0 ist *overload* jetzt aber kein Schlüsselwort mehr.

Das Schlüsselwort *handle* existierte nur in Version 2.0, jedoch nie in den Versionen 1.x und nicht mehr in Version 3.0. Es wurde für Version 2.0 vorsichtshalber als Schlüsselwort für das noch nicht zum Sprachumfang gehörende Konzept der Ausnahmebehandlung definiert; inzwischen traten weitere Veränderungen ein und die dafür neu in Version 3.0 vorgesehenen Schlüsselwörter sind *catch*, *throw* und *try*.

Neu in Version 3.0 ist ebenfalls das reservierte Wort *signed*.

Das Schlüsselwort *volatile* wurde mit Version 2.0 eingeführt, seine Bedeutung aber erst später implementiert.

3.3 Deklarationen und Definitionen

Bevor ein Bezeichner, wie z.B. *ergebnis* aus unserem einführenden Beispiel, in C++ benutzt werden darf, muß angezeigt werden, in welchem Kontext dieser Bezeichner verwendet werden wird. Bezeichner gehören immer einem **Typ** an, welcher die erlaubten Operationen auf dem Objekt, welches durch den Bezeichner angegeben wird, bestimmt (siehe Kapitel 4). Bezeichner können nur in einem bestimmten Programmbereich verwendet werden, im sogenannten **Gültigkeitsbereich** (oder **Scope;** vgl. Kapitel 5). Bezeichner werden innerhalb eines Programms durch **Deklarationen** bekannt gemacht. Beispiele für Deklarationen von Bezeichnern sind:

```
int     zaehler;
char    ch;
float   x;
```

Deklarationen sind zugleich auch **Definitionen**, wenn bei der Deklaration direkt der entsprechende Speicherplatz für das bezeichnete Objekt reserviert wird. Obige Beispiel-Deklarationen sind in C++ auch Definitionen.

Eine Deklaration ist somit keine Definition, wenn

* die Deklaration das Schlüsselwort *extern* enthält und keinen Funktionsrumpf bzw. keine Initialisierung,
* eine Funktion deklariert wird, ohne den Funktionsrumpf zu spezifizieren,
* es sich um die Deklaration eines Klassennamens handelt,
* es sich um die Deklaration eines statischen Members in einer Klassendeklaration handelt,
* es sich um eine *typedef*-Deklaration handelt.

Daher ist folgendes Beispiel für eine Deklaration

```
extern  int re;
```

keine Definition. Hier wird dem Compiler lediglich mitgeteilt, daß die Variable *re* vom Typ *int* ist und extern (z.B. in einer anderen Datei) definiert ist. Es wird für *re* kein Speicherplatz zum Zeitpunkt der Deklaration reserviert.

In C++ müssen Variablen und Funktionen deklariert werden. Dies macht in einigen Fällen eine sogenannte **Vorwärtsdeklaration** notwendig; solche Vorwärtsdeklarationen verdeutlichen den Unterschied zwischen Deklaration und Definition:

```
int drucke (int a, int b);
// Vorwärtsdeklaration der Funktion drucke

main( )
{
    int  c, d;
    ...
    drucke (c, d);
    //  Aufruf wegen Vorwärtsdeklaration möglich
}

int drucke(int a, int b)
{
    ...
    // Definition der Funktion
}
```

Durch die erste Anweisung wird dem Compiler bekannt gemacht, daß eine Funktion *drucke* existiert und daß ihre konkrete Definition anderswo im Programm stattfindet (vielleicht auch in einer anderen Datei). Auch wenn an dieser Stelle noch nicht angegeben wird, wie die Funktion konkret aussieht: der Name der Funktion (hier *drucke*), ihr Ergebnistyp (hier *int*) und die Parametertypen (hier *int* und *int*) sind jedoch bekannt gemacht worden (die Parameternamen (hier *a* und *b*) sind dabei optional). Ohne diese Vorwärtsdeklaration wäre der Aufruf der Funktion im obigen Hauptprogramm nicht möglich gewesen, da der Compiler keine Möglichkeit gehabt hätte, zu überprüfen, ob *c* und *d* als Aufrufparameter (Argumente) erlaubt sind (Typüberprüfung). Der Compiler hätte daher eine Fehlermeldung ausgegeben.

Mehrfache Deklarationen ein und derselben Variable sind durchaus gestattet (da kein Speicherplatz reserviert wird), jedoch ist für eine Variable nur genau eine Definition erlaubt. Eine doppelte Definition führt zu einer Fehlermeldung des Compilers (Redefinition).

Ein Bezeichner ist direkt nach seiner Angabe (vor z.B. einem angegebenen Initialwert, vgl. einführendes Beispiel in Kap. 2, Zeile 23) bekannt (point of declaration). So gilt beispielsweise für

```
int a = a;
```

daß *a* durch seinen eigenen (undefinierten) Wert initialisiert wird.

3.4 Speicherklassen und Bindung

Ein C++-Programm besteht aus einer oder mehreren Dateien, die zusammengebunden werden. Eine Datei besteht aus einer Sequenz von Anweisungen. Jede der Dateien wird in mehreren Phasen übersetzt.

Da also Anweisungen eines einzigen C++-Programmes über mehrere Dateien verteilt sein können, ist es wichtig zu wissen, wie Objekte (Objekte hier im Sinne von bezeichneten Speicherbereichen) gespeichert werden, wie lange sie gültig sind und wie die Bindung von Objekten an Dateien verwaltet wird.

Es existieren zwei implizit vorhandene, aber auch explizit spezifizierbare **Speicherklassen**:

* automatisch und
* statisch.

Automatische Objekte sind lokal innerhalb ihres umschließenden Blockes (also z.B. innerhalb von *{* und *}*) bekannt und verlieren bei Verlassen dieses Blockes ihre Gültigkeit.

Statische Objekte existieren zur gesamten Laufzeit des Programms und behalten somit immer ihre Gültigkeit.

Es gibt insgesamt vier Schlüsselwörter, die Einfluß auf die Speicherklasse nehmen:

* auto
* register
* static
* extern

auto und *register* können nur auf Bezeichner von Objekten angewandt werden, die innerhalb eines Blockes deklariert sind, sowie auf formale Parameter von Funktionen. Die korrekte Anwendung von *auto* und *register* hat zur Folge, daß die Objekte zur Speicherklasse *automatisch* gehören.

auto ist dabei redundant und wird daher selten verwendet. Eine Einsatzmöglichkeit von *auto* ist beispielsweise die Verdeutlichung des Unterschieds von Deklarationen und Ausdrücken. Dazu folgendes Beispiel:

```
{
    int v[10];
}
```

ist äquivalent zu

```
{
    auto int v[10];
}
```

Dem Compiler ist zwar bekannt, daß *int v[10]* eine Deklaration eines Vektors (Arrays) mit 10 Komponenten ist. Die (redundante) Angabe von *auto* kann dem Leser des Programms (allerdings in seltenen Fällen) helfen.

Eine *register*-Deklaration ist automatisch auch eine *auto*-Deklaration, jedoch mit dem zusätzlichen Hinweis an den Compiler, daß die im folgenden deklarierte Variable sehr häufig benutzt wird; dem Compiler wird somit die Möglichkeit gegeben, Variablen direkt in (nicht adressierbaren) Registern anstatt im Hauptspeicher zu plazieren, um so die Ausführung des Programms zu optimieren. Dieser Hinweis kann allerdings vom Compiler ignoriert werden und wird auch in den meisten Implementationen ignoriert, wenn beispielsweise die Adresse der Variablen ermittelt wird.

Hinweis:
Im Unterschied zu C erlaubt C++, daß die Adresse eines Objektes ermittelt werden darf, selbst wenn es mit Speicherklasse *register* deklariert wurde:

```
register int r;
int *r_zeiger = &r;      // Achtung: Nicht möglich in C!
```

In diesem Fall muß das Objekt offensichtlich in einem Speicherbereich abgelegt werden, für den eine Adresse ermittelt werden kann.

Weiterer Hinweis:
Es gibt zwei weitere sehr maschinennahe Deklarationen. Beide sollen hier nur angedeutet werden.

1) Die **asm**-Deklaration. Sie hat die Form

```
asm (Textkonstante);
```

und kann benutzt werden, um Informationen durch den Compiler weiter an den Assembler zu reichen.

2) Die **volatile-Deklaration**:
Objekte können zusätzlich als volatile (**flüchtig**) definiert werden. Volatile ist ein Hinweis an den Compiler eine Optimierung an den Stellen zu vermeiden, an denen solche Objekte auftreten. Dies ist zum Beispiel erforderlich, wenn der Wert des Objekts nicht nur durch das Programm geändert wird, sondern auch durch andere laufende Programme; dies ist für den

Compiler nicht unbedingt erkennbar. Ein typisches Beispiel für die Verwendung solcher Objekte sind Ports:

```
volatile int port[10];
...
int i   = port[0] ;
i       = port[0];
          /*   Die beiden Anweisungen werden hier nicht zu der Anweisung
               int i = port[0];  optimiert, da port ein volatile-Objekt ist.
          */
```

Sowohl asm als auch volatile sind reservierte Wörter in C++.

static und *extern* können nur auf Bezeichner von Objekten und auf Funktionen angewandt werden. Ihre Anwendung bewirkt, daß die Objekte zur Speicherklasse (!) statisch gehören.

Zusätzlich hat ihre explizite Verwendung Auswirkungen auf die **Bindung (linkage)** von Objekten. Ein als *static* deklarierter Bezeichner hat **interne Bindung**, d.h. der Bezeichner für dieses Objekt ist nur in dieser Datei gültig, in der die *static*-Deklaration auftritt. Es ist nicht möglich, dieses Objekt durch Angabe einer *extern*-Deklaration des Bezeichners in einer anderen Datei zu verwenden (importieren). Ein als *extern* deklarierter Bezeichner hat **externe Bindung**, d.h. das entsprechende Objekt ist mittels Angabe des Bezeichners auch in anderen Dateien verwendbar. Der Leser beachte den Unterschied zwischen Speicherklasse und Bindung, so ist ein Objekt mit externer Bindung während der gesamten Programmlaufzeit gültig, gehört also der Speicherklasse *static* an.

3.5 Initialisierung von Bezeichnern

3.5.1 Explizite Initialisierung

In einer Definition ist es gleichzeitig möglich, einen Bezeichner zu initialisieren, d.h. ihm einen Anfangswert zuzuweisen:

```
float   x   =   5.1;
int     i   =   16;
char    ch  =   'c';
```

Definitionen von Bezeichnern sehen allgemein also wie folgt aus:

```
<Typ_name> <Bezeichner_name> [ = <Anfangswert> ];
```

wobei die Angabe eines Anfangswertes optional ist.

Das oben genannte Beispiel

```
int     i  =  16;
```

ist also semantisch äquivalent zu

```
int     i;

i      =  16;
```

3.5.2 Implizite Initialisierung

Der Gültigkeitsbereich und die Speicherklasse (statisch oder automatisch) von Bezeichnern haben direkte Auswirkungen auf den Anfangswert dieser Bezeichner, falls keine Initialisierung durch den Programmierer vorgenommen wird.

Statische Objekte (z.B. globale Variablen) werden - falls bei der Definition keine Zuweisung durch einen Ausdruck mit konstantem Wert erfolgt - automatisch mit 0 (im entsprechenden Typ) initialisiert. Globale, statische Objekte werden dabei vor Initialisierung von automatischen Objekten initialisiert; die Initialisierung eines statischen, lokalen Objekts wird genau einmal durchgeführt, und zwar wenn der Kontrollfluß des Programms die entsprechende Definition zum ersten Mal erreicht.

Automatische Objekte (z. B. lokale Variablen innerhalb von Funktionen) werden immer genau dann erneut gemäß ihrer Definition initialisiert, wenn der Kontrollfluß des Programms die Definition dieser Variablen erreicht; eine automatische Initialisierung mit 0 erfolgt dabei nicht!

Wird bei lokalen Variablen also kein Anfangswert angegeben, so ist der Wert der Variablen undefiniert. Zu beachten ist aber, daß sie trotzdem einen Wert besitzen, nämlich den Inhalt der Speicherzellen, die für diese Variablen reserviert worden sind! Dies liegt daran, daß eine einfache Definition ohne Inititialisierung nur den Namen und den Typ der Variablen bekanntmacht, für die dann Speicherplatz reserviert wird. Dieser Speicherbereich muß jedoch nicht "sauber" sein. Das, was in diesem Speicherbereich durch vorherige Nutzung stand, bleibt erhalten.

3.5.3 Initialisierung von Bezeichnerlisten

In einer Definition können nach der Typangabe auch Bezeichnerlisten vorkommen. In der Liste werden die Bezeichner dabei durch ein Komma getrennt.

Beispiel:

```
int x, y, z;     /*
                    Entspricht der Definition
                    int x; int y; int z;
                 */
```

Doch Vorsicht ist angebracht bei der Definition abgeleiteter Typen (siehe Kapitel 4) innerhalb von Bezeichnerlisten:

```
int* p, y;       /*
                    Entspricht  int *p; int y;
                    und nicht   int *p, int *y!
                 */
```

Solche Definitionen sollten daher besser so formuliert sein, daß der * (ebenso wie das Zeichen &) immer direkt beim Bezeichner steht:

```
int  *p, y;
```

Es ist auch möglich, die verschiedenen Variablen innerhalb der Bezeichnerliste gleich mit Anfangswerten zu initialisieren.

Beispiel:

```
int x = 0, y = 1, z;     /*
                            Entspricht der Definition
                            int x = 0; int y = 1; int z;
                         */
```

4 TYPEN, KONSTANTEN UND OPERATOREN

4.1 Typen

Jeder Bezeichner in einem C++-Programm muß mit einem Typ assoziiert werden. Die Angabe des Typs bestimmt die erlaubten Operationen auf diesem Bezeichner. C++ bietet bestimmte elementare Typen und Konstruktoren zur Erzeugung weiterer (abgeleiteter) Typen an.

4.1.1 Elementare Typen und Typkonvertierung

C++ besitzt folgende vier elementare Typen:

1) **char** zur Darstellung eines Zeichens aus der darstellbaren Zeichenmenge,

2) **int** zur Darstellung einer geordneten Teilmenge der natürlichen Zahlen (Integer),

3) **float** zur Darstellung einer geordneten Teilmenge der reellen Zahlen,

4) **double** zur Darstellung einer geordneten Teilmenge der reellen Zahlen, allerdings mit höherer Genauigkeit.

Hinweis:
Der Name *char* ist in C zwar bekannt, der Typ selbst ist dagegen unbekannt; dort werden Zeichen mittels des Typs int repräsentiert. Dennoch gibt es zwischen C++ und C - wie noch gezeigt wird - kaum Unterschiede und Portierungsprobleme bei der Behandlung von Zeichen.

Ein Objekt vom Typ *char* kann explizit als ***signed** char*, *char* oder ***unsigned** char* deklariert werden. Wird diese explizite Deklaration als *signed* oder *unsigned* nicht verwendet, ist es implementationsabhängig, ob das höchste Bit eines Objekts vom Typ *char* als Vorzeichen behandelt wird oder nicht.

Hinweis:
Die Möglichkeit, Objekte vom Typ *char* explizit als *signed* zu deklarieren, existiert erst ab Version 3.0. Dies bedeutet auch, daß *signed* ab Version 3.0 ein reserviertes Wort ist, in vorherigen Versionen aber nicht.

Beispiele:

```
char                    zeichen_1;
signed      char        zeichen_2;
unsigned    char        zeichen_3;
```

Ein Objekt vom Typ *int* kann explizit als ***short*** *int*, *int* oder ***long*** *int* deklariert werden. Dadurch kann erreicht werden, daß die so definierten Objekte verschiedene Zahlenbereiche repräsentieren; da dies allerdings implementationsabhängig ist, ist dies nicht zwingend (siehe 4.1.1.1).

Beispiele:

```
        int     zahl_1;
short   int     zahl_2;
long    int     zahl_3;
```

Bei der Definition von Objekten vom Typ *int* kann zusätzlich das Schlüsselwort **unsigned** verwendet werden. Auf solchen als *unsigned* definierten Bezeichnern wird eine Arithmetik modulo 2^n (n = Anzahl der Bits) durchgeführt.

Beispiele:

```
unsigned            int x;      //  x ist immer >= 0
unsigned    short   int y;      //  y ist immer >= 0
unsigned    long    int z;      //  z ist immer >= 0
```

Das Schlüsselwort *int* kann auch weggelassen werden (dies ist aber u. a. aus Übersichtlichkeitsgründen nicht zu empfehlen).

Beispiele:

```
short   x;  //  entspricht short int x;
long    a;  //  enstpricht long int a;
```

Sämtliche Kombinationen von *char* und *int* repräsentieren Integer verschiedener Größe. Man beachte also, daß auch der Typ *char* (der zur Darstellung von Zeichen verwendet wird) Integerwerte repräsentiert. Allerdings belegen Objekte vom Typ *char* im allgemeinen nur 1 Byte, welches zur Darstellung von Zeichen in den meisten Zeichensätzen ausreicht, zur Darstellung ganzer Zahlen aber oft unzureichend ist. Die Schlüsselworte *short* und *long* dienen der Größenangabe des definierten Objektes, d.h. wieviel Speicherplatz durch das vom Bezeichner angegebene Objekt tatsächlich belegt werden soll. Hierdurch wird natürlich auch der darstellbare Zahlenbereich bestimmt.

Objekte vom Typ *double* stellen mindestens einen genauso großen Zahlenbereich dar wie Objekte vom Typ *float*. Ein Objekt vom Typ *double* kann zusätzlich explizit als ***long*** *double* deklariert werden. Dadurch kann erreicht werden, daß das so definierte Objekt einen größeren Zahlenbereich repräsentiert als ein Objekt vom Typ *double*; dies ist allerdings - wie bei *int* - ebenfalls implementationsabhängig und daher nicht zwingend (siehe 4.1.1.1).

Beispiele:

```
        float   zahl_4;
        double  zahl_5;
long    double  zahl_6;
```

4.1.1.1 Darstellbare Zahlenbereiche elementarer Typen

Der für die definierten Objekte (elementaren Typs) reservierte Speicherplatz ist abhängig von der Implementation des Compilers und der zugrundeliegenden Hardware. Die Größen von Typen (und Ausdrücken) und damit die darstellbaren Zahlenbereiche lassen sich mit dem Operator **sizeof()** (*sizeof* ist reserviertes Wort in C++!) ermitteln, der die Größe eines Bezeichners als Vielfaches der Größe eines Bezeichners vom Typ *char* angibt.

Per Definition gilt:

```
sizeof(char) == 1.
```

Das einzige, was unabhängig von der zugrundeliegenden Hardware bzw. von der Implementation des Compilers gewährleistet ist, sind folgende Ungleichungsketten:

```
1   ==  sizeof(char)
    <=  sizeof(short)
    <=  sizeof(int)
    <=  sizeof(long)

            sowie

        sizeof(float)
    <=  sizeof(double).
```

Auf einer DEC VAX® gilt beispielsweise:

```
int         x;
long int    y;
```

® DEC und Vax sind Warenzeichen der Digital Equipment Corporation

```
sizeof(x) ergibt 4.
sizeof(y) ergibt 4.
```

Dies bedeutet, daß durch Angabe von *long int* auf einer DEC VAX kein größerer Zahlenbereich dargestellt werden kann als mittels *int*.

Hinweis:
Bestimmte implementationabhängige Eigenschaften wie etwa die Zahlenbereiche von elementaren Typen sind in den folgenden Standard-Header-Dateien definiert:

<float.h>
<limits.h>
<stddef.h>

Diese Dateien sind auch Bestandteil des ANSI C-Standards.

4.1.1.2 Implizite Typkonvertierung

In der Regel lassen sich elementare Typen beliebig in Zuweisungen und Ausdrücken mischen. Wo immer es möglich ist, werden Werte automatisch konvertiert, so daß keine Information verloren geht.

In arithmetischen Ausdrücken wird - falls die Operanden unterschiedlichen Typs sind - eine implizite Typkonvertierung vorgenommen. Die Konvertierung ist hierfür durch folgende Vorgehensweise und Reihenfolge bestimmt:

1) Falls einer der Operanden vom Typ *long double* ist, so wird der andere Operand in *long double* konvertiert.

2) Falls einer der Operanden vom Typ *double* ist, so wird der andere Operand in *double* konvertiert.

3) Falls einer der Operanden vom Typ *float* ist, so wird der andere Operand in *float* konvertiert.

4) Falls einer der Operanden vom Typ *char*, *short int* (oder auch ein Objekt vom Typ Aufzählung bzw. Bitfeld; vgl. Kapitel 4.2.6 respektive 8.10) ist, wird der andere Operand in *int* konvertiert, falls *int* alle Werte des Originaltyps repräsentieren kann. Ist dies nicht der Fall, wird der andere Operand in *unsigned int* konvertiert.

5) Falls einer der Operanden vom Typ *unsigned long* ist, so wird der andere Operand in *unsigned long* konvertiert.

6) Falls ein Operand vom Typ *long int* und der andere Operand vom Typ *unsigned int* ist, so wird der Operand vom Typ *unsigned int* in *long int* konvertiert, falls *long int* alle Werte eine Objekts vom Typ *unsigned int* repräsentieren kann. Ist dies nicht der Fall, werden beide Operanden in *unsigned long int* konvertiert.

7) Falls ein Operand *long* ist, so wird der andere Operand in *long* konvertiert.

8) Falls ein Operand *unsigned* ist, so wird der andere Operand in *unsigned* konvertiert.

9) Liegt keiner der oben genannten Fälle vor, sind beide Operanden vom Typ *int*.

Prinzipiell läßt sich also sagen: Wird ein Operator auf Operanden unterschiedlichen Typs angewendet, wird der Operand mit dem "kleineren" Typ automatisch in den "größeren" Typ konvertiert.

Ist beispielsweise ein Operand vom Typ *double* und der andere Operand vom Typ *int*, so wird letzterer in den Typ *double* konvertiert.

Beispiel:

```
int     i    = 20;

int     n    = i * 2.5;   /*
                              n erhaelt den Wert 50 und nicht
                              40 wegen:
                              n = double(20) * 2.5
                              n = 20.0 * 2.5
                              n = 50.0
                              n = 50
                          */
```

Im obigen Beispiel ist das Ergebnis der Anwendung des Operators - zusammen mit der impliziten Typkonvertierung - zunächst vom Typ *double* (nämlich *50.0*). Bei Zuweisungen wird aber zusätzlich versucht, den Wert der rechten Seite in den Typ der linken Seite zu konvertieren; daher erhält *n* hier den Wert *50*.

Bei solchen Zuweisungskonvertierungen kann es zu Informationsverlusten, z.B. durch verschiedene Interpretationen des Bitmusters, kommen.

Beispiele:

```
char    d   = 'b';
int     i   = d;
        d   = i;     /*
                        d = 'b', d.h. der Wert von d aendert
                        sich nicht.
                     */

float   x   = 2.4;
int     i;
        i   = x;     // i = 2, d.h. Informationsverlust

int     i   = 256 + 255;
char    ch  = i;
int     j   = ch;    /*
                        j ≠ 511;
                        j enthält ein anderes Ergebnis als
                        511. Der aktuelle Wert von j hängt
                        vom jeweiligen  Rechnertyp ab (der
                        Typ char belegt nur ein Byte). Ist
                        char signed, so gilt j = -1; ist
                        char unsigned, gilt  j = 255.
                     */
```

Bemerkung:
Die implizite Typkonvertierung elementarer Typen in C++ folgt im wesentlichen dem ANSI C-Standard, jedoch gibt es einige Unterschiede zum klassischen C. Weiterhin ist zu beachten, daß einerseits die zugrundeliegende Hardware - insbesondere aufgrund der möglicherweise unterschiedlichen Größe darstellbarer Zahlenbereiche - wesentlichen Einfluß auf die Konvertierung hat; andererseits kann es signifikante Unterschiede bei verschiedenen C++-Implementationen geben. Es ist also - nicht nur wegen der Portierbarkeit von Programmen - Vorsicht angebracht.

4.1.1.3 Explizite Typkonvertierung

Eine explizite Typkonvertierung läßt sich durch Aufruf spezieller Konvertierungsfunktionen vornehmen, die allgemein als **cast**-Funktion bezeichnet werden (cast ≈ in Form bringen, formen). Diese Funktionen haben den gleichen Namen wie der entsprechende Typ, der als Ergebnis der Konvertierung vorliegen soll:

```
float   r1  =   float(1);    /*
                                Konvertierung der Integer-
                                zahl 1 in die reelle Zahl
                                1.0
                             */

double  r2  =   double(5);   /*
                                Konvertierung der Integer-
                                zahl 5 in 5.0
                             */
```

Folgende - nicht funktionale - Notation ist ebenfalls erlaubt:

```
float   r1  =   (float)1;
double  r2  =   (double)5;
```

Die funktionale Notation kann aber nur für Typen verwendet werden, die einen einfachen Namen haben. Um z.B. einen Integerwert in eine Adresse zu konvertieren, muß die Konvertierung in cast-Notation angegeben werden.

Beispiel:

```
char     *p = (char*)0777;    /*
                                   Ein Zeiger ist kein Typ mit
                                   einfachem Namen.
                              */
```

oder es muß ein einfacher Name für den Typ *char** mittels **typedef** definiert werden (vgl. 4.1.3).

Beispiel:

```
typedef char* Pchar;
char*    p = Pchar(0777);
```

4.1.2 Abgeleitete Typen

Aus den elementaren Typen lassen sich mittels der folgenden Operatoren weitere Typen ableiten:

*	**Zeiger**	(Präfix-Operator)
&	**Referenz**	"
[ ]	**Vektor**	(Postfix-Operator)
( )	**Funktion**	"

Diese Operatoren beziehen sich jeweils auf den angegebenen Bezeichner, d.h. in der Definition von Bezeichnerlisten ist Vorsicht angebracht. Die Operatoren zur Definition von Vektoren und Funktionen sind uns bereits aus dem einführenden Beispiel bekannt.

Zwischen diesen Operatoren besteht folgende Prioritätenregelung (vgl. auch die Tabelle der Operatoren im Anhang):

1) ( ) und [ ] besitzen höhere Priorität

2) * und & besitzen niedrigere Priorität

Beispiele:

```
int*    a;      /*
                   Zeiger auf eine Integer-Zahl. In anderer
                   (besserer) Schreibweise sieht diese
                   Definition wie folgt aus:
                */

int     *a;

float   v[10];  // Vektor bestehend aus 10 reellen Zahlen

char*   p[20];  /*
                   Vektor bestehend aus 20 char-Zeigern. In
                   anderer (besserer) Schreibweise sieht
                   diese Definition folgendermaßen aus:
                */

char    *p[20];

int     *& w    /*
                   Referenz auf einen Zeiger auf ein
                   Objekt vom Typ int
                */

int     f(int); /*
                   Deklaration einer Funktion mit Namen
                   f und einem formalen Parameter vom
                   Typ int und Ergebnistyp int.
                */
```

Die genannte Prioritätsreihenfolge läßt sich durch explizite Klammerung beeinflussen:

```
int (*p)[10];   /*
                   Zeiger auf einen Vektor von 10 Integer-
                   Zahlen
                */

int (*fp)(char, char*);
                /*
                   Zeiger auf eine Funktion mit formalen
                   Parametern vom Typ char und char* und
                   Ergebnistyp int.
                */
```

Weitere abgeleitete Typen sind Konstanten, Structures, Unions, Klassen und Zeiger auf Klassen; Konstanten werden in diesem Kapitel und die letztgenannten werden in späteren Kapiteln diskutiert.

Für eine explizite Typkonvertierung und als Argumente für *sizeof* oder den *new*-Operator (vgl. Kap. 6) ist es notwendig den entsprechenden Typnamen auch für abgeleitete Typen anzugeben. Die Typnamen in den obigen Deklarationen sind

```
int*
float[10]
char*[20]
int*&
int(int)
int(*)[10]
int(*)(char, char*)
```

Man erhält den Typnamen also einfach durch Streichen des Bezeichners in der Deklaration.

4.1.2.1 Referenz

Eine **Referenz** ist ein anderer Name für ein Objekt. *T &Bezeichner1 = Bezeichner2* bedeutet, daß *Bezeichner1* ein anderer Name für das bereits definierte und durch *Bezeichner2* angegebene Objekt vom Typ T ist.

Beispiele:

```
int i   = 1;
int &r  = i;    /*
                    r und i beziehen sich auf dasselbe
                    Objekt
                */

int x   = r;    //  x = 1
    r   = 2;    /*
                    r wird der Wert 2 zugewiesen, somit
                    gilt auch i = 2 (aber x = 1)
                */
```

Da eine Referenz nur ein anderer Bezeichner für ein Objekt ist, werden alle Operatoren, die auf die Referenz angewandt werden, direkt auf das referenzierte Objekt angewandt.

Beispiel:

```
int i   = 0;
int &r  = i;        //  r = 0
    r   = r + 5;    //  r = 5 und i = 5
```

Mittels des unären Operators & läßt sich die Adresse eines Objektes bestimmen und z.B. einem Zeiger zuweisen (vgl. Kap. 4.1.2.2):

```
int i;                 /*
                           Mittels &i erhält man die Adresse
                           von i.
                       */
```

Eine Referenz muß initialisiert werden, außer wenn die Deklaration als *extern* erfolgt, es sich um einen Klassenmember (siehe Kapitel 8) bzw. um die Deklaration innerhalb einer Klassendeklaration (Kapitel 8) oder um die Deklaration eines Parameters oder Ergebnistyps einer Funktion handelt (Kapitel 5). Die Initialisierung der "Referenz vom Typ *T*" muß mit einem Objekt vom Typ *T* oder einem in *T* konvertierbaren Objekt erfolgen. Wenn die Referenz einmal initialisiert wurde, kann sie nicht mehr zum "Alias" eines anderen Objekts werden.

Referenzen auf Referenzen, Vektoren von Referenzen, Zeiger auf Referenzen und Referenzen auf Bitfelder sind nicht erlaubt; ebenso gibt es keine Referenz auf den Typ *void* (vgl. weiter unten in Kapitel 4 und Kapitel 8).

4.1.2.2 Zeiger

Für einen Typ T ist T* der Typ *Zeiger auf T*. D.h. eine Variable vom Typ T* kann die Adresse eines Objektes vom Typ T enthalten. Die fundamentalste Operation, welche für **Zeiger** definiert ist, ist das **Dereferenzieren**, also der Zugriff auf das Objekt, auf welches der Zeiger verweist.

Beispiel:

```
char    c1   =   'a';
char    *p   =   &c1;      // p enthält die Adresse von c1
char    c2   =   *p;       // c2 = 'a', Dereferenzieren von p
```

Die Variable, auf die *p* zeigt, ist *c1* mit Wert *'a'*. Somit ist der Wert von **p*, welcher *c2* zugewiesen wird, ebenfalls *'a'*.

Würde das Dereferenzieren nicht angewendet, würde die Variable mit der Adresse des Zeigers initialisiert, was so syntaktisch aber nicht erlaubt ist.

Beispiel:

```
int i   =   100;
int *z  =   &i;      //  z zeigt jetzt auf i
int s   =   z        //  Fehler
```

Zeiger 'zeigen' auf Speicherzellen. Sie enthalten also Adressen, welche durch ganze Zahlen angegeben werden. Mit diesen Adressen können arithmetische Operationen durchgeführt werden, man spricht dann von Zeigerarithmetik.

Beispiel:

```
int i   =   100;
int *z  =   &i;      //  z zeigt jetzt auf i
    *z  =   *z + 1;  //  i = i + 1, d.h. i  = 100 + 1
    z   =   z + 1;   /*
                         Erhöht den Wert von z um
                         1*sizeof(int), d.h. z zeigt jetzt
                         auf eine andere Speicheradresse!
                         (vgl. auch Kap. 4.1.2.3)
                     */
```

Ein Zeiger kann auch auf "Nichts" verweisen, d.h. er enthält keine relevante Adresse. Man sagt, der Zeiger verweist auf **NULL**. Als Wert für NULL wird die 0 genommen.

```
char    *pc =   0;       // Zeiger pc "verweist" auf NULL.
```

Anmerkung:
NULL ist bei einigen C++-Compilern eine vordefinierte Konstante mit Wert 0, so daß hier auch die Schreibweise

```
char    *pc  =   NULL;
```

möglich ist. In Pascal und Simula spricht man beim Verweis eines Zeigers auf "Nichts" von NIL.

Zeiger auf Referenzen und Zeiger auf Bitfelder (vgl. Kapitel 8) sind nicht erlaubt.

4.1.2.3 Vektoren

Für einen Typ T ist T[Anzahl] vom Typ *Vektor von Anzahl Elementen des Typs T.* Die Elemente eines **Vektors** sind indiziert mit den Werten 0 bis (Anzahl - 1).

Beispiele:

```
float    v[3];        /*
                          Vektor von 3 reellen Zahlen: v[0],
                          v[1], v[2]
                      */

int      a[2][3];     /*
                          Zwei Vektoren (d. h. ein zwei-
                          dimensionales Array) bestehend aus
                          jeweils 3 Integer-Zahlen
                      */

char     *vcp[32];    //  Vektor von 32 char-Zeigern
```

Eine Initialisierung von Vektoren (häufig auch Arrays, Felder oder Reihung genannt) bei der Definition erfolgt durch Angabe der jeweiligen Elemente (man beachte die Reihenfolge).

Beispiel:

```
char v[2][5] =  {
                        'a', 'b', 'c', 'd', 'e', // 1. Vektor
                        '1', '2', '3', '4', '5'  // 2. Vektor
                };
```

Obige Initialisierung kann auch vollständig geklammert angegeben werden, um die Übersichtlichkeit zu erhöhen (die zusätzlichen Klammern sind optional):

```
char v[2][5] =  {
                        {'a', 'b', 'c', 'd', 'e'},
                        {'1', '2', '3', '4', '5'}
                };
```

Wie später gezeigt wird, kann man Vektoren auch dimensionslos definieren. Hat man sich aber für die Angabe der Dimension entschieden, darf die Anzahl der in den Initialisierungsklammmern angegebenen Werte diese Dimensionsgröße nicht überschreiten. Die Angabe einer geringeren Anzahl von Anfangswerten ist allerdings erlaubt. In diesem Fall werden die restlichen Werte implizit mit 0 initialisiert, sofern ein statisches Objekt vorliegt (vgl. Kap. 3.5.2):

```
int vektor[6] = { 1, 2, 3, 4 };
    /*
        Entspricht
        int vektor[6] = {1, 2, 3, 4, 0, 0};
    */
```

Bemerkung:
Die Initialisierung von Vektoren durch Komma-separierte Listen ist nur außerhalb von Funktionen gestattet. Ein Grund hierfür ist, daß - wie bereits erwähnt - globale Variablen mit 0 initialisiert werden, lokale dagegen nicht. Innerhalb von Funktionen könnten deshalb die nicht angegebenen Werte nicht mit 0 initialisiert werden. Auf lokaler Ebene ist es deshalb nötig, Vektoren als *static* zu definieren oder durch Einzelanweisungen bzw. Schleifen zu initialisieren.

Die Dimension eines Vektors muß immer mittels Konstanten (bzw. mittels konstanter Ausdrücke) angegeben werden, damit die Dimension des Vektors zur Kompilierzeit berechnet werden kann (und somit der entsprechende Speicherplatz reserviert werden kann). Konstanten können - wie oben - Integerwerte sein oder als solche definierte Konstanten, wie sie noch später beschrieben werden. Folgende Definition führt deshalb zu einem Fehler:

```
int     i           = 5;
int     vektor [i]  = {0, 1, 2, 3, 4};  // Fehler
```

Der Zugriff auf die Komponenten eines Vektors erfolgt durch Angabe der entsprechenden Indizes, also gilt z.B. für den vorher definierten Vektor *v* :

```
v[0][0] enthält den Wert 'a'
v[1][2] enthält den Wert '3'
v[0][3] enthält den Wert 'd'.
```

Zwischen Zeigern und Vektoren besteht eine enge Beziehung. Ein Vektor ist nämlich im wesentlichen ein konstanter Zeiger, der auf das nullte Element des Vektors verweist. Man kann auf den Anfang eines Vektors einen Zeiger setzen und mit diesem die Elemente des Vektors genauso einfach manipulieren, wie durch den oben beschriebenen Zugriff auf die Vektorkomponenten.

Beispiel:

```
int a[10];        //  Vektor aus 10 Integer-Zahlen

int *pa;          //  Zeiger auf Integer

pa  =   &a[0];    /*
                      Zuweisung der Adresse von a[0], dem
                      Anfang des Vektors
                  */
```

Durch eine Definition der Art

```
int x = *pa;      //  x = a[0]
```

erhält man eine Integervariable *x* mit Wert *a[0]*, d.h. den Inhalt des nullten Elements des Vektors.

Mittels des Zeigers *pa* läßt sich nun auf beliebige Vektorkomponenten zugreifen. Per Definition zeigt nämlich *(pa + 1)* auf das nächste Vektorelement, also *a[1]* und **(pa + 1)* ergibt den Wert, der unter *a[1]* abgespeichert ist.

Allgemein gilt , daß

* (pa + i) auf a[i] verweist und
* *(pa + i) den Wert a[i] besitzt (vorausgesetzt pa verweist auf a[0]).

Analog läßt sich mit

```
(pa - i)
```

die i-te Komponente vor der Komponente, auf die *pa* verweist, ansprechen.

Es ist sogar erlaubt, den Zugriff

```
*(pa + i)
```

wie den üblichen Zugriff auf Vektoren zu spezifizieren, also *pa[i]*, sofern *pa* ein Zeiger auf einen Vektor ist.

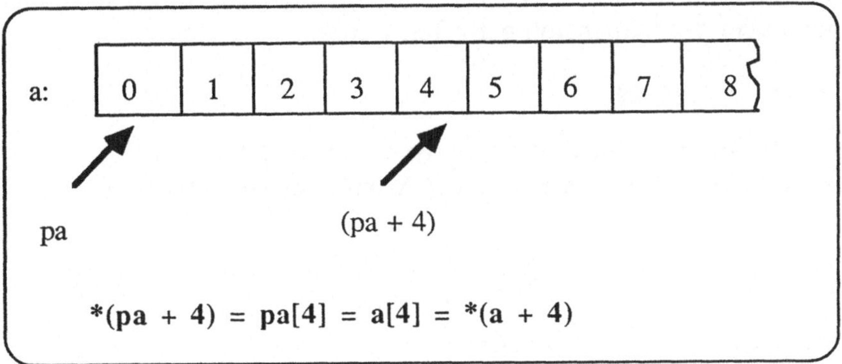

Man bedenke also immer, daß ein Vektor nichts anderes ist als ein **konstanter** Zeiger (kann daher nicht verändert werden) auf den Anfang des Vektors (auf das nullte Element). Dies ist insbesondere dann von Bedeutung, wenn Vektoren als Parameter von Funktionen oder als Ergebnis einer Funktion definiert werden (vgl. Kapitel 6.2.4 und 6.3), denn ein Vektor wird einer Funktion als Zeiger auf das nullte Element übergeben. Will man der Funktion die Größe des Vektors bekanntmachen, sollte man dies über einen weiteren Parameter tun.

Bemerkung:
Ein Vektor in C++ wird als ein konstanter Zeiger auf den Anfang (nulltes Element) des Vektors dargestellt. Die Angabe

a[i]

ist eine Kurzschreibweise für

*(a + i * sizeof(*a)).

Da die Addition kommutativ ist, gilt für die Adreßrechnung

*(a + i * sizeof(*a)) == *(i * sizeof(*a) + a)

Somit läßt sich obige Vektorkomponente statt mit a[i] auch kurioserweise mittels i[a] ansprechen.

Wie obige Möglichkeiten der Adreßrechnung zeigen, muß man selbst darauf achten, ob die Grenzen des Vektors überschritten werden. Wenn man Glück hat, stürzt das Programm bei solchen Operationen ab (core dumped). Hat man Pech, wird mit dem entsprechenden Wert, auf den etwa *(pa + i)* verweist, weitergearbeitet.

Ein Vektor kann auch ohne Angabe der Dimension deklariert bzw. definiert werden. Dies ist z.B. dann sinnvoll, wenn der Vektor extern definiert ist und in einer anderen Datei deklariert werden soll. Es müssen dann keine Annahmen über die Dimension getroffen werden:

```
extern int v[ ];
```

Bei der Definition eines Vektors ohne Dimensionsangabe muß dieser initialisiert werden. Die Dimension des Vektors errechnet sich aus der Anzahl der Anfangswerte.

Beispiel:

```
char alpha[ ]   = "abcdef";
    /*
        Initialisierung mit einer Textkonstante (String),
        vgl. Kap. 4.2.4
    */

int     x[ ]    = {1, 3, 5};
    //  äquivalent zu int x[3] = {1, 3, 5};
```

Diese Notation ist besonders hilfreich bei der Definition von Zeichen-Vektoren und deren Initialisierung durch Textkonstanten (Folge von Zeichen; siehe Kapitel 4.2.4). Bei der Definition eines mehrdimensionalen Vektors darf nur die erste Komponente dimensionslos angegeben werden.

Beispiel:

```
int v[ ][dim2] = { ... }
```

Der Grund hierfür liegt in der Form der Adreßrechnung, da *v[i][j]* dem Ausdruck **(*(v + i) + j)* entspricht, was wiederum *v[i * dim2 + j]* entspräche.

4.1.2.4 Der spezielle Typ "void"

Der Typ **void** wird insbesondere benutzt, um

1) Funktionen zu deklarieren, die keinen Rückgabewert liefern (in Pascal Procedures genannt):

```
void    f( );        //  f gibt kein Ergebnis zurück
```

2) Leere Parameterlisten bei Funktionen zu verdeutlichen:

```
int      hilfe(void);//  Entspricht int hilfe( );
```

3) Zeiger zu definieren, welche auf Objekte eines zur Kompilierungszeit unbekannten Typs verweisen:

```
void     *pv;          /*
                           Zeiger auf ein Objekt
                           unbekannten Typs
                       */
```

Dem Zeiger *pv* kann nun der Zeiger auf ein Objekt beliebigen Typs zugewiesen werden. Zeiger vom Typ *void** können nicht direkt dereferenziert werden, da es keine Objekte vom Typ *void* gibt und der Compiler den Inhalt der entsprechenden Speicherzelle nicht interpretieren kann. Zeiger vom Typ *void** müssen daher erst in einen bestimmten Typ konvertiert werden. Dies ist in C++ aber nur über explizite Typkonvertierung möglich, da es keine implizite Typkonvertierung für Zeiger dieses Typs gibt.

Beispiel:

```
int     i;
int     *iz = &i;
void    *z;
float   *fz;
        fz  = z;    /*
                        Fehler, da keine Standard-Konver-
                        tierung vorhanden
                    */
        z   = iz;   //  Erlaubt
```

Hinweis:
Diese Behandlung der Zuweisung eines Zeigers auf void* ausschließlich über explizite Typkonvertierung unterscheidet sich von ANSI C; dort ist obige Zuweisung

fz = z;

zulässig.

Der Typ *void** wird hauptsächlich dazu verwendet, formale Parameter einer Funktion zu spezifizieren, wenn keine Annahmen über den Parametertyp getroffen werden können. Solche Funktionen existieren typischerweise auf tiefster Systemebene, wo Hardware-Ressourcen manipuliert werden.

Beispiel:

```
void*   anlegen     (int size);
void    freigeben   (void*);
```

```
f( )
{
    int*    pi  =   (int*)  anlegen(10*sizeof(int));
                            // Explizite Typkonvertierung
    char    *pc =   (char*) anlegen(10);
    ...
    freigeben(pi);
    freigeben(pc);
}
```

Die Prozeduren *anlegen* und *freigeben* dienen der dynamischen Belegung bzw. dem dynamischen Freigeben von Speicherplätzen. Die Prozedur *freigeben* kann z.B. keine Annahmen über den Typ des Parameters treffen, da dies erst bei Aufruf feststeht.

4.1.3 Typedef

Um ein Programm lesbarer zu gestalten, ist es sinnvoll, abgeleitete Typen zu benennen. Schreibt man z.B. ein Programm, in dem häufig 5x5-Integermatrizen verwendet werden, so könnte man an jeder Stelle, an der man solche Objekte benötigt, definieren:

```
int matrix_a[5][5];
```

Übersichtlicher wäre es, wenn man einen Typ *5x5-Integermatrix* definieren könnte. Dies ist möglich mittels des speziellen Schlüsselwortes **typedef**.

Beispiel:

```
typedef int Matrix[5][5];
```

Matrix ist nun der Name eines Typs, und Bezeichner lassen sich jetzt wie üblich definieren:

```
<Typname> <Bezeichner>;
```

Beispiel:

```
Matrix a, b;          //  a und b vom Typ 5x5-Integermatrix
```

Man beachte, daß *typedef* nur einen anderen Namen für einen Typ, aber nicht einen neuen Typ definiert; *a* und *b* sind somit weiterhin vom Typ *int[5][5]*.

Syntaktisch erfolgt die Deklaration eines neuen Namens für einen Typ wie die Deklaration einer Variablen diesen Typs, wobei nur das Schlüsselwort *typedef* vorangestellt wird.

Beispiel:

```
int *pi;            // Variable vom Typ Zeiger auf Integer

typedef int *PI;    /*
                       PI ist jetzt ein anderer Name für
                       den Typ Zeiger auf Integer
                    */
```

Ein mittels *typedef* definierter Typname kann aber nicht nur als Dokumentationshilfe sinnvoll eingesetzt werden. Ein solcher Typname kann z.B. auch dazu verwendet werden, maschinenabhängige Aspekte eines Programms zu verwalten. So ist die Länge von Integer-Variablen ein typisches Portierungsproblem (auf einigen Maschinen wird ein *int* ausreichen, um gewisse Werte darzustellen, auf anderen Maschinen ist ein *long* notwendig). Dadurch, daß man den expliziten Typ *int* bzw. *long* durch ein *typedef* ersetzt, ist bei Portierungen nur eine einzige zentrale Stelle des Programms zu ändern.

4.2 Konstanten

C++ unterscheidet zwischen folgenden Konstanten für elementare Typen:

1) **Integer-Konstanten**
2) **Zeichenkonstanten**
3) **Konstanten für reelle Zahlen**
4) **Textkonstanten**

Weiterhin ist 0 eine Konstante für Zeiger, und Textkonstanten sind Konstanten vom Typ *char[ ]*. Außerdem können Bezeichner als Konstanten definiert werden.

4.2.1 Integer-Konstanten

Integer-Konstanten kommen in verschiedenen Repräsentationsformen vor:

1) **dezimal**
2) **oktal**
3) **hexadezimal**

Man erinnere sich: *char* repräsentiert ebenfalls einen bestimmten Bereich der Integer-Zahlen.

Beispiele:

```
dezimal         0,      2,      63,     83

oktal           0,      02,     077,    0123

    Die Oktaldarstellung ist gekennzeichnet durch eine
    vorangestellte Null.

hexadezimal     0x0,    0x2,    0X3f,   0x53

    Die Hexadezimaldarstellung ist gekennzeichnet durch
    den Anfang 0x oder 0X.
```

Solche (als "Literale" bezeichneten) Integer-Konstanten können direkt als *long int*, *unsigned int* und *unsigned long int* definiert werden, indem man den Werten (möglicherweise Kombinationen von) Buchstaben anhängt. Für *long* kann *L* oder *l* verwendet werden (besser *L*, weil *l* sehr leicht mit dem Wert 1 verwechselt werden kann) und für *unsigned U* oder *u*. Werden diese Buchstabenkombinationen nicht oder nur zum Teil als Suffix verwendet, sind die Integer-Konstanten automatisch vom "kleinsten" Typ, der den angegebenen Wert repräsentieren kann.

Beispiele:

```
long int:             17l,     23L

unsigned int:         16u,     128U

unsigned long int:    1024UL,  22Lu
```

4.2.2 Zeichen-Konstanten

Eine Zeichen-Konstante besteht aus einem oder mehreren aufeinanderfolgenden Zeichen und wird in einfachen Apostrophs angegeben. Zeichen-Konstanten mit einem Zeichen sind vom Typ *char* und ihr Wert ist der entsprechende Integerwert des verwendeten Zeichensatzes. Zeichen-Konstanten mit mehreren Zeichen sind vom Typ *int* und ihr Wert ist maschinenabhängig (und werden daher besser vermieden).

Hinweis:
In C sind alle Zeichen-Konstanten vom Typ *int*. In C gilt daher

sizeof('a') == sizeof(int).

In C++ dagegen gilt:

sizeof('a') ist 1.

Beispiele:

```
'a',   'b',   'ab',
'c',   '1',   '\n' (Zeilenvorschub, vgl. Kap. 2)
```

Um alle Zeichen als Konstanten angeben zu können (also auch nicht auf dem Bildschirm darstellbare Zeichen), können Zeichen-Konstanten auch durch ihren entsprechenden Integerwert (abhängig vom verwendeten Zeichensatz) angegeben werden. Hierbei wird die angegebene Sequenz als Oktalzahl (jetzt ohne vorangestellte Null und maximal dreistellig) oder (bei vorangestelltem *x*) als Hexadezimalzahl interpretiert. Die Sequenz muß dabei zu Beginn den Backslash (\ ) enthalten und in einfachen Apostrophs geschrieben werden (diese Zeichenfolgen werden häufig auch Escape-Sequenzen genannt).

Beispiele:

oktal	hexadezimal	ASCII-Zeichen
'\6'	'\x6'	ack
'\60'	'\x30'	0
'\137'	'\x05f'	_

Eine solche Escape-Sequenz für Oktal- bzw. Hexadezimalzahlen wird terminiert durch das erste Zeichen, welches nicht einer Oktal-Ziffer (also beispielsweise *8*, *9* und *A*) respektive Hexadezimalziffer (beispielsweise *G* und *H*) entspricht.

Folgende Escape-Sequenzen haben eine spezielle Bedeutung und werden insbesondere zur Steuerung der Ausgabe verwendet:

```
'\a'    Alarm (Klingel)
'\b'    Backspace
'\f'    Seitenvorschub
'\n'    Neue Zeile
'\r'    Zeilenvorschub (Carriage Return)
'\t'    Horizontaler Tabulator
'\v'    Vertikaler Tabulator
'\\'    Backslash
'\''    Einfaches Anführungszeichen
'\"'    Doppeltes Anführungszeichen
'\?'    Fragezeichen
```

Falls das Zeichen hinter dem Backslash keinem der oben genannten zulässigen Zeichen entspricht, so ist das angegebene Zeichen undefiniert.

Hinweis:
Dies unterscheidet sich vom klassischen C und auch von früheren Versionen von C++. Hier war die Kombination eines Backslashes und einem Zeichen des Zeichensatzes, welches nicht

als Escape-Sequenz definiert war, definiert als der Integerwert dieses Zeichens im verwendeten Zeichensatz. So galt beispielsweise

'\z' == 'z'

Zeichen-Konstanten können als (direkten) Präfix auch den Buchstaben *L* enthalten und werden dann als breite Zeichen (wide-character) bezeichnet. Solche Konstanten sind vom Integertyp *wchar_t* und sind gedacht für Zeichensätze, in denen ein Zeichen nicht in ein Byte paßt.

Bemerkung:
wchar_t ist in der Standard-Header-Datei <stddef.h> definiert.

4.2.3 Reelle Konstanten

Reelle Konstanten sind normalerweise vom Typ *double*. Sie können sowohl in üblicher Fließkommadarstellung als auch in exponentieller Form angegeben werden. Der Exponent wird durch ein vorangestelltes *e* oder *E* gekennzeichnet.

Beispiele:

```
1.23
.23
1.7

1.2e10
1.23e-15
4.78E+3
4E+5
```

Wie bei Integer-Konstanten, so ist es auch bei reellen Konstanten möglich, den Typ der Konstanten zu verändern, indem ein Suffix angehängt wird. Möglich sind die Buchstaben *F* oder *f* (für den Typ *float*) und l oder L (für den Typ *long double*).

Beispiele:

```
2.7854F
0.4f

2.0L
3E+41
```

4.2.4 Textkonstanten

Eine Textkonstante (oder **String**) ist vom Typ *Vektor von Zeichen*. Eine solche Textkonstante besteht aus einer (möglicherweise leeren) Folge von Zeichen, die durch doppelte Anführungszeichen eingeschlossen wird.

Beispiele:

```
char*   text1   =   "Dies ist eine Textkonstante";

char*   text2   =   "abcd";

char*   text3   =   "";        // NULL-String
```

Jede Textkonstante enthält immer zusätzlich das Zeichen **'\0'** (mit Wert 0), welches das Ende der Textkonstante kennzeichnet. Somit gilt beispielsweise:

```
sizeof("abcdef") == 7
```

Textkonstanten sind u. a. sehr hilfreich, Zeichen-Vektoren zu initialisieren.

Beispiel:

```
char text4[] = "Auch eine Textkonstante";
```

Dabei ist allerdings zu beachten, daß die Textkonstante nicht mehr Zeichen enthalten darf als es Elemente des Vektors gibt; das abschließende '\0' ist dabei zu berücksichtigen.

Beispiel:

```
char    text[6] =   "abcdef";   // Fehler
```

Hinweis:
Dies unterscheidet sich von ANSI C, wo obiges Beispiel erlaubt ist.

Eine Textkonstante kann mehrere Programmzeilen umfassen, wobei ein "\" (Backslash) als letztes Zeichen einer Zeile kennzeichnet, daß die Textkonstante in der nächsten Zeile fortgesetzt wird.

Beispiel:

```
"Dies ist eine wirklich sehr, sehr lange Textkonstante, \
welche sich über zwei Zeilen erstreckt"
```

Nicht-druckbare Zeichen können durch ihre Escape-Sequenz dargestellt werden.

Beispiel:

```
"\nMehrere\tEscape-Sequenzen\nin\neinem\nSatz\n"
```

Zur Darstellung eines doppelten Anführungszeichen " innerhalb einer Textkonstanten muß der Backslash \ vorangestellt werden.

Beispiel:

```
"Zitat: \"Veni, Vidi, Vici.\" Zitat Ende."
```

Wie bei Zeichen-Konstanten, so können auch Textkonstanten als (direkten) Präfix den Buchstaben *L* enthalten. Solche Textkonstanten sind vom Typ *"Vektoren von wchar_t"*. Die Konkatenation von solchen Textkonstanten mit normalen Textkonstanten ist undefiniert.

Obwohl der Name 'Textkonstante' andeutet, daß es sich um eine Konstante handelt, ist es in C++ trotzdem erlaubt, solche Konstanten zu ändern. Aus Kompatibilitätsgründen zu C sind Textkonstanten (Strings) vom Typ *char[ ]* und nicht *const char[ ]*. Die Auswirkungen des Änderns solcher Textkonstanten sind dagegen undefiniert, da die Art, wie Textkonstanten abgespeichert werden, vom jeweiligen Compiler abhängen. So ist es z.B. möglich, daß die Textkonstanten "Falko und Wolfgang" und "Wolfgang" optimiert abgespeichert werden und die zweite Textkonstante als Teil der ersten erkannt wird. Wird dann eine der beiden Textkonstanten verändert, so kann dies auch eine Änderung der anderen bewirken.

Hinweis:
Zu beachten ist auch, daß es ein Unterschied ist, einen dimensionslosen Vektor mit einer Komma-separierten Liste oder einer Textkonstanten zu initialisieren:

```
char alpha[ ]   = "abcdef";
char beta[ ]    = ('a', 'b', 'c', 'd', 'e', 'f');
```

alpha bekommt automatisch die Dimension 7 (6 Zeichen plus ein Zeichen für die Endebegrenzung der Textkonstante), *beta* bekommt die Dimension 6!

4.2.5 Const

Mit dem Schlüsselwort **const** lassen sich Objekte definieren, die einen Bezeichner zu einer Konstanten erklären. Hat die einmal initialisierte Konstante einen Wert zugewiesen bekommen, so kann und darf dieser Wert nicht mehr verändert werden.

Beispiel:

```
const int modell     = 144;

modell               = 166;   /*
                                 Fehler, Zuweisung nicht
                                 erlaubt, da modell eine
                                 Konstante ist.
                              */
```

Um konstante Zeiger zu definieren, wird dagegen das "Schlüsselwort" ***const** verwendet.

```
char *const cp   =   "asdf"; //  Konstanter Zeiger
cp[3]            =   'a';    //  Erlaubt
cp               =   "ghjk"; //  Fehler
```

Der Zeiger *cp* ist als konstant definiert, d.h. der Zeiger darf nicht verändert werden. Das Objekt, auf das der Zeiger zeigt, ist dagegen keine Konstante und kann daher verändert werden. Definiert man andererseits

```
const char *pc   =   "asdf"; //  Zeiger auf eine Konstante
pc[3]            =   'a';    //  Fehler
pc               =   "ghjk"; //  Erlaubt
```

Jetzt verweist der Zeiger *pc* auf eine Konstante, ist selbst aber keine Konstante. Daher kann das Objekt, auf das *pc* verweist, nicht verändert werden, aber *pc* darf verändert werden. Um einen konstanten Zeiger auf ein konstantes Objekt zu definieren, müssen sowohl Zeiger als auch das referenzierte Objekt als Konstanten definiert werden.

```
const char *const cpc    =    "asdf";
                              /*
                                 Konstanter Zeiger auf ein
                                 konstantes Objekt
                              */
cpc[3]           =   'a';    //  Fehler
cpc              =   "ghjk"; //  Fehler
```

Anmerkung:
*const ist kein Schlüsselwort im üblichen Sinne. Es ist z.B. auch erlaubt, die Definition von *cpc* wie folgt anzugeben.

```
const char* const cpc = "asdf";
```

Es kommt also nur auf die Stellung des Schlüsselwortes const an. Das "Schlüsselwort" *const möge hier als Gedächtnisstütze dienen.

Da eine Konstante nicht verändert werden darf, muß sie initialisiert werden, wenn sie definiert wird (außer wenn sie explizit als *extern* deklariert wurde). Die Definition einer uninitialisierten Konstanten führt zu einer Fehlermeldung des Compilers. Aus dem gleichen Grund darf die Adresse einer solchen (symbolischen) Konstanten nur einem Zeiger auf eine Konstante zugewiesen werden, da der Wert der Konstanten sonst indirekt über den Zeiger manipuliert werden könnte. Man bezeichnet Konstanten deshalb auch als nicht frei adressierbar.

Es ist dagegen erlaubt, einen Zeiger (bzw. eine Referenz) auf ein Objekt vom Typ *const* per expliziter Typkonvertierung in einen Zeiger (bzw. eine Referenz) auf ein Objekt eines nicht konstanten Typs zu konvertieren. Diese Zeiger (bzw. Referenzen) verweisen dann auf die Konstante. Das Ergebnis des Versuchs, die Konstante über diese Zeiger (bzw. Referenzen) zu verändern, ist jedoch nicht definiert.

4.2.6 Aufzählungen

Eine häufig bequemere und übersichtlichere Methode, Integer-Konstanten zu definieren, ist die Verwendung von **Aufzählungen** (**Enumerationen**). Eine Aufzählung ist eine Menge von (symbolischen) Bezeichnern, die alle Integer-Konstanten repräsentieren. Der erste Bezeichner der Aufzählung bekommt automatisch den Wert 0 und jeder folgende Bezeichner automatisch einen um 1 größeren Wert als sein Vorgänger.

Beispiel:

```
enum
{
    Peter,
    Paul,
    Mary
};
```

definiert 3 Integer-Konstanten mit den Werten 0, 1, 2. Allerdings werden für die Bezeichner einer Aufzählung keine Objekte im adressierbaren Speicherbereich angelegt, so daß der Adreßoperator & auf sie nicht angewendet werden kann. Dies ist der einzige Unterschied zur Definition der 3 Konstanten mittels

```
const int Peter = 0;
const int Paul  = 1;
const int Mary  = 2;
```

Durch Angabe konstanter Ausdrücke und Zuweisung an die Bezeichner können auch andere Werte für die Integer-Konstanten definiert werden. Die Werte der einzelnen Elemente der Aufzählung brauchen dabei nicht notwendigerweise verschieden sein. Die Zuweisung ist die einzige für Enumerationen definierte Operation.

Beispiel:

```
enum
{
    Paul,
    Greg    =   10,
    Peter   =   5 + 5,
    Mary
};
```

wodurch *Paul* = 0, *Greg* = *Peter* = 10 und *Mary* = 11 ist.

Jeder Integerkonstanten wird somit - sofern nicht anders definiert - der um 1 erhöhte Wert des "Vorgängers" zugewiesen.

Der Wert, der den Bezeichnern innerhalb von Aufzählungen zugewiesen wird, muß dabei entweder vom Typ *int* oder implizit in *int* konvertierbar sein. Werden die Bezeichner in Ausdrücken verwendet, so wird ihr Wert implizit in *int* konvertiert.

Beispiel:

```
int vorname = Greg; /*
                        Erlaubt: Implizitie Typkonvertierung
                        von Greg in den Integer-Wert 10 und
                        Zuweisung an vorname
                    */
```

Aufzählungen können auch mit einem Namen versehen werden.

Beispiel:

```
enum namen
{
    Peter,
    Paul,
    Mary
};

namen schluessel;

if (schluessel == Peter)      // == ist der Vergleichsoperator
    schluessel = Paul;        /*
                                  Zuweisung des Wertes 1 an
                                  schluessel
                              */
```

Anmerkung:
Da es weder in C noch in C++ einen Typ *boolean* (wie etwa in Pascal) gibt, ist folgende Definition eine für einen Kenner anderer Programmiersprachen anfänglich nützliche Anwendung von *enum* :

```
enum Boolean
{
    false,
    true
};
```

Es ist auch möglich, bereits direkt bei der Definition von *enum* eines oder mehrere Objekte des Aufzählungstyps zu deklarieren.

Beispiel:

```
enum Boolean
{
    false,
    true
} hilfe1, hilfe2;
```

ist äquivalent zu

```
enum Boolean
{
    false,
    true
};

Boolean hilfe1, hilfe2;
```

Der Typ einer Aufzählung in C++ ist ein Integer-Typ, der sich aber von allen anderen Integer-Typen unterscheidet; der Typ einer Aufzählung ist die Aufzählung selbst und Objekte einer Aufzählung können nur Werte aus dem definierten Bereich annehmen.

Beispiel:

```
namen x;

x = Mary;         //  Erlaubt
x = 3;            //  Fehler
```

Mit anderen Worten: In C++ gibt es keine implizite Typkonvertierung von einem elementaren Typ in den Typ einer Aufzählung.

Hinweis:
Explizite Tykonvertierung ist allerdings erlaubt. Die Auswirkungen dieser Typkonvertierung sind jedoch vom jeweiligen Compiler abhängig und ihre Anwendung sollte daher besser vermieden werden.

Beispiel:

```
namen b    = namen(1000);
int    test = b;
```

Es ist nicht garantiert, daß test den Wert 1000 erhält. namen könnte möglicherweise intern innerhalb eines Bytes dargestellt sein, so daß test einen Wert ungleich 1000 erhielte.

Die verwendeten Bezeichner dürfen im gleichen Gültigkeitsbereich (vgl. Kapitel 5) nicht redefiniert werden.

Beispiel:

```
enum    namen1
{
    Paul,
    Mary
};

enum    namen2
{
    Peter,
    Paul                    // Fehler: Paul redefiniert
};

double  Paul;               // Fehler: Paul redefiniert
```

4.3 Operatoren

Die in diesem Abschnitt vorgestellten Operatoren sind für die bisher vorgestellten elementaren und abgeleiteten Typen definiert. Operatoren können unär, binär oder ternär sein.

Operatoren, wie z.B. +, werden auf Operanden angewandt und definieren hierdurch eine Operation, wie z.B. 4+5. Ein **Ausdruck** besteht aus einer oder mehrerer solcher Operationen. Ausdrücke werden ähnlich wie in anderen Programmiersprachen gebildet und sollten dem Leser daher bekannt sein. Die genaue Syntax zur Bildung von Ausdrücken ist im Anhang angegeben.

Die mittels der Operatoren definierten Operationen unterliegen den üblichen mathematischen Regeln bzgl. Assoziativität und Kommutativität soweit die Operatoren selbst assoziativ und kommutativ sind.

Operatoren können für selbstdefinierte Typen (Structures, Unions und Klassen; siehe Kapitel 7 - 9) auch überladen werden. Die Möglichkeiten und

Einschränkungen des Überladens (z. B. bzgl. der Assoziativität und Kommutativität) von Operatoren werden in Kapitel 10 vorgestellt.

4.3.1 Arithmetische Operatoren

Binäre arithmetische Operatoren sind:

+	Addition
-	Subtraktion
*	Multiplikation
/	Division
%	Modulooperator (Divisionsrest)

Beispiele:

```
int     k       = 5 % 3;        //  k = 2
int     j       = 5 * 3;        //  j = 15
double  r       = 5 / 3;        //  r = 1.0
int     n       = k + j;        //  n = 17
```

Unäre arithmetische Operatoren sind:

+	Unäres Plus
-	Unäres Minus

Beispiel:

```
int     i       = -j;       /*
                                    i = -15, - als unärer
                                    Operator
                            */
```

Bemerkung:
Das unäre Plus ist auch für Zeiger definiert. Seine Verwendung ist allerdings unnötig und es gehört nur noch aus historischen Gründen zur Sprache.

Man beachte, daß es in C++ keine typspezifischen Operatoren gibt, wie z.B. in Pascal der div-Operator (ganzzahlige Division) und / für die Division reeller Zahlen. Soll eine Operation ausgeführt werden und sind die Operanden nicht vom entsprechenden Typ, so wird eine implizite Typkonvertierung (sofern möglich) gemäß den Regeln aus 4.1.1.2 vorgenommen.

Diesen Umstand sollte man nicht außer acht lassen, denn dies bedeutet z.B.:

```
3/5          /*
                Ergibt 0, da die Operanden vom Typ int sind
                und somit der Operator / als die ganzzahlige
                Division interpretiert wird, aber
             */

3.0/5        /*
                Ergibt 0.6, da nun eine implizite Typkon-
                vertierung der 5 nach double vorgenommen
                wird. Der Operator / wird als Division
                reeller Zahlen gewertet.
             */
```

4.3.2 Inkrement- und Dekrement-Operatoren

C++ (wie auch C) besitzt zwei (unäre) Operatoren, um direkt Inkrementierung und Dekrementierung auszudrücken.

Der Inkrementoperator

++ erhöht den Wert des Operanden um 1,

der Dekrementoperator

-- erniedrigt den Wert des Operanden um 1.

Beide Operatoren können sowohl als Präfix- als auch als Postfixoperatoren verwendet werden. Wird z.B. der Inkrementoperator ++ als **Präfix**operator benutzt, so bedeutet dies, daß zuerst der Operand um 1 erhöht wird und dann der Operand ausgewertet wird. Wird ++ als **Postfix**operator verwendet, so ist das Ergebnis der Auswertung der Wert des unveränderten Operanden, und erst danach wird der Operand inkrementiert. Der analoge Sachverhalt gilt für den Dekrementoperator --.

Beispiele:

```
int x    =   3;

int y    =   x++;     //  y = 3, x = 4
int k    =   ++y;     //  y = 4, k = 4
int i    =   --k;     //  k = 3, i = 3
int j    =   i--;     //  j = 3, i = 2

int v[4]     =   {1,2,3,4};

int *pv      =   &v[0];   /*
                             pv zeigt auf den Anfang des
                             Vektors v
                          */
```

```
int *p1     =   ++pv;    //  p1 und pv zeigen auf v[1]
int a       =   *p1++;   //  a = v[1],p1 zeigt jetzt auf v[2]
```

Der Operator ++ bezieht sich hier auf *p1* und nicht auf **p1*, da unäre Operatoren gleicher Priorität rechts-assoziativ sind; somit ist **p1*++ äquivalent zu *(*p1*++).

Allgemein gilt, daß unäre Operatoren und Zuweisungsoperatoren rechts-assoziativ, alle anderen Operatoren links-assoziativ sind (vgl. Anhang).

4.3.3 Zuweisungsoperatoren

Den am häufigsten benutzten Operator kennen wir bereits, es ist der binäre Zuweisungsoperator =. Eine Zuweisung wird wie folgt vorgenommen:

```
<linke Seite> = <rechte Seite>
```

Es werden jeweils die rechte und die linke Seite ausgewertet. Durch die Auswertung der linken Seite wird der Speicherbereich bestimmt, den die linke Seite angibt. Das Ergebnis der Auswertung der rechten Seite wird in den so ermittelten Speicherbereich abgelegt (kopiert).

Beispiele:

```
int v[10];
int a         =   2;
    v[a+3]    =   8;          // v[5] = 8

int (*p)[10]  =   {1,2,3,4,5,6,7,8,9,10};
                              // Zeiger auf Vektor
int (*q)[10]  =   {11,12,13,14,15,16,17,18,19,20};

    *p++      =   *q++;       // Zuweisung und Inkrementierung
```

Letztere Zuweisung wird wie folgt ausgewertet:

1) Die Auswertung der rechten Seite ergibt den Inhalt des nullten Elements des Vektores, auf den *q* verweist, also den Wert 11.

2) Danach wird *q* inkrementiert und verweist auf das nächste Vektorelement mit Inhalt 12 (Beachte: Inkrementoperator ++ als Postfixoperator).

3) Dann wird die linke Seite ausgewertet; das Ergebnis ist ein Verweis auf das nullte Element des Vektors, auf welches *p* verweist.

4) Danach wird *p* inkrementiert und verweist auf das nächste Element mit Inhalt 2.

5) Dann wird der Wert der rechten Seite (11) in das Vektorelement kopiert, auf das vormals *p* zeigte, also das nullte Element..

Somit ist jetzt *(p - 1) == 11.

Leider ist die Auswertungsreihenfolge nicht so strikt sequentiell wie oben angedeutet. Es kann auch sein, daß zuerst die linke Seite ausgewertet wird und dann die rechte Seite. Das einzige, was garantiert ist, ist die erst später stattfindende Inkrementierung von *p* und *q* nach Auswertung des jeweiligen Ausdrucks. Daher ist das Ergebnis einer Zuweisung wie beispielsweise

```
int i   =   1;
v[i]    =   i++;
```

nicht immer gleich oder mit anderen Worten undefiniert. Das Ergebnis kann sowohl *v[1] = 1* als auch *v[2] = 1* sein.

Es gilt, daß die Auswertungsreihenfolge der Operanden solcher Ausdrücke im allgemeinen unbestimmt ist und vom Einzelfall abhängt. Daher sollte man möglichst nie Ausdrücke verwenden, bei denen das Ergebnis von der Auswertungsreihenfolge der Operanden abhängt. Dies ist sowieso schlechter Programmierstil in allen Sprachen.

Zur **Abschreckung** diene dem Leser deshalb folgendes Programmstück:

```
int     vi[5]   =   { 1,     2,      3,      4,      5 };
double  vd[5]   =   { 1.0,   2.0,    3.0,    4.0,    5.0 };

int     ai, bi, ci, di, wi, i;
double  ad, bd, cd, dd, wd;

i   =   0;
wi  =   (ai     =   vi[i++])    *   (bi =   vi[i++]) /
        ((ci    =   vi[i++])    *   (di =   vi[i++]));
i   =   0;
wd  =   (ad     =   vd[i++])    *   (bd =   vd[i++]) /
        ((cd    =   vd[i++])    *   (dd =   vd[i++]));
```

Die Ausgabe der Werte von *ai,...,di* sowie *ad,...,dd* läßt erkennen, in welcher Reihenfolge die jeweiligen Ausdrücke ausgewertet werden (Übung für den Leser).

Bemerkung:
Die Auswertungsreihenfolge zwischen sog. sequence points ist i.a. unbestimmt. Es ist nur garantiert, daß beim Erreichen eines solchen sequence point alle auszuführenden Auswertungen abgeschlossen sind bzw. werden. Sequence points sind z.B.

;	(Semikolon)
,	(Kommaoperator)
||	(logisches Oder)
&&	(logisches Und)

Eine Zuweisung ist ein Ausdruck, und man kann daher auch schreiben

```
while (*p++ = *q++) ...
```

Eine Zuweisung hat auch ein Ergebnis, und zwar den Wert, der zugewiesen wird. Bei der Zuweisung

```
v[a+3]  = 8;
```

ist dies also der Wert *8* und bei der Zuweisung (im obigen Beispiel)

```
*p++    = *q++;
```

der Wert 11.

C++ kennt noch weitere Zuweisungsoperatoren. Sie sind Kombinationen des Zuweisungsoperators mit anderen binären Operatoren. Eine Zuweisung der Form

```
<linke Seite> <Operator>= <rechte Seite>
```

ist eine Kurzschreibweise für die Zuweisung

```
<linke Seite> = <linke Seite> <Operator> <rechte Seite>
```

sofern keine Seiteneffekte auftreten, wie z.B. bei *v[i++] *= 5;*

Diese Zuweisungsoperatoren sind:

+=	addieren und zuweisen
-=	subtrahieren und zuweisen
*=	multiplizieren und zuweisen
/=	dividieren und zuweisen
%=	modulo und zuweisen
>>=	rechtsschieben und zuweisen
<<=	linksschieben und zuweisen
&=	bitweises Und und zuweisen
^=	inklusives Oder und zuweisen
|=	exklusives Oder und zuweisen

Beispiel:

```
y += x;          // ist äquivalent zu  y = y + x;
```

Der Vorteil der Verwendung solcher Zuweisungsoperatoren liegt in der effizienten Ausführung der Operationen, da die Adresse, die durch die linke Seite spezifiziert wird, nur einmal ermittelt wird.

Beispiel:

```
v[f(i)] += 3;    // f als "laufzeitintensive" Funktion
```

4.3.4 Vergleichsoperatoren

Vergleichsoperatoren sind

`>` größer
`>=` größer oder gleich
`<` kleiner
`<=` kleiner oder gleich
`==` gleich (Beachte: = ist der Zuweisungsoperator!)
`!=` ungleich

Beispiel:

```
int x = 1;
int y = 5;
...(x < y)...    // Der Ausdruck ist wahr
```

Wie bereits bemerkt, existiert in C und C++ kein Typ *boolean*, wie z.B. aus Pascal oder Simula bekannt. Was sind also die Ergebnisse von Vergleichsoperationen?

Vergleichsoperatoren (allesamt binär) liefern als Ergebnis einen Integerwert. Ist die Bedingung erfüllt (**true**), liefern alle Vergleichsoperatoren den Wert 1; ist die Bedingung nicht erfüllt (**false**), liefern sie den Wert 0. In booleschen Ausdrücken werden aber auch Werte $\neq 1$ (sofern sie auch $\neq 0$ sind) als wahr interpretiert.

Setzen wir obiges Beispiel nun fort:

```
int k = (x < y);     // k = 1
int i = (x == y);    // i = 0
```

4.3.5 Boolesche Operatoren

Boolesche Operatoren sind

&&	logisches Und
||	logisches Oder
!	logisches Nicht

Die ersten beiden Operatoren sind binär und der letztgenannte unär. Interessant ist hierbei, daß Ausdrücke, in denen ein "logisches Und" bzw. ein "logisches Oder" vorkommt, immer von links nach rechts ausgewertet werden und die Auswertung abbricht, sobald ein Operand *false* (beim "logischen Und") bzw. *true* (beim "logischen Oder") ist.

Abfragen wie beispielsweise:

```
int a   =   10;
int b   =   0;
if ((b != 0) && ((a / b) >= 5)) ...
```

führen daher nicht zu einem Fehler, obwohl *b* den Wert 0 hat.

Der Operand des logischen Nicht muß einem elementaren Typ angehören oder ein Zeiger sein. Der Wert des logischen Nicht ist 1, falls der Operand den Wert 0 hat, und der Wert ist 0, falls der Wert des Operands ungleich 0 ist.

Die Tatsache, daß es keinen Typ *boolean* gibt, läßt es zu, Bedingungen in für manchen Programmierer ungewohnter Form zu schreiben.

So ist

```
while (i != 0) ....   // i vom Typ int
```

äquivalent zu

```
while (i) ...
```

Bemerkung:
Die einzelnen Operatoren sind untereinander priorisiert. So haben z.B. Vergleichsoperatoren eine höherer Priorität als der Zuweisungsoperator. Man betrachte dazu folgendes Programmfragment:

```
while (zeichen = hol_zeichen( ) != '?') ...
```

Der Sinn dieser Programmzeile sollte offensichtlich sein, *zeichen* das nächste Zeichen zuzuweisen (*hol_zeichen* soll dabei eine Funktion sein, die das nächste Zeichen liefert), um dann zu testen, ob dieses Zeichen ein Fragezeichen ist. Da der Vergleichsoperator aber höhere Priorität besitzt als der Zuweisungsoperator, wird zunächst getestet, ob das nächste Zeichen ein Fragezeichen ist. Das Ergebnis (falsch bzw. wahr, repräsentiert durch 0 bzw. 1) wird dann *zeichen* zugewiesen! Die Tabelle der Reihenfolge von Operatoren (im Anhang) sollte man sich daher gründlich einprägen oder Ausdrücke vollständig klammern.

4.3.6 Bitweise logische Operatoren

Wie bereits angesprochen, bietet C++ diverse Möglichkeiten, um die Objekte der Hardware (also Bits bzw. Bytes) direkt zu manipulieren. Hierzu stehen einige einfach zu handhabende Operatoren zur Verfügung. Dies sind:

&	bitweises Und
|	bitweises inklusives Oder
^	bitweises exklusives Oder
<<	shiften nach links
>>	shiften nach rechts
~	1-er Komplement

Alle diese Operatoren, bis auf das Komplement, bezeichnen binäre Operatoren. Obige Operatoren lassen sich auf Integer-Objekte anwenden, nicht aber auf Objekte vom Typ *float* oder *double*:

Beispiele:

```
int    x   =   5;       //  Binärdarstellung ist 0...0101
int    m   =   3;       //  Binärdarstellung ist 0...0011
int    y   =   x & m;   /*
                            Binärdarstellung ist 0...0001,
                            y == 1
                        */
int    i   =   4;       //  Binärdarstellung ist 0...0100
int    j   =   i << 2;  /*
                            Binärdarstellung ist 0...10000,
                            j = 16
                        */
int    k   =   6;       //  Binärdarstellung ist 0...0110
int    l   =   ~k;      //  Binärdarstellung ist 1...1001
```

Anmerkung:
Auch wenn die Operanden *signed* bzw. *unsigned* sein können, so ist aus Portabilitätsgründen *unsigned* zu präferieren. Denn die Art und Weise, wie das Vorzeichenbit von den verschiedenen bitweisen Operatoren interpretiert wird, ist maschinenabhängig. So wird z.B. bei manchen Implementierungen des Shift-Operators, angewandt auf ein Variable mit Vorzeichen, das Vorzeichen durchgeschoben; auf anderen Maschinen werden stattdessen 0-Bits eingesetzt.

4.3.7 Konditionaler Operator

Der konditionale Operator ist der einzige ternäre Operator in C++. Zum besseren Verständnis der Wirkungsweise des konditionalen Operators, betrachte man zunächst die folgende Anweisung:

```
if (a > b)
    z = a;
else
    z = b;
```

deren Bedeutung intuitiv klar sein sollte. *z* enthält nach Ausführung der Anweisung das Maximum der Werte von *a* und *b*.

Mittels des **konditionalen Operators** (oder auch **arithmetisches if**)

```
... ? ... : ...
```

läßt sich obige Anweisung wie folgt als Zuweisung schreiben:

```
z = (a > b) ? a : b;
```

Allgemein ist der Wert des bedingten Ausdrucks

```
e1 ? e2 : e3
```

(wobei *e1*, *e2* und *e3* wiederum Ausdrücke sind), gegeben durch den Wert von *e2*, falls *e1* einen Wert ungleich Null besitzt, andernfalls durch den Wert von *e3*. Der Ausdruck *e1* muß dabei elementaren Typs oder ein Zeiger sein. Sind die Ausdrücke *e2* und *e3* unterschiedlichen Typs, wird versucht, sie in einen gemeinsamen Typ zu konvertieren; ist dies nicht möglich, so liegt ein Fehler vor.

4.3.8 Kommaoperator

Mehrere Ausdrücke lassen sich mittels des Kommaoperators sequentiell auswerten. Der Ausdruck

```
Ausdruck_1, Ausdruck_2, ... , Ausdruck_n
```

wird von links nach rechts ausgewertet, und der Wert des gesamten Ausdrucks entspricht dem Wert von Ausdruck_n.

Beispiel:

```
int a = 0, b = 0, c;
c = (a++, b++, b++, b++);    // a = 1, b = 3, c = 2
```

Der Kommaoperator sollte nicht verwechselt werden mit dem Komma in einer Liste von Definitionen, wie beispielsweise in

```
int x = 0, y = 0;
```

oder dem Komma in der Parameterliste einer Funktion bzw. eines Funktionsaufrufes, wie etwa in

```
f(x, y, z);
```

In diesen Fällen ist die Auswertungsreihenfolge der einzelnen Ausdrücke nicht festgelegt.

Soll der Kommaoperator daher z.B. innerhalb der Parameterliste von Funktionen verwendet werden, so ist eine Klammerung notwendig.

Beispiel:

```
f(x, (y = 10, y = y - 5), z);
```

Die Funktion *f* wird mit drei Parametern aufgerufen und der Wert des zweiten Parameters ist *5*.

Die oben angegebene Auswertungsreihenfolge der Ausdrücke bei Verwendung des Kommaoperators bezieht sich allerdings nur auf die Auswertungsreihenfolge der Ausdrücke untereinander. D.h. es ist beispielsweise nur gesichert, daß Ausdruck_2 nach Ausdruck_1 ausgewertet wird. Es ist aber durchaus möglich, daß zwischen diesen Auswertungen Auswertungen anderer Ausdrücke vorgenommen werden:

```
int i, w;
w   =   (i = 1, ++i) + (i = 10, ++i);
```

w kann die Werte 5, 13 und 23 annehmen.

4.3.9 Sonstige Operatoren

Andere Operatoren wie z.B. *sizeof()* zur Ermittlung der Größe von Typen, den Dereferenzierungsoperator * im Zusammenhang mit Zeigern oder den Adreßoperator & im Zusammenhang mit Referenzen haben wir bereits kennengelernt.

Operatoren, die bzgl. ihrer Bedeutung und Auswirkung erst im Zusammenhang mit selbstdefinierten Typen (Structures, Unions, Klassen) verdeutlicht werden können, werden erst in späteren Kapiteln behandelt.

Zur Vollständigkeit hier jedoch eine Zusammenstellung dieser Operatoren und Angabe der Kapitel, in denen ihre Bedeutung und Anwendung besprochen wird (zur Erinnerung: die Tabelle der Operatoren im Anhang enthält eine Liste aller Operatoren und ihrer Priorität untereinander):

Operator	Bedeutung	Kapitel
sizeof	sizeof-Operator	4.1.1.1
( )	Typkonversion	4.1.1.3
&	Adreßoperator	4.1.2.1
*	Dereferenzierungsoperator	4.1.2.2
[ ]	Vektoroperator	4.1.2.3
( )	Funktionsaufruf	5.1 und 6
::	Gültigkeitsbereich	5.1.2.1
new	Kreieren von Objekten	6.3.1.1
delete	Löschen von Objekten	6.3.1.2
->	Pfeiloperator	7 ff
.	Punktoperator	7 ff
->*	Member-Zeiger-Auswahl	8 ff
.*	Member-Zeiger-Auswahl	8 ff

5 ANWEISUNGEN

Bisher sind uns nur zwei Anweisungstypen häufiger begegnet, und zwar die Deklaration und die Zuweisung mittels des Zuweisungsoperators. In diesem Kapitel wollen wir alle Anweisungstypen der Sprache C++ behandeln, insbesondere auch die Anweisungen, die die Reihenfolge der Abarbeitung des Programms steuern.

Anweisungen lassen sich wie folgt gruppieren in:

1) **Elementare Anweisungen:**

   * **Deklarations-Anweisungen,**

   * **Ausdrucks-Anweisungen,**

   * **Zusammengesetzte Anweisungen**

2) **Auswahl-Anweisungen:**

   * **if-else,**

   * **switch**

3) **Iterations-Anweisungen:**

   * **while,**

   * **for,**

   * **do-while**

4) **Sprung-Anweisungen:**

   * **break,**

   * **continue,**

   * **goto,**

   * **return**

5.1 Elementare Anweisungen

5.1.1 Deklarations- und Ausdrucks-Anweisungen

Ein Ausdruck wird zu einer **Anweisung** durch Anhängen eines Semikolons. Betrachten wir dazu die Deklaration.

Beispiele:

```
int x;

double y, i;
```

Deklarationen sind in C++ also Anweisungen, sogenannte **Deklarations-Anweisungen**.

Gleiches gilt auch für Ausdrücke wie Zuweisungen und Funktionen.

Während die Definition einer Funktion und der Funktionsaufruf Ausdrücke sind, wird der Funktionsaufruf (vgl. einführendes Beispiel in Kap. 2) durch Anhängen des Semikolons zur **Funktionsaufruf-Anweisung** (vgl. Kapitel 6).

Beispiel:

```
int f(int a, int b);

f(3, 4);
```

Eine Zuweisung wird durch Anhängen eines Semikolons zur **Zuweisungs-Anweisung**.

Beispiele:

```
int x, y;

x = 0;
y = 5;
x = x + y;
```

Sowohl die Funktionsaufruf-Anweisung als auch die Zuweisungs-Anweisung gehören zur Gruppe der **Ausdrucks-Anweisungen**.

Die **leere Anweisung** - nur aus einem Semikolon bestehend - ist auch eine zulässige Anweisung und gehört auch zur Gruppe der Ausdrucks-Anweisungen.

Beispiel:

```
int x = 0;

;            // Leere Anweisung

int y = 1;
```

Mehrere Anweisungen, die sequentiell aufeinander folgen, werden nacheinander ausgeführt.

Beispiele:

```
int x, y, z;

x = 3;
y = x;       // y = 3
```

5.1.2 Zusammengesetzte Anweisungen

Eine (möglicherweise leere) Folge von Anweisungen kann auch zu einem **Block** zusammengefaßt werden und syntaktisch wie eine einzelne Anweisung behandelt werden; ein Block ist daher auch eine Anweisung, die häufig auch als **zusammmengesetzte Anweisung (compound statement)** bezeichnet wird. Ein solcher Block wird durch einen Anfang, {, und durch ein Ende, }, gekennzeichnet.

Beispiel:

```
{
    x = 2;
    y = x;
}
```

Anmerkung:
In anderen Programmiersprachen werden häufig bestimmte Schlüsselwörter, etwa *begin* und *end*, zur Kennzeichnung eines Blockes verwendet.

Blöcke lassen sich, da sie syntaktisch wie eine einzelne Anweisung behandelt werden, auch ineinanderschachteln.

Beispiel:

```
{
    x = 2;
    y = x;
    {
        z = 5 * x;
        k = z;
    }
}
```

Die Deklaration ist, wie bereits angesprochen, eine Anweisung und kann daher auch in einer Anweisungssequenz auftreten.

Hinweis:
Dies unterscheidet sich von C, da dort Deklarationen innerhalb eines Blockes vor anderen Anweisungen plaziert werden müssen.

Beispiel:

```
{
    int x = 2;
    {
        int r = 3;
        int z = 5 * r;  // z = 15
    }
    int k = 5 * x;      // k = 10,  r ist hier undefiniert
}
```

5.1.2.1 Gültigkeitsbereich von Variablen

Die Frage ist nun, in welchem Bereich die so definierten Variablen gültig sind. Wie obiges Beispiel andeutet, gilt:

> Eine Variable ist in dem Block gültig, in dem sie deklariert ist, und zwar ab der Stelle der Deklaration. Nach Verlassen des Blockes ist diese Variable nicht mehr bekannt.

Eine in einem inneren Block definierte Variable mit demselben Namen wie eine Variable eines äußeren Blockes "überdeckt" deren Definition. Nach Abarbeitung des inneren Blockes ist wieder die Definition des äußeren Blockes gültig.

Beispiel:

```
{
    int x = 3;
    int y = x++;                // y == 3, x == 4
    {
        int x   = 10;           // Lokal definiertes x
        int y   = 20;           // Lokal definiertes y
            x   = y + x * y;    // Lokales x == 220
            y++;                // Lokales y == 21
    }                           /*
                                   Ab hier sind die
                                   Bezeichner des inneren
                                   Blockes undefiniert
                                */
    x++;                        // x == 5
    y++;                        // y == 4
}
```

Da der Name *x* durch die Definition im inneren Block "überdeckt" wird, kann in diesem Block das zu Beginn definierte *x* nicht mehr angesprochen werden. Der Name *x* bezieht sich also hier nur auf das lokal definierte *x*.

Die einzige Möglichkeit, durch eine Definition überdeckte Variablen anzusprechen, bietet der **Scope**-Operator **::**. Ist eine Variable global (also außerhalb der Funktion *main* und anderer Funktionen) definiert, so läßt sie sich durch Davorschreiben des Scope-Operators ansprechen.

Beispiel:

```
int x = 3;                  // Globales x
int y = 4;                  // Globales y

f( )
{
    int x    = 1;           // Lokales      x == 1;

    ::x      = 2;           /*
                               Zuweisung an globales x:
                               Globales     x == 2,
                               Lokales      x == 1
                            */
    int y    = x;           // Lokales      y == 1

    y        = ::y;         /*
                               Lokales      y == 4
                               Globales     y == 4
                            */
}
```

Einer global definierten Variablen wird nur einmal ein Speicherbereich zugewiesen. Die Variable bleibt bis zur Terminierung des Programms gültig. Lokal definierte Variablen sind dagegen nur innerhalb des Blockes gültig, in dem sie definiert werden. Ist der Block abgearbeitet, existiert die Variable nicht mehr, d.h. der ihr zur Definitionszeit zugewiesene Speicherbereich wird wieder automatisch freigegeben, so daß er für andere Zwecke verwendet werden kann.

Es gibt allerdings auch die Möglichkeit, eine Variable in einem Block - also lokal - zu definieren, so daß sie bis zur Terminierung des Programms existiert, sich also ähnlich zu global definierten Variablen verhält. Diese als statisch bezeichneten Variablen haben - im Gegensatz zu normalen lokalen Variablen - permanenten Speicherplatz. Hierzu wird das Schlüsselwort **static** verwendet.

Beispiel:

```
f( )
{
    int a = 1;

    while (a < 4)
    {
        int b = 1;   /*
                         Bei jedem Schleifendurchlauf wird
                         für b dynamisch Speicherplatz
                         reserviert und b initialisiert
                     */
        static int c = 1;
                     /*
                         Für c wird nur einmal (statisch)
                         Speicherplatz angelegt, und c
                         wird nur einmal initialisiert
                     */

        a++;         //  (*)
        b++;
        c++;
    }
    a = c;           /*
                         Fehler, da c außerhalb der while-
                         Schleife undefiniert ist
                     */
}
```

Die Werte der Variablen *a, b, c* an der im vorletzten Kommentar mit "(*)" gekennzeichneten Stelle sind für die einzelnen Iterationen:

	a	b	c
1. Iteration:	1	1	1
2. Iteration:	2	1	2
3. Iteration:	3	1	3

Außerhalb der *while*-Schleife ist der Name *c* nicht mehr bekannt. Dies unterscheidet eine mit *static* in einem inneren Block definierte Variable von einer globalen.

Konstantendefinitionen (und die später noch zu erklärenden Inline-Funktionen) sind per Definition immer statisch.

Hinweise:
Ein typisches Anwendungsbeispiel für statische Variablen ist das folgende Scenario: Zwei globale Variablen in verschiedenen Programmdateien verwenden denselben Namen, sollen aber in verschiedenen Funktionen verwendet werden. Jeweils für sich werden die Dateien ohne Probleme kompiliert. Wenn sie allerdings zusammen kompiliert werden, wird die Variable vom Compiler als mehrfach definiert gekennzeichnet. Ohne nun jedes Vorkommen der Variablen in einer Datei durch einen anderen Namen ersetzen zu müssen, reicht die Verwendung von *static* aus. Dadurch wird der Gültigkeitsbereich einer globalen Variablen (bzw. Funktion) auf die jeweilige Datei beschränkt.

Da die Variable *c* in obigem Beispiel als *static* definiert ist, gehört sie der Speicherklasse 'statisch' an und wird bei Fehlen des Initialwertes, also bei

```
static int c;
```

mit 0 initialisiert (vgl. Kap. 3.5.2).

5.2 Auswahl-Anweisungen

5.2.1 if-else

Die *if-else* Anweisung wird zur Verzweigung des Programmablaufs benutzt. Die Syntax ist:

if (Ausdruck)
    Anweisung_1
else
    Anweisung_2

Ist der Wert des Ausdrucks ungleich Null (wahr), so wird Anweisung_1 ausgeführt, andernfalls Anweisung_2. Der *else*-Zweig ist optional und kann daher auch weggelassen werden.

Beispiel:

```
int x = 0;
if (x == 0)      //  Aequivalent zu  if (!x)
    x = 3;
```

```
int y = 10;
if (y >= 5)
    y = 3 * y;  /*
                     Beachte: Eine elementare Anweisung
                     besteht aus einem Ausdruck, gefolgt von
                     einem Semikolon
                */
else
    y = 0;
```

Weder Anweisung_1 noch Anweisung_2 dürfen als einzige Anweisung eine Deklaration enthalten.

Beispiel:

```
if (x)
    int y = 3;  /*
                     Fehler: Eine Deklaration als einzige
                     Anweisung hinter if
                */
else
    int z = 4;  //  Fehler: wie oben
```

Da der *else*-Zweig optional ist, muß festgelegt werden, auf welches *if* sich ein *else* bezieht. Es gilt, daß sich das *else* immer auf das direkt davor liegende *if* bezieht, welches noch nicht mit einem *else* "in Verbindung steht".

Also beispielsweise:

```
int n, a, b, z;

if (n > 0)
    if (a > b)
        z = a;
    else
        z = b;
```

Die Einrückung macht deutlich, auf welches *if* sich das *else* bezieht. Um zu erreichen, daß sich der *else*-Zweig auf ein anderes *if* bezieht, müssen Klammern verwendet werden. In diesem Fall ist die Verwendung eines Semikolons nach der *if*- und vor der *else*-Schleife überflüssig:

Beispiel:

```
int n, a, b, z;

if (n > 0)
{
    if (a > b)
        z = a;
}
else z = b;
```

Durch die Konstruktion

```
if (Ausdruck_1)
    Anweisung_1
else if (Ausdruck_2)
    Anweisung_2
else if (Ausdruck_3)
    Anweisung_3
...
else if (Ausdruck_n)
    Anweisung_n
else Anweisung_n+1
```

läßt sich, gemäß obiger Regeln, eine Fallunterscheidung ausdrücken. Es wird dabei die Anweisung_i ausgeführt, deren zugehöriger Ausdruck_i als erster einen Wert ungleich Null liefert (d.h. für alle $k < i$ gilt: Ausdruck_k ist gleich Null). Sind alle Ausdrücke gleich Null, so wird Anweisung_n+1 ausgeführt. Nach Abarbeitung der entsprechenden Anweisung ist auch obige Konstruktion abgearbeitet.

5.2.2 switch

Tief geschachtelte *if-else*-Anweisungen sind normalerweise sehr unlesbar, und Modifikationen an ihnen sind häufig nur schwer durchführbar. Die *switch*-Anweisung stellt daher in vielen Fällen eine übersichtlichere Möglichkeit zur Beschreibung von Fallunterscheidungen dar. *switch* testet, ob der Wert eines Ausdrucks mit einem Wert aus einer Menge von konstanten Werten übereinstimmt und verzweigt dann dementsprechend.

Im allgemeinen wird die *switch*-Anweisung wie folgt verwendet:

```
switch (Ausdruck)
{
    case    Konstante_1:    Anweisung_1     break;

    ...

    case    Konstante_n:    Anweisung_n     break;

    default:                Anweisung_n+1   break;
}
```

Bei obiger *switch*-Anweisung wird der Ausdruck ausgewertet und mit den Konstanten hinter den Schlüsselwörtern *case* in der angegebenen Reihenfolge verglichen (die Werte dieser Konstanten bezeichnet man auch als *case-label*). Wird eine Konstante_i gefunden, die mit dem Wert des Ausdrucks übereinstimmt, so wird die entsprechende Anweisung_i ausgeführt. Wird keine solche Konstante gefunden, wird die *default*-Anweisung_n+1 ausgeführt. Die darauf folgende optionale ***break***-Anweisung bewirkt das Verlassen der *switch*-Anweisung. Wird *break* jedoch nicht angegeben, wird die direkt folgende Anweisung ausgeführt, welche im Normalfall eine weitere *case*-Anweisung ist!

Hinter jedem *case-label* muß ein Doppelpunkt stehen. Die Angabe von höchstens einem *default:* ist optional. Die *case*-Fälle können in beliebiger Reihenfolge auftreten, alle Konstanten müssen unterschiedlich sein. Anstelle einer Konstanten darf auch ein konstanter Ausdruck angegeben werden. Der auszuwertende Ausdruck muß aus der Menge der Integer-Typen oder in einen solchen konvertierbar sein. Die Konstanten werden evtl. in den Typ des *switch*-Ausdrucks konvertiert.

Beispiel:

```
char ch = ´0´;

switch (ch)
{
    case ´0´:   cout << "Null \n"; break;

    case ´1´:   cout << "Eins \n"; break;

    default:    cout << "ch ungleich Null oder Eins \n";
                break;
}
```

Man erhält die Ausgabe:

```
Null
```

Werden die *break*-Anweisungen nicht angegeben, also

```
char ch = ´0´;

switch (ch)
{
    case ´0´:   cout << "Null \n";

    case ´1´:   cout << "Eins \n";

    default:    cout << "ch ungleich Null oder Eins \n";
}
```

so erhält man die Ausgaben:

```
Null
Eins
ch ungleich Null oder Eins
```

Dies liegt daran, daß *switch* ähnlich einer *goto*-Anweisung operiert und das Schlüsselwort *case* mit einem Label vergleichbar ist. In obigem Fall stimmt der Wert von *ch* mit dem Wert der Konstanten ´0´ überein, also wird zum Label *case ´0´:* verzweigt. Danach wird die Anweisung *cout << "Null \n";* ausgeführt. Da jetzt die Anweisung *break;* fehlt, wird die nächste Anweisung *cout << "Eins \n";* ausgeführt, etc.

Innerhalb einer *switch*-Anweisung sind Deklarationen erlaubt. Aber es ist verboten, an einer Deklaration mit einer expliziten oder impliziten Initialisierung "vorbeizuspringen", außer sie befindet sich in einem inneren Block, der vom Kontrollfluß des Programms nicht erreicht wird.

Beispiel:

```
char ch = ´0´;

switch (ch)
{
    case ´0´:    int test = 0;
                 cout << "Null \n"; break;

    case ´1´:    if (test == 0) test = 1;     // Fehler
                 cout << "Eins \n"; break;

    default:     cout << "ch ungleich Null oder Eins \n";
                 break;
}
```

Die Fehlermeldung des Compilers ist einleuchtend. Da der erste *case*-Fall möglicherweise niemals auftritt, wird *test* auch nicht initialisiert und ist bei Eintreten des zweiten Falles unbekannt.

Wird kein *default* angegeben und ist keiner der *case*-Fälle erfüllt, so wird keine der *switch*-Anweisungen ausgeführt. *switch*-Anweisungen dürfen ineinandergeschachtelt sein. Die *case*- und *default*-Label beziehen sich dann - wie bei *if* - auf das direkt davorliegende *switch*.

5.3 Iterations-Anweisungen

5.3.1 while

While-Anweisungen sind bereits in einigen vorher genannten Beispielen verwendet worden.

Die Syntax der *while*-Anweisung ist:

while (Ausdruck)
 Anweisung

Der Ausdruck wird ausgewertet. Ist sein Wert ungleich Null (wahr), so wird die Anweisung ausgeführt. Anschließend wird der Ausdruck erneut ausgewertet, und dieser Zyklus wiederholt sich solange, bis die Auswertung des Ausdrucks einen Wert gleich Null (falsch) liefert. Der Ausdruck muß entweder elementaren Typs oder ein Zeiger sein (oder ein Klassentyp der eindeutig in einen der beiden vorgenannten Typen konvertierbar ist).

Beispiele:

```
int i, v[10];

i = 10;

while (i)                   // Aequivalent zu while (i != 0)
{
    v[i - 1] = i - 1;
    i--;                    /*
                              Initialisierung des Vektors v
                              mit den Werten von i
                            */
}

while(1)
{ }                         // Endlosschleife!
```

5.3.2 for

Die Syntax der *for*-Anweisung ist:

for (Anweisung_1 Ausdruck_1 ; Ausdruck_2)
 Anweisung_2

Ausdruck_1 muß entweder elementaren Typs oder ein Zeiger sein (oder ein Klassentyp, der eindeutig in einen der beiden vorgenannten Typen konvertierbar ist).

Die Syntax der *for*-Anweisung ist äquivalent zur Anweisungsfolge

Anweisung_1
while (Ausdruck_1)
{
 Anweisung_2
 Ausdruck_2 ;
}

bis auf die Tatsache, daß bei einer *continue*-Anweisung (s.u.) in Anweisung_2 noch Ausdruck_2 ausgeführt wird, bevor Ausdruck_1 erneut ausgewertet wird. Die Ausdrücke 1 und 2 sind optional und können daher auch weggelassen werden. Das Semikolon darf dagegen nicht ausgelassen werden. Wird Ausdruck_1 weggelassen, so wird die Schleifenbedingung als permanent wahr festgelegt.

Bemerkung:
Wie bereits erwähnt sind Deklarationen Anweisungen, daher ist folgendes in C++ möglich (in C jedoch nicht!):

```
for (int i = 0; i < 10; i++)
    ...
```

In C++ ist es also z.B. möglich, Laufvariablen für for-Schleifen direkt in der for-Schleife selbst zu deklarieren. Jedoch ist Vorsicht angebracht: Enthält Anweisung_1 eine solche Deklaration, so ist der entsprechende Bezeichner in dem Block gültig, in dem sich die *for*-Schleife befindet, und nicht nur für Anweisung_2.

Beispiele:

```
int i;

int v[10];

for (i = 0; i < 10; i++)
    v[i] = 10 * i;

for (i = 9; i >= 0; i--)
    cout << v[i] << "\n";
```

Die Anweisung

```
for (;;);          //  Endlosschleife
```

ist äquivalent zu

```
;                  //  Leere Anweisung
while (1)
{
    Anweisung
    ;              //  Leere Anweisung
}
```

Der Vorteil der *for*-Anweisung gegenüber der *while*-Anweisung ist insbesondere, daß sich hier die gesamte Information zur Schleifensteuerung an einer Stelle befindet.

5.3.3 do-while

Die *do-while*-Anweisung garantiert die mindestens einmalige Ausführung der Anweisung.

Die Syntax der *do-while*-Anweisung ist:

do
    Anweisung
while (Ausdruck);

Dies ist äquivalent zu:

Anweisung
while (Ausdruck)
    Anweisung

5.4 Sprung-Anweisungen

5.4.1 break

Die *break*-Anweisung veranlaßt ein sofortiges Beenden (einen Sprung aus) den Anweisungen *while*, *for*, *do-while* und *switch* und darf auch nur in diesen Anweisungen verwendet werden.

Es wird hierbei die innerste einschließende Schleife von *while*, *for*, *do-while* oder *switch* sofort verlassen.

Beispiel:

```
for (i = 0; i < N; i++)
{
    if (a[i] < 0)
    {
        cout << "Fehler\n";
        break;
    }
    .....               // Weitere Anweisungen
}
```

Ist ein Element des Vektors *a* negativ, so wird die *for*-Schleife verlassen.

Die Verwendung von *break* erleichtert es oft, komplexe Schleifen zu beenden. Dadurch erhöht sich die Übersichtlichkeit des Programms.

5.4.2 continue

Die *continue*-Anweisung wird nur selten verwendet. Sie bewirkt den sofortigen Beginn der nächsten Schleifeniteration der innersten einschließenden *for-*, *while-* oder *do-while*-Schleife (d.h. bewirkt den Sprung an das Ende der innersten Schleife) und darf auch nur in diesen verwendet werden.

Beispiel:

```
for (i = 0; i < N; i++)
{
    if (a[i] < 0)

        continue;    /*
                        Überspringe die negativen Elemente
                        und bearbeite nur die positiven
                        Elemente
                     */
    ...
}
```

Die *continue*-Anweisung wird z.B. dann verwendet, wenn der restliche Teil der Schleife so kompliziert werden würde, daß ein zusätzlicher Test und Einrücken der Zeilen das Programm noch unübersichtlicher machen würden.

5.4.3 goto

Wie die meisten Programmiersprachen bietet auch C++ die Anweisung *goto* an. Diese Anweisung ist für höhere Programmiersprachen in der Regel unnötig und sollte nur in Ausnahmefällen benutzt werden. Die Verwendung von *gotos* erschwert bekanntlich das Verständnis für den Programmablauf und verschlechtert häufig die Lesbarkeit eines Programmes. Die Syntax der *goto*-Anweisung lautet

goto Bezeichner;

Bezeichner: Anweisung

Die *goto*-Anweisung bewirkt, daß das Programm an der durch *Bezeichner* gekennzeichneten Stelle (**Label**) fortgesetzt wird. Der Gültigkeitsbereich des Labels ist die Funktion, in dem das Label vorkommt. Labels dürfen nicht innerhalb einer Funktion redeklariert werden, aber sie dürfen in einer *goto*-Anweisung verwendet werden, bevor sie definiert worden sind.

Beispiel:

```
if (a > 0)
    goto ende;

ende: cout << "Ende \n";
```

Ein Ausnahmefall, wo die Verwendung von *goto*-Anweisungen sinnvoll sein kann, ist beispielsweise das Herausspringen aus einer tief verschachtelten Struktur, da hier die *break*-Anweisung nicht mehr ausreicht und zu viele Abfragen das Programm unübersichtlich machen würden.

```
for (...)
    for (...)
        for (...)

            ...

                if (katastrophe)
                    goto fehler;

fehler: ...         // Fehler-Behandlung
```

5.4.4 return

Die *return*-Anweisung ist zulässig innerhalb von Funktionen (Kapitel 6) sowie Konstruktoren und Destruktoren (Kapitel 8 und 9). Ihre vornehmliche Anwendung findet die *return*-Anweisung innerhalb von Funktionen und dieser Fall wird im anschließenden Kapitel 6 erläutert. Hier jedoch bereits eine Zusammenfassung.

Die Syntax der *return*-Anweisung ist:

return Ausdruck;

oder

return;

Eine *return*-Anweisung ohne Angabe eines Ausdrucks kann nur in Funktionen verwendet werden, die kein Ergebnis zurückliefern (also Ergebnistyp *void* haben) oder in Konstruktoren und Destruktoren.

Eine *return*-Anweisung mit Angabe eines Ausdrucks kann nur in Funktionen verwendet werden, die ein Ergebnis zurückliefern (also einen Ergebnistyp ungleich *void* besitzen). In diesem Fall wird der Wert des Ausdrucks an den

Aufrufer der Funktion zurückgegeben. Falls notwendig und möglich, wird dabei eine implizite Typkonvertierung vorgenommen.

Erreicht der Kontrollfluß des Programms das Ende einer Funktion ohne Angabe einer *return*-Anweisung, so ist dies semantisch äquivalent zur *return*-Anweisung ohne Angabe eines Ausdrucks; dies ist nur erlaubt für Funktionen mit Ergebnistyp *void*.

Bemerkung:
Andere Möglichkeiten zur Unterbrechung, insbesondere zur Behandlung von Fehlern, bieten die Funktionen **exit(), abort()** und **atexit()**. Alle Funktionen sind in der Standard-Header-Datei **<stdlib.h>** deklariert und bewirken das Beenden des Programms, allerdings mit gewissen Unterschieden:

```
void exit( int );
/*
    exit bewirkt das Verlassen des gesamten Programms mit dem angegebenen
    Integerwert als Ergebnis. Üblicherweise kennzeichnet der Wert 0 das normale
    Terminieren des Programms und ein Wert ungleich 0 ein nicht normales Ende.
    Vor dem tatsächlichen Beenden des Programms wird noch der Ausgabestrom
    gelöscht und geöffnete Dateien geschlossen. Ferner werden für alle Klassenobjekte
    die Destruktoren (vgl. später), soweit vorhanden, aufgerufen.
    Das Aufrufen von exit in einem Destruktor kann somit zu einer Endlosschleife
    führen.
*/

void atexit( void (*)(void) );
/*
    atexit kann benutzt werden, um eine Funktion anzugeben, die bei Aufruf von exit
    ausgeführt wird.
*/

void abort( void );
/*
    abort bewirkt ebenfalls das Beenden des gesamten Programms.
    Im Gegensatz zu exit wird das Programm sofort, d.h. ohne Schließen noch
    geöffneter Dateien und Aufrufen von Klassendestruktoren etc., beendet. Allerdings
    werden typischerweise Informationen gespeichert, die eine nachfolgende Analyse
    des Programmablaufs zulassen.
*/
```

Die Syntax aller in Kapitel 5 angesprochenen Anweisungen ist nochmals in tabellarischer Form im Anhang verzeichnet.

6 FUNKTIONEN

Funktionen werden eingesetzt, um Programme in leichter verständliche Teile zu zergliedern. Sie stellen ein wesentliches Instrumentarium dar, um große Probleme in den Griff zu bekommen.

Für die Verwendung von Funktionen ist deren konkrete Implementation im allgemeinen unwichtig. So lassen sich z.B. Ein- und Ausgabefunktionen aus der Standardbibliothek nutzen, ohne daß deren Implementation bekannt sein muß. Es muß nur bekannt sein:

1) der Name der Funktion,

2) die formalen Parameter (Anzahl, Reihenfolge, Typen), auch als *Signatur* einer Funktion bezeichnet,

3) der Ergebnistyp,

4) eine evtl. informelle Beschreibung über das, was die Funktion leistet.

Wie Funktionen in C++ definiert werden, welche Parameterübergabemechanismen unterstützt und wie Ergebnisse zurückgegeben werden, zeigen die nächsten Unterkapitel.

6.1 Definition einer Funktion

Eine Funktion wird wie folgt definiert:

```
<Ergebnistyp>   <Name der Funktion>
                (   <Typ_1>      <Parameter_1>,

                               ...,

                    <Typ_n>      <Parameter_n>  )
{
        Anweisungsfolge
}
```

d.h. ohne Angabe eines Semikolons nach der schließenden geschweiften Klammer. Die Parameter *1* bis *n* sind innerhalb des gesamten Funktionsrumpfes gültig.

Beispiele:

```
int fakultaet (int n)
{
    if (n > 1)
        return n * fakultaet (n - 1);
    else
        return 1;
}

void tausche (int* p, int* q)
    /*
        Vertauscht die Werte der Integerzahlen, auf die p
        und q verweisen.
    */

{
    int t   =   *p;
    *p      =   *q;
    *q      =   t;
}
```

Wird kein Ergebnistyp angegeben, so wird *int* als Ergebnistyp angenommen. Die - von der Definition von einfachen Variablen - gewohnte Kurzschreibweise ist bei der Angabe der Parameter in Funktionen nicht erlaubt.

Beispiel:

```
int f(int a, b, c); // Fehler
```

Die Liste der Parameter darf allerdings leer sein:

```
dummy( )
{
    ...
}
```

In C++ ist es auch möglich, das Schlüsselwort *void* in der Parameterliste zu verwenden, um das Fehlen von Parametern explizit zu verdeutlichen (es könnte ja durchaus sein, daß die Angabe von Parametern vergessen wurde). Deshalb ist folgende Funktion semantisch äquivalent zu obiger Funktion:

```
dummy (void)
{
    ...
}
```

Auch die Anweisungsfolge im Funktionsrumpf darf ausgelassen werden. Eine minimale Funktion ist daher beispielsweise

```
dummy( ) { }
```

die nichts leistet.

Anmerkung:
In C++ bedeutet obige Definition, daß *dummy* ohne Parameter aufgerufen werden muß. In C dürfte *dummy* mit einer beliebigen Anzahl von Argumenten beliebigen Typs aufgerufen werden.

Die Angabe der Bezeichner der Parameter einer Funktion ist bei ihrer Deklaration nicht notwendig. Eine solche Deklaration bezeichnet man auch als **Funktionsprototyp**.

Beispiel:

```
int f(int, int);
```

Die Bezeichner der Parameter sind somit nur eine Dokumentationshilfe und es ist daher sprachlich durchaus erlaubt, bei der Deklaration und dann späteren Definition unterschiedliche Bezeichner für die Parameter zu verwenden; sinnvoll ist dies jedoch nicht.

Beispiel:

```
int f(int a, int b);      // Funktionsprototyp

...

int f(int x, int y)       /*
                             Definition mit anderen
                             Parameterbezeichner nicht
                             sinnvoll, aber erlaubt
                          */
{
    ...
}
```

Unbenutzte formale Parameter der Funktion brauchen aber auch bei der Definition einer Funktion nicht benannt zu werden. Dies kann z. B. sinnvoll sein, um bereits Platz für zukünftige Parameter zu reservieren, so daß die Schnittstelle später nicht mehr verändert werden muß.

Beispiel:

```
int f(int a, int)
{
    ... // Es wird nur ein formalen Parameter benutzt
}
```

In einer Funktionsdefinition darf keine Funktion definiert werden. Somit besteht jedes C++-Programm aus einer Ansammlung von Funktionen. Ein Ineinanderschachteln von Funktionsdefinitionen ist also nicht zulässig.

Bemerkung:
Die Art der Angabe der Parametertypen in C++ unterscheidet sich von der in älteren C-Dialekten. In C erfolgt die Angabe des Namens eines Parameters in den Klammern nach dem Funktionsnamen, die Angabe des Parametertyps aber erst nach der schließenden Klammer der Parameter und vor der öffnenden geschweiften Klammer des Funktionsrumpfes (ähnlich wie z.B. in der Programmiersprache Simula).
Beispiel:

```
int f( x,y )
int x,y;
{ ... }
```

In ANSI C wird eine Funktion dagegen genauso deklariert und definiert wie in C++.

6.2 Parameterübergabe

Wenn eine Funktion aufgerufen wird (der Funktionsaufruf ist eine Anweisung), wird für jeden formalen Parameter Speicherplatz reserviert und mit dem Wert des entsprechenden aktuellen Parameter belegt. Die Reihenfolge der Auswertungen der Parameter ist nicht festgelegt. Beim Aufruf wird der Typ des formalen Parameters mit dem Typ des aktuellen Parameters verglichen und ggf. eine Typkonvertierung vorgenommen.

Beispiel:

```
void f(int i)
{
    cout << "i: " << i;
}

...

double r = 4.5;

f(r * 0.4);
```

erzeugt die Ausgabe

```
i: 1
```

6.2.1 Starke Typüberprüfung

Solche gegebenenfalls durchzuführenden Typkonvertierungen bei Funktionsaufrufen sind allerdings nicht immer sinnvoll. Nehmen wir an, wir haben eine Funktion, die das Minimum zweier Integerzahlen bestimmt.

Beispiel:

```
int min (int a, int b)
{
    return (a < b) ? a : b;
}

int par1 = 10;
int par2 = 20;

min(par1, par2);
```

Obiger Aufruf von *min* ist der gewünschte Normalfall. Was aber passiert in folgenden Fällen?

```
1)  min(17.7, 22.92);

2)  min("klein", "groß");

3)  min(1020);
```

In den letzen beiden Fällen würde die Ausführung von *min* mit großer Wahrscheinlichkeit zu einem Laufzeitfehler führen, deshalb kann die einzig wünschenswerte Alternative nur sein, solche Fehler bereits zur Kompilierzeit aufzuspüren. Letzteres ist in C++ der Fall, denn **C++ ist** eine **stark** - im Sinne von streng, lückenlos, vollständig - **typisierte** ("**strongly typed**") Sprache.

Sowohl die Argumentliste als auch der Ergebnistyp eines jeden Funktionsaufrufs werden bei der Kompilation stark typüberprüft. Wenn eine Unstimmigkeit zwischen den aktuellen Typen des Aufrufs und den Typen der Funktionsdeklaration entdeckt wird, wird versucht, eine sinnvolle implizite Typkonvertierung anzubringen. Wenn eine solche Typkonvertierung nicht möglich oder die Anzahl der Parameter falsch ist, erfolgt eine Fehlermeldung des Compilers.

Der Compiler greift hierbei auf die Informationen der Funktionsdeklaration (auf den Funktionsprototyp) zurück. Deshalb kann eine Funktion nicht aufgerufen werden, bevor sie deklariert worden ist.

Im Fall 1) kann eine sinnvolle implizite Typkonvertierung nach *int* durchgeführt werden. Diesen Aufruf von *min* als Fehler beim Kompilieren auszuweisen wäre vielleicht korrekt, aber wohl doch zu streng. Da es sich hier aber um eine Konvertierung handelt, bei der Information verloren gehen kann (die Nachkommastellen werden abgeschnitten), wird bei einigen Compilern zur Kompilierzeit eine Warnung generiert, um den Programmierer auf eine mögliche Inkonsistenz hinzuweisen.

Aber nicht nur Funktionsaufrufe werden in C++ stark typüberprüft. Jede Initialisierung und jede Zuweisung von Werten wird zur Kompilierzeit überprüft, um sicherzugehen, daß die Typen dieser Werte auch wirklich kompatibel sind. Wenn dies nicht der Fall ist und wenn eine sinnvolle Regel angewendet werden kann, um die Typen aufeinander abzubilden, so wird der Compiler diese Regel anwenden (implizite Typkonvertierung). Wenn keine solche Regel existiert, wird die Anweisung als Fehler gekennzeichnet, um so unvorhergesehenen Programmabbrüchen zur Laufzeit vorzubeugen. Will ein Programmierer dennoch eine Regel anwenden, so muß er dies explizit tun (explizite Typkonvertierung). Auf diese Art und Weise wird er darauf aufmerksam gemacht, daß er etwas tut, was potentiell unsicher ist; die Verantwortung dafür liegt bei ihm selbst.

6.2.2 Call-by-value

Wie bereits angesprochen, sind die formalen Parameter der Funktion innerhalb des Funktionsrumpfes gültig. Die Werte der aktuellen Parameter werden bei Aufruf der Funktion in den entsprechenden Speicherbereich abgelegt (kopiert), die mit den Namen der formalen Parameter assoziiert sind. Die Werte der aktuellen Parameter ändern sich bei Abarbeitung der Funktion nicht.

Beispiel:

```
void f(int i)
{
    i++;
    cout << "i in der Funktion f: " << i << "\n\n";
}

int i = 1;

f(i);

cout << "i: " << i << "\n";
```

erzeugt die Ausgaben

```
i in der Funktion f: 2

i: 1
```

Man kann Lesern eines Programms (und natürlich auch dem Compiler) durch Verwendung des Schlüsselwortes **const** verdeutlichen, daß die Funktion das Objekt selbst nicht verändert, welches durch den Parameter adressiert wird.

Beispiel:

```
void zeige (const char*);
```

Dies ist z.B. dann sinnvoll, wenn ein Zeiger übergeben wird, um den Aufwand des Kopierens (etwa bei sehr großen Objekten) zu vermeiden. Wird der Zeiger - wie im obigem Funktionskopf - als Zeiger auf eine Konstante deklariert, so ist eine Modifikation des referenzierten Objekts nicht möglich und würde vom Compiler als Fehler ausgewiesen werden.

6.2.3 Call-by-reference

Übergibt man eine Referenz auf ein Objekt, so kann die Funktion die Werte der aktuellen Parameter verändern und so einen Seiteneffekt erzeugen. Bei Übergabe einer Referenz wird also mit dem durch die Referenz bestimmten Objekt gearbeitet. Dies erklärt auch die Funktionsweise der Funktion *tausche* aus Kapitel 6.1.

Ferner kann ein formaler Parameter der Funktion als Referenz definiert werden. Der Name des formalen Parameters ist dann ein anderer Name für das Objekt, das durch den aktuellen Parameter bestimmt wird.

Beispiel:

```
void f (int wert, int& referenz)
                    // Call-by-value, call-by-reference
{
    wert++;         // Übergeben mittels call-by-value

    referenz++;     // Übergeben mittels call-by-reference
}
```

Die Anweisung *wert++;* inkrementiert die lokale Kopie des ersten aktuellen Parameters, wohingegen durch die Anweisung *referenz++;* der zweite aktuelle Parameter inkrementiert wird.

```
int i = 1;
int j = 1;

f (i,j);                // i = 1, j = 2

cout << "i: " << i << " , j: " << j;
```

erzeugt die Ausgabe

```
i: 1 , j: 2
```

Der generelle Unterschied zwischen *call-by-reference* und *call-by-value* liegt darin, daß im ersten Fall der sogenannte ***lvalue*** des aktuellen Parameters der Funktion übergeben wird, während sonst der ***rvalue*** weitergereicht wird. Um dies zu erklären, rufen wir uns noch einmal den generellen Unterschied von symbolischen Variablen und Konstanten ins Gedächtnis. Beide benötigen Speicherplatz und besitzen einen assoziierten Typ. Aber nur symbolische Variablen sind adressierbar, d.h. es gibt bei ihnen zwei assoziierte Werte:

1) Ihren Datenwert, der irgendwo in einer Speicheradresse abgelegt ist. Dieser Wert wird auch als rvalue (read value) bezeichnet. rvalues kommen grundsätzlich auf der rechten Seite von Zuweisungen vor, denn sie können nur gelesen werden.

2) Die Adresse im Speicher, in dem der Datenwert abgelegt ist (location value). Dieser Wert wird als lvalue bezeichnet. lvalues kommen auf der linken Seite von Zuweisungen vor, denn die linke Seite spezifiziert die Speicheradresse, in welche der Wert der rechten Seite abgelegt werden soll.

Bei *call-by-reference* wird also die Speicheradresse übergeben, wodurch das Verändern (das Schreiben) möglich wird, während bei *call-by-value* nur der Wert weitergereicht (kopiert) wird.

Bemerkung:
Ein Referenzaufruf ist also der Aufruf mit einem konstanten Zeigerparameter. Dies unterscheidet sich von der Behandlung von Referenzen an sich: Während Referenzen keinen Speicher belegen (der Compiler merkt sich die rechte Seite und substituiert diese mit dem referenzierten Bezeichner), muß bei call-by-reference die Adresse des Parameters gespeichert werden.

Dies bedeutet auch, daß es eigentlich nur eine Form der Parameterübergabe gibt, nämlich den "Wertaufruf" mit den beiden Formen

a) der formale Parameter ist eine Variable (call-by value) und

b) der formale Parameter hat einen konstanten Wert (call-by-reference)

Die oben beschriebene Unterscheidung zwischen call-by-value und call-by-reference ist in der Literatur jedoch weit verbreitet und wir haben sie deshalb beibehalten.

6.2.4 Vektoren als Parameter

Vektoren stellen eine Ausnahme bei der Parameterübergabe dar. Wie bereits in Kapitel 4 angesprochen, ist ein Vektor nichts anderes als ein konstanter Zeiger auf den Anfang des Vektors. Wird nun ein Vektor als Parameter einer Funktion verwendet (oder auch als Ergebnis; vgl. hierzu Kap. 6.3), wird nur die Adresse auf den Anfang des Vektors (d.h. die erste einer ganzen Folge von Speicheradressen) übergeben.

Anders ausgedrückt: ein Parameter vom Typ T[ ] wird in den Typ T* konvertiert, falls er Parameter eines Funktionsaufrufs ist. Dies hat zur Folge, daß die Funktion auf dem aktuellen Parameter arbeitet und diesen somit verändern kann. Für die Parameterübergabe von Vektoren sollte man sich daher folgendes merken:

Vektoren (Arrays) werden in C++ immer mit call-by-reference übergeben!

Beispiel:

```
void init3 (int* m)
{
    for (int i = 0 ; i < 3 ; i++)
        m[i] = 1;            // aequivalent zu *(m + i) = 1;
}
```

Jede der drei Vektorkomponenten wird jeweils mit 1 initialisiert.

```
int     v[3] = {2, 5, 7};

init3   (v);
```

Nach Abarbeitung der Funktion *init3* gilt:

```
v[0] == v[1] == v[2] == 1
```

Weiteres Beispiel:

```
void print_m34 (int m[3][4])
{
    for (int i = 0 ; i < 3 ; i++)
    {
        for (int j = 0 ; j < 4 ; j++)
            cout << " " << m[i][j];

        cout << "\n";
    }
}
```

Da nur ein Zeiger übergeben wird, ist es auch möglich, Funktionen zu schreiben, die mit Vektoren beliebiger Dimension arbeiten können.

Beispiele:

```
void print_m (int m[ ], int dim)
{
    for (int i = 0; i < dim; i++)
        cout << " " << m[i];

    cout << "\n";
}


void print_mijk (int*** m, int dim1, int dim2, int dim3)
{
    for (int i = 0; i < dim1; i++)
        for (int j = 0; j < dim2; j++)
        {
            for (int k = 0; k < dim3; k++)
               cout <<  " "
                    <<  ((int*) m) [i * dim2 * dim3 +
                                     j * dim3 + k];
                // Explizite Typkonvertierung nach int*

            cout    << "\n";
        }
}
```

Diese Philosophie der Parameterübergabe von Vektoren hat zwei wichtige Konsequenzen für den Programmierer:

1) Falls das globale Vektorobjekt nicht verändert werden darf, muß der Programmierer *call-by-value* selbst simulieren.

2) Die Größe des Vektors (seine Grenzen) ist nicht Bestandteil seines Typs und damit der Funktion und insbesondere auch dem Compiler nicht bekannt. Die Überprüfung von Vektoren-Grenzen kann somit nicht automatisch stattfinden und muß vom Programmierer selbst implementiert werden.

Für den zweiten Fall ist es deshalb angebracht, der Funktion einen weiteren Parameter zu übergeben, der die Größe des Vektors spezifiziert oder ein bestimmtes Symbol zu vereinbaren, welches das Ende des Vektors kennzeichnet, wie z.B. '\0' bei Textkonstanten.

Werden mehrdimensionale Vektoren als formale Parameter angegeben, so müssen alle Dimensionen - mit Ausnahme der ersten - spezifiziert werden. Nehmen wir an, wir hätten folgendes zweidimensionale Array:

```
int v[ ] [5]; // Array mit 5 Spalten pro Zeile
```

so ist dies äquivalent zu

```
int (*v) [5]; // Zeiger auf ein Array mit 5 Elementen
```

Die Anweisung

```
v = v + 1;    // oder v += 1;
```

läßt *v* auf die nächste Zeile der Matrix zeigen, d.h. die erste Dimension wird erhöht. Der Compiler hat hierbei die Information, wieviel Spaltenelemente er zu überspringen hat; in diesem Fall 5. Ohne Angabe der zweiten Dimension wäre dies aber nicht möglich.

6.3 Ergebnisrückgabe

Funktionen müssen, wenn sie nicht mit Ergebnistyp *void* definiert sind, einen Wert vom angegebenen Typ als Ergebnis liefern. So lieferte unsere Fakultätsfunktion *fakultaet* (s. Kap. 6.1) als Ergebnis einen Integerwert. Der Ergebniswert einer Funktion wird durch die **return**-Anweisung bestimmt (vgl. Kapitel 5). *return* veranlaßt das Beenden der Funktion mit dem angegebenen Wert als Ergebnis. In einer Funktion kann die *return*-Anweisung an mehreren Stellen stehen, wie z.B. in der Funktion *fakultaet*.

Die Syntax für die Ergebnisrückgabe sieht wie folgt aus:

return Ausdruck ;

Ist der Wert des zurückzugebenden Ausdrucks von einem anderen Typ als der Ergebnistyp der Funktion, so wird, falls möglich, eine implizite Typkonvertierung vorgenommen.

Beispiel:

```
double f( )
{
    ...
    return 1;  // wird implizit zu 1.0 konvertiert
}
```

Der Ausdruck der *return*-Anweisung kann auch leer sein. Diese Art der Anwendung von *return* ist notwendig für *void*-Funktionen, also Funktionen, die keinen Wert zurückliefern. Hier hat *return* die gleiche Wirkungsweise wie das *break* innerhalb von Schleifen. Erreicht der Kontrollfluß des Programms das Ende der Funktion ohne Angabe einer *return*-Anweisung, so ist dies semantisch äquivalent zur Verwendung von *return* ohne Angabe eines Ausdrucks.

Da bei jedem Aufruf einer Funktion dynamisch neuer Speicherplatz für die formalen Parameter und die lokalen Variablen der Funktion belegt wird und dieser nach ihrer Abarbeitung wieder freigegeben wird, sollte man nicht Adressen lokaler Variablen als Ergebnis zurückgeben.

Beispiel:

```
int* f()
{
    int lokal = 1;
    return &lokal;        // Gefährlich!
}
```

Wenn lokale Objekte der Funktion nach ihrer Abarbeitung nicht mehr verwendet werden dürfen, stellt sich die Frage, wie man z.B. Vektoren als Ergebnis erhalten kann, da bei der Ergebnisrückgabe nur ein Zeiger übergeben werden darf.

Bemerkung:
Es ist nicht erlaubt, Funktionen mit Ergebnistyp T[ ] zu deklarieren bzw. zu definieren.

Beispiel:

```
int* addiere_vektoren (int v1[4], int v2[4])
{
    int ergebnisvektor[4];

    for (int i = 0; i < 4; i++)
        ergebnisvektor[i] = v1[i] + v2[i];

    return ergebnisvektor;                  // Gefährlich!
}
```

Die Verwendung von *addiere_vektoren* ist so nicht möglich. Denken wir an folgenden Aufruf:

```
int* pv;
pv = addiere_vektoren(vektor_1,vektor_2);
```

pv bekommt die Adresse des lokalen Speicherbereiches von *ergebnisvektor* zugewiesen. Bei weiterer dynamischer Vergabe des Speicherplatzes kann aber der Speicherbereich, auf den *pv* verweist, überschrieben werden. Dies bedeutet letztendlich, daß es Glückssache ist, ob der Speicherbereich für *pv* und damit das Ergebnis des Funktionsaufrufes lange genug zur Verfügung steht.

6.3.1 Der Freispeicher

Um obige Probleme zu vermeiden, benötigt man Operatoren, mit denen der sogenannte Freispeicher explizit manipuliert werden kann. Der Freispeicher bezeichnet hierbei die Menge an noch nicht zugewiesenen Speicheradressen, die ein Programm zur Laufzeit verwenden kann. Um diesen Freispeicher zu manipulieren, bietet C++ die Operatoren **new** und **delete** an.

6.3.1.1 Der Operator new

Durch

```
new <Typname>
```

wird ein Objekt vom angegebenen Typ kreiert. Das Ergebnis von *new* ist ein Zeiger auf das kreierte Objekt. Ist das zu kreierende Objekt ein Vektor, so ist das Ergebnis von *new* ein Zeiger auf das nullte Element des Vektors. Werden mehrdimensionale Vektoren kreiert, so darf für die Angabe der ersten Dimension ein nicht-konstanter Ausdruck verwendet werden; alle anderen Dimensionen müssen allerdings mittels konstanter Ausdrücke angegeben werden.

Beispiele:

```
int     i               = 10;
int     *int_objekt     = new int;
char    *char_objekt    = new char;
int     *vektor_objekt1 = new int[20];
int     *vektor_objekt2 = new int [i] [20];
```

Bemerkung:
Da Referenzen keine Objekte, sondern nur Aliase bezeichnen, kann also kein Zeiger auf eine Referenz mittels *new* erzeugt werden. Ebensowenig darf der neue Typname die reservierten Worte *const* und *volatile* enthalten. Es ist auch nicht möglich, Klassendeklarationen oder Deklarationen von Aufzählungen anzugeben.

Der Aufruf von *new* bewirkt den Aufruf der Funktion *operator new()*. Der Operator *new* kann im Zusammenhang mit Klassen auch überladen werden (siehe Kapitel 10) und bewirkt dann den Aufruf der lokal zur Klasse definierten Funktion *operator new()*. Andernfalls ist automatisch garantiert, daß die globale Funktion *::operator new()* aufgerufen wird. Ist *new* überladen und soll die globale Funktion *operator new()* aufgerufen werden, muß der Scope-Operator *::* verwendet werden.

Ein durch *new* kreiertes Objekt existiert solange, bis es explizit durch *delete* gelöscht wird. Damit wird verhindert, daß der bei einer Definition reservierte Speicherplatz nach Verlassen des entsprechenden Blockes freigegeben wird.

Bemerkung:
Die Deklaration von *new* und *delete* sieht folgendermaßen aus:

```
void*     operator new(size_t);   // size_t in stddef.h; vgl. Kap. 10
void      operator delete(void*);
```

Es ist möglich, durch *new* erzeugte Objekte schon beim Aufruf von *new* zu initialisieren, indem eine Initialisierungsliste in Klammern angegeben wird.

```
new <Typname> (Initialisierungsliste)
```

Wenn das zu erzeugende Objekt eine Klasse mit einem Konstruktor ist (siehe Kapitel 8), wird die Initialisierungsliste in dem Konstruktoraufruf verwendet. Andernfalls muß die Initialisierung ein Ausdruck sein, der allerdings auch leer sein darf. Wird keine solche Initialisierung angegeben, hat das neu kreierte Objekt anfänglich einen undefinierten Wert. Die Angabe eines leeren Ausdrucks in Klammern ist äquivalent zur Erzeugung eines Objekts ohne Initialisierung und daher nur eine syntaktische Hilfe. Eine Initialisierung ist allerdings nicht möglich für Vektoren.

Beispiele:

```
int     *int_objekt      = new int(7);

char    *char_objekt     = new char('a');

int     *vektor_objekt1 = new int[2] (1, 2);
                          /*
                              Fehler: Initialisierung von
                              Vektoren nicht erlaubt
                          */
```

Mittels *new* lassen sich Objekte sogar auf spezifische Adressen des Freispeichers plazieren. Dies funktioniert, indem man eine andere Form der Anwendung von *new* verwendet (Voraussetzung hierfür ist, daß die Datei *new.h* eingebunden wird):

```
new (Speicheradresse) <Typspezifikation>
```

wobei *Speicheradresse* ein Zeiger sein muß. Hierdurch ist es möglich, Speicherplatz vorzureservieren, der dann zu einem späteren Zeitpunkt Objekte der so definierten Art enthalten wird: Erst wird Speicherplatz mittels der einen Form von *new* reserviert und später werden Objekte auf diesem Bereich mittels der anderen Form von *new* plaziert.

Wird *new* aufgerufen und steht nicht mehr genügend Speicherplatz zur Verfügung, so wird NULL (also der Wert 0) zurückgegeben (in diesem Fall wird dann auch keine Initialisierung durchgeführt, selbst wenn diese explizit angegeben wurde).

Dies läßt sich abändern, da bei jedem Fehler in *new* implizit ein sogenannter **new-handler** aufgerufen wird, der die Behandlung dieses Fehlerfalles übernimmt.

_new_handler ist ein Zeiger auf eine Funktion, die keine Argumente enthält und als Ergebnistyp *void* besitzt. (*_new_handler* ist in <*new.h*> deklariert). Seine Deklaration sieht wie folgt aus:

```
void (*_new_handler) ( );
```

Falls *new* einen Fehler liefert, wird getestet, ob *_new_handler* auf eine Funktion verweist. Falls dies nicht der Fall ist (standardmäßig voreingestellt), liefert *new* den Wert 0 zurück.

Mittels der Funktion *set_new_handler* (ebenfalls in <*new.h*> deklariert) kann eine Funktion angegeben werden, die aufgerufen wird, wenn der Aufruf von *new* zu einem Fehler führt, also z.B. nicht mehr genügend Speicherplatz zur Verfügung steht. Die Funktion *set_new_handler* erhält als Argument einen Zeiger auf die entsprechende Funktion (bzgl. Zeiger auf Funktionen vgl. Kap. 6.4.2).

Dazu folgendes Beispiel:

```
void speicherplatzmangel( )
{
    cerr    <<  "Kein Speicherplatz mehr zur Verfügung!\n";

    cerr    <<  "Operation new konnte nicht durchgeführt "
            <<  "werden. \n";

    exit(1);
}

#include <new.h>
        /*
            new.h beinhaltet die Deklaration von
            set_new_handler
        */

main( )
{
    set_new_handler(speicherplatzmangel);

        /*
            Übergabe der Adresse der Funktion
            speicherplatzmangel. Diese wird immer dann
            aufgerufen, wenn der Aufruf von new zu einem
```

```
                Fehler führt. Alternativ möglich ist auch:

                _new_handler = speicherplatzmangel;
            */

        ...

    }
```

Bemerkungen:
set_new_handler ist wie folgt deklariert:

```
void ( *set_new_handler (void(*) ( ) ) )   ( );
```

Als Ergebnis liefert *set_new_handler* einen Zeiger auf die zuvor gesetzte new-handler-Funktion. Der Aufruf ohne Parameter

```
set_new_handler( );
```

bewirkt, daß *new_handler* auf Null verweist und somit keine new-handler-Funktion gesetzt ist; dies ist die Voreinstellung (default setting).

Der Strom *cerr* dient speziell zur Ausgabe von Fehlermeldungen. Zwar lassen sich Fehlermeldungen auch mittels *cout* ausgeben, dies ist allerdings oft nicht zweckmäßig. Unter UNIX besteht nämlich die Möglichkeit, alle Ausgaben eines Programms (durch eine spezielle Art des Aufrufs) z.B. direkt in einer Datei abzulegen. Alle Ausgaben mittels *cout* erscheinen dann nicht mehr wie gewohnt auf dem Bildschirm, sondern werden in die angegebene Datei geschrieben. Fehlermeldungen würden dann ebenfalls nicht mehr auf dem Bildschirm angezeigt und somit evtl. vom Benutzer nicht mehr registriert werden. Daher ist es sinnvoll, zwei Ausgabeströme (vgl. Kapitel 12) bereitzustellen, einen für standardmäßige Ausgaben und einen für Fehlermeldungen, wobei eine Umlenkung der Ströme jeweils separat vorgenommen werden kann.

6.3.1.2 Der Operator delete

Ein mittels *new* erzeugtes Objekt kann nur mittels **delete** explizit wieder gelöscht werden. *delete* muß als Operand dabei einen Zeiger auf ein Objekt erhalten, welches zuvor mittels *new* erzeugt wurde. Die Auswirkung der Anwendung von *delete* auf ein Objekt, das nicht mittels *new* erzeugt wurde, ist undefiniert und sollte daher unbedingt vermieden werden (ebenso ist die Auswirkung des Zugriffs auf ein gelöschtes Objekt undefiniert). Zeiger mit Wert 0 dürfen allerdings generell mittels *delete* gelöscht werden. Zeiger auf Konstanten können nicht gelöscht werden.

Beispiele:

```
int     *int_objekt     = new int;
char    *char_objekt    = new char;
...
delete  int_objekt;
delete  char_objekt;
```

Wie bei *new*, so bewirkt der Aufruf von *delete* den Aufruf der Funktion *operator delete()*. Die für den Aufruf dieser Funktion geltenden Regeln lauten entsprechend.

Sollen durch *new* erzeugte Vektoren gelöscht werden, so sind hinter *delete* die Vektorenklammern *[ ]* anzugeben.

Beispiel:

```
int      i                = 10;
int      *vektor_objekt1 = new int[20];
int      *vektor_objekt2 = new int [i] [20];
...
delete [] vektor_objekt1;
delete [] vektor_objekt2;
```

Hinweis:
Frühere Versionen von C++ verlangten beim Löschen von Vektoren mittels *delete[ ]* die Angabe der Dimension in den Vektorenklammern. Dies ist jetzt nicht mehr notwendig. Einige C++-Compiler bieten die alte Form des Löschens von Vektoren mit Angabe der Dimension aus Kompatibilitätsgründen weiterhin an.

Der Anwendung des reinen *delete* auf Vektoren ist undefiniert, ebenso die Auswirkung von *delete[ ]* auf "normale" Objekte.

Die vorher definierte Funktion *addiere_vektoren* kann nun wie gewünscht benutzt werden, wenn wir sie wie folgt definieren:

```
int* addiere_vektoren(int v1[4], int v2[4])
{
    int* ergebnisvektor = new int[4];
        /*
            ergebnisvektor verweist auf den festgelegten
            Speicherbereich. Der Speicherbereich bleibt
            solange reserviert, bis er explizit mittels
            delete freigegeben wird. int[4] ist ein
            abstrakter Typname. Solche abstrakten Typnamen
            werden z.B. als Parameter für new oder sizeof
            verwendet.
        */

    for (int i = 0; i < 4; i++)
        ergebnisvektor[i] = v1[i] + v2[i];

    return ergebnisvektor;                      // Jetzt OK!
}

int* pv;

pv = addiere_vektoren(vektor_1,vektor_2);    // OK
...
delete pv;                          // Freigabe des Speicherplatzes
```

Der durch *new* reservierte Speicherbereich wird auch dann nicht freigegeben, wenn er nicht mehr zugreifbar ist, da kein Zeiger mehr auf ihn zeigt. Es wird also kein sog. **garbage collection** durchgeführt.

Beispiel:

```
int* pv;

pv  = addiere_vektoren(vektor_1,vektor_2);

pv  = addiere_vektoren(vektor_3,vektor_4);
        /*
            Der Speicherbereich, der beim Aufruf von
            addiere_vektoren(vektor_1,vektor_2) reserviert
            wurde, wird nicht freigegeben, obwohl kein
            Zeiger mehr auf ihn zeigt.

            Der Freispeicher enthält irgendwo "Müll".
        */
```

Man sollte daher Objekte, die nicht mehr benötigt werden, immer durch *delete* löschen, um so unnötige Speicherbelegungen zu vermeiden.

Zwei Aspekte des Freispeichers sind zu beachten:

1) Er ist immer namenlos und wird generell über Zeiger manipuliert.

2) Der Freispeicher ist immer uninitialisert und Objekte müssen daher immer vor Benutzung entsprechend initialisiert werden.

6.4 Weitere Möglichkeiten zur Parameterübergabe

6.4.1 Voreingestellte Werte

Eine Funktion benötigt manchmal zur Behandlung allgemeiner Fälle mehr Parameter, als für den üblichen Gebrauch. Betrachten wir z.B. die Funktion *hex*, welche in *iostream.h* deklariert ist. *hex* übergibt eine Textkonstante, die die hexadezimale Darstellung der angegebenen Integerzahl enthält. *hex* besitzt zwei formale Parameter:

1) die umzuwandelnde Integerzahl,

2) die maximal erlaubte Länge der Textkonstanten.

Ist die erlaubte Länge zu klein, so wird der Anfang abgeschnitten. Ist die Länge zu groß, wird der Anfang mit Leerzeichen (Blanks) aufgefüllt. Übergibt man als Länge Null, so wird die passende Länge zur Darstellung der Textkonstanten gewählt. In den meisten Fällen wird man also *hex(i, 0)* aufrufen. Die Angabe der Null läßt sich jedoch vermeiden, wenn man als voreingestellten Wert (Default-Wert) für die Länge die Null vereinbart. Dies sieht folgendermaßen aus:

```
extern char* hex(long, int = 0);
```

Man beachte, daß dies eine Funktionsdeklaration ist, daher ist es auch nicht nötig, die Namen der formalen Parameter anzugeben. Damit entspricht der Aufruf *hex(31)* dem Aufruf *hex(31, 0)*.

Voreinstellungen dürfen nur am Ende der Parameterliste auftreten. Dies impliziert, daß immer nur die letzteren Parameter der Liste beim Aufruf ausgelassen werden dürfen. Es ist erlaubt, alle Parameter der Liste mit Werten voreinzustellen.

Beispiele:

```
int f (int, int = 0, char* = 0);      //  OK

int g (int = 0, int = 0, char*);      //  Fehler

int h (int = 1, int = 2, int = 3);

h();                                  /*
                                         Äquivalent zu
                                         h(1, 2, 3);
                                      */
```

Hinweis:
Man beachte das Leerzeichen zwischen *char** und = *0*. Bei der Schreibweise *char*= 0* würde *= als Zuweisungsoperator (mit Multiplikation) angesehen werden.

Auf die Redeklaration von Funktionen mit voreingestellten Parametern sei im folgenden etwas genauer eingegangen. Es gilt, daß voreingestellte Parameter nicht durch eine spätere Deklaration respezifiziert werden dürfen, nicht einmal mit dem gleichen Wert. Allerdings darf eine spätere Deklaration voreingestellte Werte hinzufügen, die vorher nicht belegt waren.

Nehmen wir an, wir hätten folgende Deklaration der Funktion *f* (z.B. in einer eingebundenen Headerdatei) :

```
int f(int a, int b, int c = 0);
```

Diese Funktion möchten wir nun aktuell mit weiteren Voreinstellungen redeklarieren, z.B.

```
int f(int a, int b = 0, int c = 0); // Fehler
```

Der Compiler wird diese Funktionsdeklaration allerdings als fehlerhaft markieren. Dies liegt daran, daß wir die Voreinstellung von *c* respezifiziert haben. Tatsächlich korrekt, wenn auch vielleicht ungewohnt, ist folgende Redeklaration:

```
int f(int a, int b = 0, int c);      // OK
```

Als Redeklaration ist dies also korrekt, als (erste) Deklaration aber nicht zulässig.

Bemerkung:
Eine Funktion kann mehrfach deklariert (redeklariert) werden. Hierbei muß allerdings der Funktionsprototyp (bestehend aus Ergebnistyp, Funktionsname und Parametertypen) unverändert bleiben.

6.4.2 Funktionen als Parameter

Eine Funktion kann in C++ grundsätzlich auf zwei Arten verwendet werden:

1) Aufruf der Funktion,

2) Ermittlung der Adresse der Funktion.

Eine Funktion kann auch aktueller Parameter einer Funktion sein. Hierzu übergibt man einen Zeiger auf die Adresse der zu übergebenden Funktion.

Die Adresse einer Funktion erhält man durch den Adressoperator &.

Beispiel:

```
void fehler(char* p)
{
    ...
                        //  Fehler-Behandlung
}

void (*pe) (char*);
                        /*
                              Zeiger auf eine Funktion mit
                              Parametertyp char* und Ergebnistyp
                              void
                        */
```

```
main( )
{
    pe = &fehler;
                        //  pe zeigt auf die Funktion fehler

    (*pe) ("Fehler ist aufgetreten");
                        //  Aufruf der Funktion
}
```

Da der "Funktionsaufrufoperator" *( )* höhere Priorität als der Dereferenzierungsoperator * hat, muß **pe* in Klammern stehen. **pe("Fehler...");* wird dagegen interpretiert als **(pe("Fehler..."));* was zu einem Fehler führt.

Die Übergabe einer Funktion als Parameter kann dann z. B. so erfolgen:

```
typedef int (*int_fkt) (int);

int sum_f(int_fkt fkt, int untere, int obere)
    // berechnet Σi fkt(i)
{
    int ergebnis = 0;

    for (int i = untere; i <= obere; i++)
        ergebnis = ergebnis + (*int_fkt) (i);

    return ergebnis;
}
```

Die Berechnung z.B. der Summe der Fakultäten von 1 bis 20 erfolgt dann durch den Aufruf:

```
sum_f(&fakultaet, 1, 20)
   // Funktion fakultaet aus Kapitel 6.1
```

Initialisierungen von und Zuweisungen an Zeiger auf Funktionen sind nur dann korrekt, wenn die Parameterliste und der Ergebnistyp exakt übereinstimmen. Folgendes führt daher zu einem Fehler in C++:

```
void test ( int, int, int* );

void ( *fkt_zeiger ) ( int, int*, int ) = test; // Fehler
```

Mittels

```
double ( *testfunktionen[ 5 ] ) ( int );
```

wird ein Vektor von Zeigern auf Funktionen deklariert. *testfunktionen* ist dabei zunächst ein Vektor mit 5 Elementen. Jedes Element ist ein Zeiger auf eine Funktion mit einem Parameter vom Typ *int* und mit Ergebnistyp *double*. Eine Initialisierung solcher Vektoren kann wie folgt erfolgen:

```
double test1( int );
double test2( int );
double test3( int );

double ( *testarray[ ] ) ( int ) =
{
    test1, test2, test3
};
```

6.4.3 Ellipsen

Eine weitere Möglichkeit der Parameterübergabe soll hier nur am Rande erwähnt werden, da C++ durch voreingestellte Werte und Überladen von Funktionen (s.u.) diese Möglichkeit weitestgehend überflüssig macht; sie sind jedoch insbesondere auch aus Kompatibilitätsgründen zu C wichtig. In einer Funktionsdefinition/deklaration läßt sich durch Angabe einer **Ellipse ...** eine unspezifizierte Anzahl von Parametern angeben.

Beispiele:

```
int printf(const char*, ...);    // Deklaration von printf

printf("Reine Stringausgabe\n");

printf("Ausgabe der Integerzahl %d \n", 4711);

void test(...);
```

Die Funktion *printf* (eine Standard-Bibliotheksfunktion, die tatsächlich mittels einer Ellipse implementiert ist) kann mit einer beliebigen Anzahl von Argumenten aufgerufen werden, wobei das erste Argument vom Typ *char** sein muß (das Komma hinter dem letzten festen Parameter ist dabei optional). Wie der Aufruf abgearbeitet wird, liegt in der Verantwortung der Funktion. Bei *test* ist nur bekannt, daß eine unbekannte Anzahl von Parametern möglich ist; eine Einschränkung bezüglich des ersten Parameters ist hier nicht gegeben.

Da der Typ und die Anzahl der Parameter unbekannt sind, wird durch Ellipsen die Typüberprüfung automatisch ausgeschaltet. Bei solchen Funktionen ist der Compiler also nicht mehr in der Lage, eine Typüberprüfung von aktuellen und formalen Parametern durchzuführen, so daß die korrekte Behandlung eines Aufrufs auch in dieser Hinsicht in den Verantwortungsbereich des Programmierers fällt. Es ist also zu beachten, daß folgende zwei Funktionsdeklarationen **nicht** äquivalent sind:

```
1)  void test ( );

2)  void test (...);
```

Im ersten Fall wird *test* als eine Funktion deklariert, die keine Parameter besitzt; im zweiten Fall ist *test* eine Funktion, die keine Parameter besitzen könnte, aber durchaus mit Argumenten aufgerufen werden darf. Die Aufrufe von

```
test (a, b, c);

test (a);
```

sind also in C++ nur erlaubt, wenn *test* wie im zweiten Fall deklariert worden ist.

Der Aufruf von

```
test ( );
```

ist jedoch in beiden Fällen gültig.

Hinweis:
Der Zugriff auf die nicht spezifizierten Parameter der Ellipse erfolgt mittels der Makros *va_start, va_arg* und *va_end*, welche in der Datei *stdarg.h* definiert sind.
Als Beispiel wollen wir eine einfache Implementierung der Funktion *form* angeben, welche noch in Kap. 12 besprochen wird:

```
#include <iostream.h>
#include <stdio.h>
#include <stdarg.h>

char outtext[2000];

char* form(const char* format, ...)
{
     va_list  arg_ptr;
     va_start( arg_ptr, format );
     vsprintf( outtext, format, arg_ptr );
     va_end( arg_ptr );
     return outtext;
}
```

6.5 Überladen von Funktionen

In der Regel gibt man verschiedenen Funktionen verschiedene Namen. Wenn aber Funktionen die gleichen Aufgaben auf Objekten unterschiedlichen Typs verrichten, kann es sinnvoll sein, diese Funktionen mit den gleichen Namen zu versehen. Hierdurch wird insbesondere der objektorientierte Programmierstil unterstützt.

Das Verwenden gleicher Namen für Operationen auf verschiedenen Typen wird **Überladen (Overloading)** genannt. Diese Technik ist uns bereits implizit bekannt. So ist der Operator + sowohl für Integer-Werte und Double-Werte wie auch für Zeiger definiert.

Das Überladen von Funktionen erfolgt durch die Definition weiterer Funktionen mit gleichem Namen.

Hinweis:
In früheren Versionen von C++ existiert das Schlüsselwort **overload**, welches zwingend genau einmal zu verwenden war. Durch Angabe von

overload name ;

wurde dem Compiler die Information gegeben, welcher Name mehrfach zur Benennung von Funktionen verwendet wird. Ohne Verwendung des Schlüsselwortes werden ältere Compiler eine Fehlermeldung ausgeben, da im Normalfall nicht ein Name für mehrere Funktionen verwendet werden darf.

In der Sprachbeschreibung von C++-Version 3.0 ist overload kein reserviertes Wort mehr; dennoch ist es möglich, daß einige Compiler *overload* aus Gründen der Kompatibilität weiterhin reservieren.

Beispiel:

```
void drucke (int i)
{
    cout << i << "\n";
}

void drucke (char* ch)
{
    for (int i = 0; ch[i] != '\0'; i++)
        cout << ch[i] << " ";

    cout << "\n";
}
```

Bei Aufruf der Funktion *drucke* wird durch Typvergleich des aktuellen Parameters mit dem formalen Parameter die entsprechende Funktion ausgewählt. Sind alle Typen der formalen Parameter ungleich dem Typ des aktuellen Parameters, so wird versucht, durch Typkonvertierung die zugehörige Funktion zu bestimmen. Der Aufruf

```
drucke(2.1);
```

ergibt z.B. die Ausgabe 2, da *double* - wenn nur diese beiden *drucke*-Funktionen existieren - eindeutig nach *int* konvertiert wird.

Folgende Besonderheiten sind zu beachten:

1) Zu überladende Funktionen müssen alle im selben Gültigkeitsbereich deklariert werden. Lokal deklarierte Funktionen verstecken (überdecken) andere evtl. vorhandene Deklarationen und überladen sie nicht.

2) Sind sowohl der Ergebnistyp als auch die Signatur (Anzahl, Reihenfolge und Typen der Argumente) gleich, so wird die zweite Deklaration als Redeklaration der ersten gewertet:

```
extern void drucke (int hilfe1, char* hilfe2);

void drucke (int hilfe3, char* hilfe4);
    /*
        Redeklaration der ersten Funktion, da
        Parameternamen für einen Vergleich der
        Signaturen irrelevant sind
    */
```

3) Sind die Signaturen zweier Funktionen exakt gleich, unterscheiden sie sich aber im Ergebnistyp, so wird die zweite Deklaration zur Kompilierzeit als fehlerhafte Redeklaration der ersten ausgewiesen. D.h. das Überladen zweier gleicher Funktionen mit unterschiedlichen Ergebnistypen ist in C++ nicht möglich.

4) Wenn die Signaturen zweier gleichnamiger Funktionen unterschiedlich sind, so werden sie überladen.

5) Zur Erinnerung: Die Verwendung von *typedef* bietet einen neuen Namen für einen existierenden Datentyp, jedoch keinen neuen Typ selbst.

   Folgendes ist also eine Redeklaration wie unter 2):

```
typedef mein_int int;

void drucke (mein_int);

void drucke (int);
```

   Ferner werden die Typen T und T& bzgl. des Überladens von Funktionen nicht unterschieden, da eine Unterscheidung anhand der Typen der aktuellen Parameter nicht möglich ist, z.B.

```
char f(char)
{ ... }

char f(char&)
{ ... }           // Fehler: Redefinition von f
```

6) Das Heraussuchen der richtigen (der passenden) Funktion bei einem gegebenen Funktionsaufruf geschieht in einer feststehenden Reihenfolge:

a) Wird eine einzige exakte Übereinstimmung gefunden, wird die entsprechende Funktion angewendet.

b) Wird keine exakte Übereinstimmung gefunden, wird versucht, eine sinnvolle Typkonvertierung der aktuellen Parameter vorzunehmen. Sind jedoch durch die Anwendung von Standard-Konvertierungen immer noch mehrere Möglichkeiten gegeben und ist Fall c) nicht gegeben, wird ein Fehler angezeigt. Manche Konvertierungen benötigen intern temporäre Objekte. Sind mehrere Konvertierungen möglich, wird die genommen, die keine solche temporären Objekte benötigt (falls überhaupt vorhanden).

Beispiel:

```
void drucke (long);

void drucke (int);

drucke (2.45);
    /*
        Fehler; 2.45 ist vom Typ double. Beide
        Funktionen wären möglich, da jeweils
        Standard-Konvertierungen existieren
    */
```

c) Ist auch keine implizite Typkonvertierung möglich, so kann durch eine explizite Typkonvertierung (falls definiert) die gewünschte Funktion ausgewählt werden. Eine einfache Version wäre z.B.:

```
drucke ((long(2.45))
    // Jetzt wird drucke (long) ausgewählt
```

d) Ist keine der drei genannten Möglichkeiten gegeben, liegt ein Fehler vor. Dies ist z.B. in folgenden Fällen möglich, falls keine explizite Konvertierung angegeben wird und eine selbstdefinierte Typkonvertierung (vgl. Kap. 10) nicht definiert ist:

```
extern void drucke (unsigned int);
extern void drucke (int);
extern void drucke (char);
unsigned long hilf;
int *zeiger;
```

```
drucke (hilf);
drucke (zeiger);
    /*
        Jeweils Fehler: Keine exakte
        Übereinstimmung, keine Typkonvertierung
    */
```

e) Handelt es sich um Funktionsaufrufe mit mehreren Parametern, werden die Regeln auf jeden Parameter angewendet. Es wird die Funktion ausgewählt, für die die Übereinstimmung zwischen aktuellen Parametern und Typ der formalen Parameter besser ist als für alle anderen Funktionen. Wird keine solche Funktion gefunden, so liegt ein Fehler vor.

Beispiel:

```
extern drucke (char*, int);
extern drucke (int, int);

drucke (0, ´a´);
    /*
        Es wird drucke(int, int) aufgerufen, da
        das erste Argument besser mit dem Typ
        des ersten formalen Parameters int
        übereinstimmt. Der zweite Parameter
        stimmt für beide Funktionen überein.
    */
```

6.6 Inline-Funktionen

Bei sehr kleinen Funktionen kann der Fall eintreten, daß der Funktionsoverhead, also die notwendigen Operationen zur Verwaltung eines Funktionsaufrufes (z.B. Kopieren von Argumenten, Sichern von Maschinenregistern, Programmsprung, Stackverwaltung), unverhältnismäßig hoch ist, verglichen mit den relevanten Anweisungen der Funktion. Eine solche Situation könnte z.B. im folgenden Fall vorliegen:

```
double quadrat (double x)
{
    return (x * x);
}
```

Wird *quadrat* häufig aufgerufen, so ist die Laufzeit des Programms evtl. wesentlich höher als bei einem semantisch äquivalenten Programm, welches an jeder Stelle den Aufruf

```
quadrat(a)
```

durch

```
(a * a)
```

ersetzen würde.

Eine solche Ersetzung des Funktionsaufrufs durch einen semantisch äquivalenten Funktionsrumpf läßt sich erreichen, indem die Funktion mittels des Schlüsselwortes **inline** als Inline-Funktion definiert wird.

Beispiel:

```
inline double quadrat (double x)
{
    return (x * x);
}
```

An jeder Stelle des Programms, an dem *quadrat* vom Compiler vorgefunden wird, ersetzt dieser den Funktionsaufruf durch den entsprechenden Anweisungsteil des Funktionsrumpfes; man sagt, der Compiler expandiert die Funktion zur Kompilierzeit. Da nun kein Funktionsaufruf mehr vorliegt, entfallen die Funktionsaufrufe zur Laufzeit mit ihren evtl. vorhandenen Nachteilen.

Es sei betont, daß die Definition einer Funktion als Inline-Funktion nur bei sehr kleinen Funktionen angebracht ist, denn üblicherweise ist der Zeitanteil für den Funktionsaufruf nur ein Bruchteil der gesamten Zeit, die für die Ausführung der Funktion verbraucht wird. Außerdem kann die Verwendung von *inline* für eine sehr häufig aufgerufene Funktion zu Nachteilen bzgl. des Umfangs des Programmcodes führen, falls der durch das *inline* produzierte Code größer ist als der Code für den Funktionsaufruf.

Ferner ist *inline* nur eine Angabe für den Compiler, jeden Funktionsaufruf durch einen semantisch äquivalenten Funktionsrumpf zu ersetzen, diese kann aber auch vom Compiler ignoriert werden. So wird ein Compiler es beispielsweise ignorieren, rekursive - als *inline* definierte - Funktionen zu expandieren.

6.7 Die Funktion main

Ein C++ Programm besteht typischerweise aus einer Ansammlung von Funktionen. Zur korrekten Ausführung ist es notwendig, daß eine dieser Funktionen **main()** heißt, denn der Aufruf des Programms bewirkt nur den Aufruf der Funktion *main*. Durch Abarbeiten der Funktion *main* kann es dann zum Aufruf anderer Funktionen des Programms kommen.

Beachte:
Funktionsdefinitionen dürfen nicht ineinandergeschachtelt werden.

Die Funktion *main* wird vom Compiler nicht vordefiniert, sie kann nicht überladen werden und sie darf nicht innerhalb des Programms selbst aufgerufen werden.

Ferner kann die Adresse von *main* nicht ermittelt werden und sie darf weder als *inline* noch als *static* deklariert werden.

Der Typ von *main* ist nicht festgelegt und hängt vom Compiler ab. Üblich als Ergebnistyp ist allerdings *int*. Üblich ist auch, daß *main* mit zwei Parametern definiert wird.

Die Definition von main sieht daher normalerweise wie folgt aus:

```
int main (int argc, char *argv[0]);
```

argc bezeichnet dabei die Anzahl der Parameter beim Aufruf des Programms (z. B. auf Betriebssystemebene). *argv[1]* bis *argv[argc - 1]* enthalten - falls *argc* einen Wert größer 1 besitzt - die Namen der Parameter als Textkonstanten (einschließlich des abschließenden '\0'). *argv[0]* enthält den Programmnamen selbst. Es ist garantiert, daß *argv[argc] == 0* ist. (Zur Verwendung dieser Parameter siehe auch Kapitel 12).

6.7.1 Hinweise zur Programmstruktur

Ein großes C++-Programm besteht im allgemeinen aus mehreren Quellcode-Dateien. In diesen Dateien sind jeweils eine Ansammlung von Funktionen enthalten. In einer Datei befindet sich die Funktion *main*. Das Auftrennen des Programms in mehrere Einzelteile bietet den Vorteil, daß diese Teile separat übersetzt werden können. Die übersetzten Programmteile werden beim Binden vom Binder (Linker) zu einem lauffähigen Programm zusammengesetzt. So läßt sich häufig viel Rechenzeit einsparen, da für kleine Programmänderungen nicht mehr das gesamte Programm neu übersetzt werden muß. Wie dies bewerkstelligt wird, soll an einem kleinen Beispiel erläutert werden.

Unser Beispielprogramm soll eine Textkonstante ausgeben. Die Funktion zur Ausgabe der Textkonstante soll dabei in einer anderen Datei stehen als das Hauptprogramm.

Die Funktion *string_ausgabe* sieht wie folgt aus:

```
stringausgabe.c:

    #include <iostream.h>

    void string_ausgabe( )
    {
        cout << text << "\n";
    }
```

wobei *text* eine globale Variable vom Typ *char** sei. Obige Funktion sei in der Datei *stringausgabe.c* abgespeichert. Unser Hauptprogramm befindet sich in der Datei *hallo.c*:

```
hallo.c:

    char* text = "Hallo";

    main( )
    {
        string_ausgabe( );
    }
```

Um die Dateien getrennt übersetzen zu können, fehlen dem Compiler allerdings noch einige Angaben. Zur Übersetzung von *hallo.c*, also dem Hauptprogramm, müßte dem Compiler die Information gegeben werden, daß die Funktion *string_ausgabe* irgendwo anders definiert ist und deren Definition nicht aus Versehen vergessen wurde. Dies geschieht durch die Angabe des Schlüsselwortes **extern**.

Somit ließe sich

```
hallo.c:

    extern void string_ausgabe( );

        /*
            Deklaration, keine Definition! Hinweis für den
            Compiler, daß extern eine Funktion
            string_ausgabe definiert ist. Hierbei müssen der
            Ergebnistyp und die Typen der Parameter
            angegeben werden.
        */

    char* text = "Hallo";
```

```
main( )
{
    string_ausgabe( );
}
```

bereits übersetzen. Analog muß in *stringausgabe.c* angegeben werden, daß die globale Variable *text* an anderer Stelle definiert ist.

```
stringausgabe.c:

    #include <iostream.h>

    extern char* text;

    void string_ausgabe( )
    {
        cout << text << "\n";
    }
```

Um eine übersichtlichere Struktur zu erhalten und Fehler zu vermeiden, sollte man alle externen Deklarationen an einer Stelle, d.h. z.B. in einer Datei ablegen. Diese Datei kann in alle anderen Dateien eingefügt werden. Also werden wir in unserem Beispiel die externen Deklarationen in einer Datei namens *header.h* eingetragen.

```
header.h:

    extern char* text;

    extern void string_ausgabe( );
```

Die anderen Dateien sehen dann aus wie folgt:

```
hallo.c:

    #include "header.h"

        /*
            Die Hochkommata geben an, daß die Datei (hier:
            header.h) nicht unter dem üblichen Unix-
            Directory /usr/include/CC steht, sondern unter
            dem Directory, unter dem das Programm aufgerufen
            wird bzw. das durch den angegebenen Namen
            spezifiziert wird (z.B. voller Pfadname).
        */

    char* text = "Hallo";

    main( )
    {
        string_ausgabe( );
    }
```

stringausgabe.c:

```
#include <iostream.h>

#include "header.h"

void string_ausgabe( )
{
    cout << text << "\n";
}
```

Externe Deklarationen dürfen auch in den Dateien auftreten, in denen die entsprechenden Objekte definiert werden, wie z.B. *text* in *hallo.c*. Hierdurch wird dem Compiler eine Typüberprüfung ermöglicht, so daß Fehler erkannt werden können. Daher genügt es bei kleinen Programmen, eine einzige "Header"-Datei anzulegen, in der alle externen Deklarationen aufgeführt sind.

Als extern lassen sich alle Funktionen und globalen Variablen einer Datei deklarieren, sofern sie nicht als *static* definiert sind. Header-Dateien bieten eine einfache Möglichkeit, Fehler zu vermeiden, da hierdurch die Typangaben in allen Deklarationen für ein Objekt identisch bleiben (meist gibt es nur eine Deklaration).

Das Übersetzen der oben angelegten Dateien wird im allgemeinen so durchgeführt (vgl. Anhang):

```
CC -c hallo.c stringausgabe.c
```

Dies bewirkt das Anlegen der Dateien *hallo.o* und *stringausgabe.o*. Eine Änderung z.B. in der Datei *hallo.c* erfordert dann nicht mehr das Übersetzen der Datei *stringausgabe.c*, sondern nur noch ein erneutes Übersetzen von *hallo.c* mittels

```
CC hallo.c stringausgabe.o
```

Die Zusammenfassung aller extern-Deklarationen in einer oder mehreren Header-Dateien dient auch der Fehlervermeidung. Bei der ersten Methode (ohne Header-Dateien) hätte man z.B. *text* in *hallo.c* als *int* und in *stringausgabe.c* als *char** deklarieren können. Der Fehler wäre dann erst beim Binden aufgetreten. Solche verschiedenen Deklarationen, insbesondere bei externen Funktionsdeklarationen, sind in C beliebte Fehlerquellen, die zu unvorhersehbaren Programmabstürzen führen können.

In C gibt es keine starke Typüberprüfung, so daß Typangaben nicht auf Konsistenz überprüft werden. Hierdurch treten Fehler erst zur Laufzeit des Programms auf, welche dann oft nur schwer zu lokalisieren sind und vor allen Dingen bereits zur Kompilierzeit hätten vermieden werden können, wie dies in C++ der Fall ist:

```
Datei x.c:

    void drucke (a, b);
    int     a;
    int     b;

Datei y.c:

    extern void drucke ( );
    char hilf1;
    char *hilf2;
    drucke (hilf1, hilf2);            // Sehr gefährlich
```

Bemerkung:
In C++ wird bei der *extern*-Deklaration von *drucke* die Angabe der Typen der formalen Parameter verlangt, so daß der Compiler eine Typüberprüfung vornehmen kann und das obige C-Problem somit vermieden wird (entweder kann eine Warnung oder eine Fehlermeldung ausgegeben werden):

```
extern void drucke(int, int);
```

In ANSI C kann dieses Problem ebenfalls nicht mehr auftreten, da auch hier die Angabe der Typen der formalen Parameter erforderlich ist.

7 STRUCTURES

Es ist bereits bekannt, daß ein Vektor eine Zusammenfassung von Elementen desselben Typs ist; eine **Structure** (ein **Verbundtyp**) ist nun ein Aggregat von Elementen beliebigen Typs und bezeichnet selbst einen (abgeleiteten) Typ. Eine Structure beschreibt somit eine Kollektion von (einer oder mehreren) Variablen möglicherweise verschiedenen Typs, die zusammengruppiert sind unter einem einzigen Namen (Structures sind in anderen Programmiersprachen, etwa Pascal, besser bekannt als Records).

Zum Beispiel definiert

```
struct adresse
{
    char    *name;
    char    *strasse;
    int     nummer;
    int     plz;
    char    *stadt;                 // Postadresse
};
```

einen neuen Typ, genannt *adresse*, der aus Komponenten besteht, die man benötigt, wenn man Post innerhalb der Bundesrepublik Deutschland verschicken will.

Das Schlüsselwort **struct** zeigt den Beginn einer Structure-Deklaration an, gefolgt von einer Liste von Deklarationen in geschweiften Klammern. Wichtig ist das Semikolon am Ende; es ist eine der wenigen Stellen in C++, an der ein Semikolon nach einer geschweiften Klammer notwendig ist. Die Elemente einer Structure bezeichnet man als **Member**. Jedes Member kann selbst wieder eine Structure sein, so könnte statt *char *name* im obigen Beispiel auch stehen:

```
struct ganzer_name
{
    char        *vorname;
    char        *nachname;
};

struct lange_adresse
{
    ganzer_name name;
    char        *strasse;
    int         nummer;
    int         plz;
    char        *stadt;             // Postadresse
};
```

Structures erlauben also eine Organisation komplexer Daten in der Art und Weise, daß eine Gruppe zusammengehöriger Variablen als eine Einheit behandelt werden kann.

Variablen des Typs *adresse* können nun genauso deklariert werden wie andere Variablen, und auf die individuellen Member kann mittels des **Punktoperators .** zugegriffen werden.

Beispiel:

```
adresse adresse1;                      // Definition

adresse1.name    = "Werner Schulz";    // Zugriff auf Member
    /*
        Man beachte, daß hier nur der Zeiger name auf den
        Anfang der Textkonstante"Werner Schulz" gesetzt
        wird. Ein Kopieren des Inhaltes der Textkonstanten
        findet hier nicht statt.
        Wird dies gewünscht, was im allgemeinen der Fall
        ist, so kann die Funktion strcpy benutzt werden.
    */

adresse1.nummer = 177;
```

oder im erweiterten Beispiel:

```
lange_adresse adresse2;

adresse2.name.vorname = "Werner";
```

Initialisierung von Structures ist nicht nur möglich über einzelne Zuweisungen, sondern auch explizit über eine komma-separierte Initialisierungsliste in geschweiften Klammern.

Beispiel:

```
adresse adresse3 =
{
    "Werner Schulz",
    "C++-Straße",
    177,
    4600,
    "Dortmund"
};
```

Enthält eine Structure wiederum als Member andere Structures, wird diese Zuweisungsregel rekursiv angewandt. Existieren in der Initialisierungsliste weniger Elemente als Member in der Structure, werden die restlichen Member mit Nullen des entsprechenden Typs initialisiert. Existieren zuviele Elemente in der Initialisierungsliste, so ist dies ein Fehler.

Man kann nun Zeiger auf Structure-Objekte definieren, Structure-Elementen Werte zuweisen, sie als Funktionsargumente verwenden oder als Ergebnis einer Funktion zurückgeben.

Andere plausible Operationen aber, wie etwa der Test auf Gleichheit (== und !=) zweier solcher Objekte, sind nicht vordefiniert und führen zu Fehlern. Solche Operationen müssen selbst implementiert werden, wobei man mit Hilfe des Überladens von Operatoren (auf welches wir später noch eingehen werden) sogar die üblichen Operatorzeichen (also z. B. == und !=) verwenden kann.

Da der Name des Typs bereits nach der Benennung verfügbar ist (und nicht erst nach der kompletten Definition; point of declaration), können mit Hilfe von Structures verkettete Listen aufgebaut werden.

Beispiel:

```
struct verbindung
{
    verbindung  *vorgaenger;
    verbindung  *nachfolger;
};
```

Es ist allerdings nicht möglich, neue Objekte einer Structure zu deklarieren, bevor die komplette Definition beendet ist.

Beispiel:

```
struct schlecht
{
    schlecht inhalt;            // Fehler
};
```

wäre also ein Fehler, da der Compiler die Größe von *schlecht* nicht bestimmen kann.

Verwendet man Zeiger auf Structures, wie etwa *adresse *p*, so erfolgt der Zugriff auf Member über den **Pfeiloperator ->** .

Beispiele:

```
adresse *p;

char* ort = "Hamburg";

if ( ! strcmp (p->stadt, ort) )
    cout << "Falsche Adresse";

    // strcmp überprüft zwei Textkonstanten auf Gleichheit
```

```
void drucke_adresse (adresse *p);
{
    cout    << p->name      << "\n" << p->strasse   << " "
            << p->nummer    << "\n" << p->plz       << " "
            << p->stadt     << "\n";
}
```

Bemerkung:
Der Zugriff

```
p->m
```

ist äquivalent zu

```
(*p).m
```

Structures sind im Vergleich zu C nichts Neues. Wie jedoch in den folgenden Kapiteln zu sehen sein wird, sind sie im Prinzip degenerierte Spezialfälle des im Vergleich zu C völlig neuen Konzepts der Klassen.

8 KLASSEN

Das Klassenkonzept ist eines der Konzepte, das über den Sprachumfang von C hinausgeht und daher eigentlich das Besondere an C++ darstellt. Um die Einführung dieses bzgl. C neuen Konzepts besser zu verstehen, zunächst ein paar Worte zur Motivation.

8.1 Motivation für das Klassenkonzept

Mit der Definition einer Structure hat man sich einen neuen Typ geschaffen. Warum ist es überhaupt notwendig, neue Typen zu definieren? Reichen die fundamentalen Typen nicht aus?

Der Grund ist, daß man eine Idee bzw. ein Konzept möglichst direkt in der Sprache wiederfinden möchte. Betrachten wir hierzu die Idee bzw. das Konzept einer "Menge". Unter einer Menge stellen wir uns üblicherweise eine Ansammlung von Objekten vor, die unter einer gemeinsamen Bezeichnung zusammengefaßt sind, was die nachfolgende Abbildung andeutet:

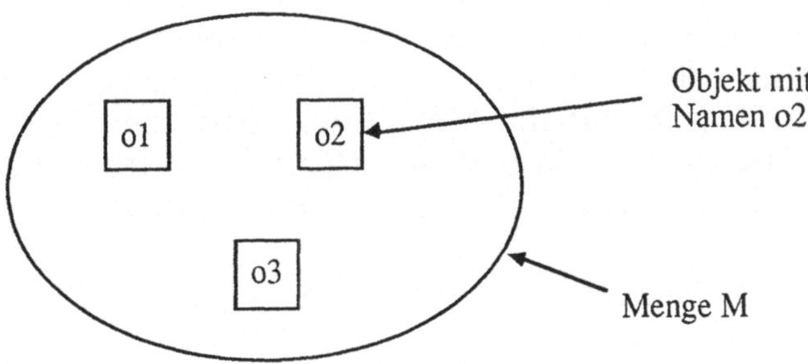

Eine solche Menge M (also eine konkrete Realisierung der Idee der Menge) soll für viele Anwendungen natürlich nicht statischer Natur sein, sondern es sollen gewisse Operationen auf dieser Menge ausführbar sein.

Man kann jetzt den Standpunkt vertreten, die Menge so zu realisieren, daß eine gewisse Datenstruktur festgelegt wird, z.B. eine einfach verkettete, lineare Liste. Dabei kann beispielsweise vereinbart werden, wie die Liste aufgebaut sein soll (Name des Zeigers auf das erste Element, Name des Zeigers auf das nächste Element, Zugriff auf die in der Menge enthaltenen Objekte, etc.).

Vergleiche dazu die folgende Abbildung:

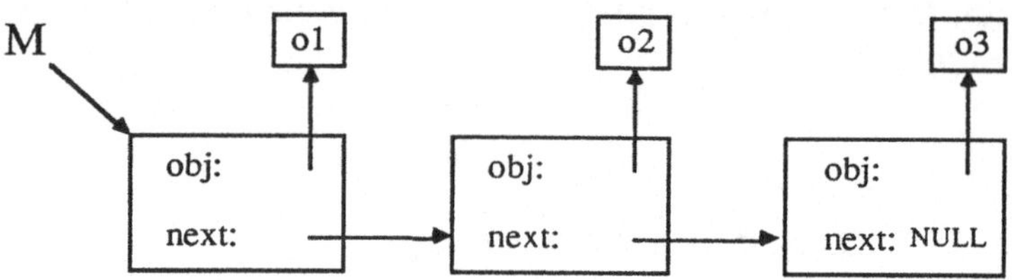

Damit haben wir ansatzweise die Möglichkeit geschaffen, eine Menge behandeln zu können. Erstellen mehrere Programmierer arbeitsteilig ein Programm, so können sie sich auf obige Datenstruktur einigen und die von ihnen benötigten Operationen (unter Beachtung einiger Konventionen, wie etwa: der *next*-Zeiger des letzten Elementes verweist auf *NULL*) direkt hierauf durchführen.

Der oben beschriebene Ansatz ist natürlich nicht gerade zufriedenstellend, denn z. B. eine Fehlersuche kann sehr aufwendig werden. Verändert ein Programmteil die Liste nicht korrekt, so kann der Fehler eventuell erst wesentlich später bei Ausführung anderer Programmteile auftreten und entdeckt werden, so daß eine Lokalisation der Fehlerursache sehr erschwert wird. Vorteilhafter wäre es offensichtlich, sich auf gewisse Operationen zu einigen und den Zugriff auf die Menge nur noch über diese Operationen durchzuführen. Hierzu muß ein Satz von Operationen festgelegt werden, der z.B. in Form von Funktionen zur Verfügung gestellt werden kann.

Typische Operationen, die man auf Mengen ausführen kann, sind beispielsweise:

* das Hinzufügen eines Elementes zu einer Menge:
  $M = M + \{x\}$

* das Löschen eines Elementes aus einer Menge:
  $M = M - \{x\}$

* der Test, ob ein Objekt in der Menge enthalten ist:
  $x \in M$?

Ferner werden oft auch Operationen auf mehreren Mengen benötigt, so z. B.

* die Vereinigung zweier Mengen:
  $M \cup M'$

* der Durchschnitt zweier Mengen:
  $M \cap M'$

* der Test auf Gleichheit zweier Mengen:
  $M = M'$?

Einigen sich nun unsere Programmierer, die diese Implementation des Konzepts der Menge verwenden wollen, darauf, nur über die beschriebenen Funktionen (Schnittstelle) die Menge zu manipulieren, so wird die Fehlersuche wesentlich erleichtert. Wird beispielsweise festgestellt, daß der Test, ob ein Objekt x Element der Menge M ist, negativ ausfällt, obwohl das Objekt zuvor in die Menge eingefügt wurde, so ist der Fehler in den obengenannten Funktionen zu suchen und somit einigermaßen lokal begrenzt. Ferner kann sich der Programmentwickler jetzt anderen Aufgaben widmen, da er sich von nun an keine Gedanken mehr um die Funktionsweise der Realisierung seines Konzeptes machen muß (Abstraktion).

Ein weiterer Vorteil ist, daß auch Änderungen der internen Repräsentation (Datenstruktur) der Menge jetzt ohne größere Probleme möglich sind. Im wesentlichen muß nur die Funktionsweise der angebotenen Operationen auf die neue Datenstruktur angepaßt werden. Eine solche Änderung kann beispeilsweise notwendig sein, wenn wir feststellen, daß die Größe der Mengen umfangreicher ausfällt als ursprünglich angenommen. Hier kann es zur Verbesserung der Laufzeit der Testfunktion ($x \in M$?) sinnvoll sein, einen Binärbaum als Datenstruktur auszuwählen.

Dieses "Verstecken" der internen Repräsentation der Daten (Information) und deren ausschließliche Manipulation über eine vorher festgelegte Schnittstelle wird häufig mit dem Schlagwort **"Information Hiding"** bezeichnet. Durch Beschreibung der Operationen, die auf den Daten ausführbar sind, sowie deren Auswirkungen wird ein **abstrakter Datentyp** geschaffen.

Die bisher besprochene Vorgehensweise kann natürlich auch in Programmiersprachen wie C oder Pascal durchgeführt werden. Dazu ist ein neues Sprachmittel wie die Klasse noch nicht zwingend notwendig.

Doch betrachten wir den Fall, daß einer der Programmierer einen Test benötigt, der ihm mitteilt, ob eine Menge M' Teilmenge einer anderen Menge M ist ($M' \subseteq M$?). Da er keine der angebotenen Operationen als passend empfindet (und er nicht auf die Idee kommt, daß $A \cap B = A \Leftrightarrow A \subseteq B$), umgeht er vielleicht völlig unbeabsichtigt die Konvention, auf die Menge nur über diese Operationen zuzugreifen, und entwickelt in Kenntnis der zugrundeliegenden Datenstruktur seine eigene Testfunktion.

Diese Verletzung der Konvention mag auf den ersten Blick nicht allzu gravierend erscheinen. Sie birgt aber Fehlermöglichkeiten in sich, die man durch die zuvor getroffene Konvention vermeiden wollte. Was ist z. B., wenn der Test die interne Repräsentation verändert? Wie kann ein möglicher Fehler lokalisiert werden? An welchen Programmstellen müssen Änderungen vorgenommen werden, wenn die Datenstruktur geändert wird?

Eine solche Umgehung der Konvention kann natürlich durch aufwendige Kontrollesungen des programmierten Codes (Code Review) durch den Projektleiter oder andere Programmierer entdeckt werden. Wünschenswert ist jedoch, daß eine solche Verletzung des Information Hiding automatisch erkannt wird. Die Programmiersprache sollte also das Prinzip des Information Hiding in irgendeiner Form unterstützen. C und Pascal tun dies standardmäßig nicht.

C++ bietet hierzu das Konzept der Klasse an. Hierbei wird das Datum (z. B. die Menge) geschützt vor nicht erlaubten Zugriffen. Welche Funktionen auf das Datum zugreifen dürfen, muß explizit definiert werden. Man kann sich dies etwa wie folgt vorstellen:

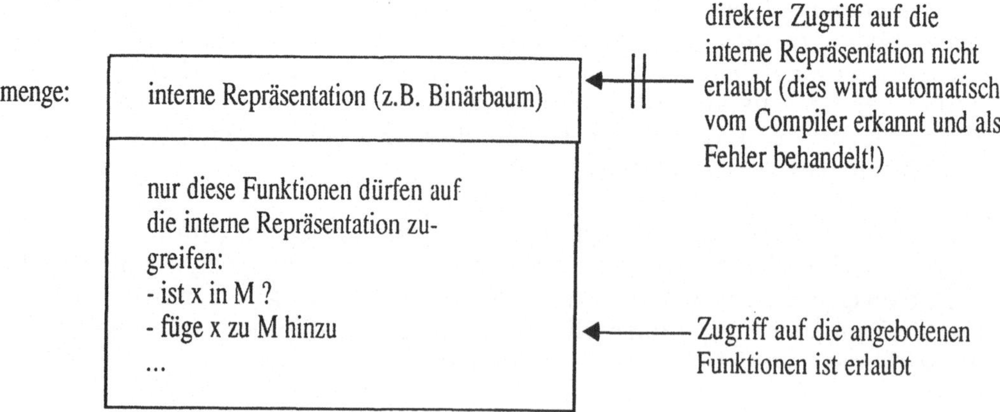

Der direkte Zugriff auf die interne Repräsentation der Daten wird jetzt vom C++-Compiler erkannt und als Fehler behandelt.

Die Idee, das Prinzip des Information Hiding durch entsprechende Sprachmittel zu unterstützen, war allerdings nicht die einzige Motivation zur

Erweiterung der Programmiersprache C. Ein weiterer Grund hierfür war die Unterstützung des Prinzips des sogenannten **objektorientierten Programmierens**.

Was das bedeutet, und wie dies in C++ unterstützt wird, soll im folgenden erläutert werden.

Stellen wir uns hierzu vor, wir wollen das Konzept/die Idee eines "Landfahrzeugs" implementieren. Wir überlegen uns also wesentliche Charakteristika, die ein Landfahrzeug beschreiben.

Diese könnten beispielsweise sein:

* die Anzahl der Reifen

* die maximale Anzahl der Insassen

* das Leergewicht (in kg)

* die zulässige Zuladung (in kg)

Natürlich muß man diese Auswahl von Charakteristika auf ihre Eignung zur Beschreibung von Landfahrzeugen überprüfen. So ist die Angabe der Anzahl der Reifen bei einem Schlitten nicht nötig (bzw. gleich Null). Damit unsere Klasse möglichst universell einsetzbar, d.h. auf alle Landfahrzeuge zutrifft, andererseits nicht mit überflüssigen Informationen überladen wird, treffen wir folgende (im Endeffekt rein subjektive) Entscheidung über die wesentlichen Charakteristika eines Landfahrzeuges:

* die maximale Anzahl der Insassen

* das Leergewicht (in kg)

* die zulässige Zuladung (in kg)

Zur Implementation dieses Konzepts/dieser Idee definieren wir in C++ eine Klasse *landfahrzeug*, die die obigen Charakteristika intern in irgendeiner Form ablegt und Funktionen anbietet, um diese Information lesen und verändern zu können. Ferner können wir dem Benutzer dieser Klasse eine Funktion *print* anbieten, die die Daten in einer ansprechenden Form auf dem Bildschirm ausgibt.

Unsere Klasse könnte also grob so aussehen:

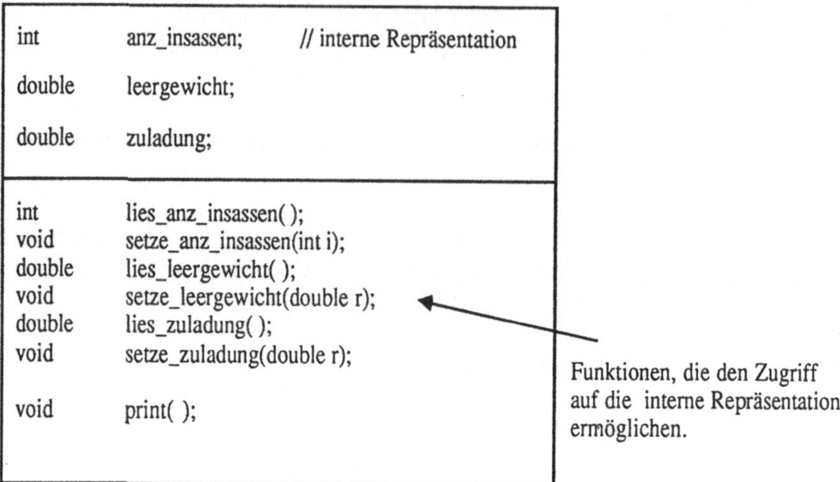

Wenn wir jetzt an ein spezielles Landfahrzeug denken, wie z. B. einen PKW, so fehlen uns sicherlich einige Angaben, die noch zusätzlich zur Beschreibung eines PKWs benötigt werden. Wir interessieren uns vielleicht für die Stärke des Motors, das Baujahr oder die bisherige Kilometerleistung. Diese Daten sind in unserer Klassendefinition eines Landfahrzeuges noch nicht enthalten.

Dies ist verständlich, da solche Informationen nicht unbedingt jedem Landfahrzeug zugeordnet werden. Wir könnten jetzt eine Klasse *pkw* definieren und auch hierfür die entsprechenden Funktionen implementieren. Da uns auch die Daten, wie etwa das Leergewicht und die zulässige Zuladung interessieren, würden wir diese Daten und die entsprechende Zugriffsfunktionen in unsere Klassenbeschreibung ebenfalls aufnehmen.

Diese Vorgehensweise hat allerdings den Nachteil, daß die Funktionen der Klasse *landfahrzeug* nochmals implementiert werden müßten. Würden wir in der Lage sein, auf den Quellcode dieser Information zuzugreifen, so würde evtl. ein einfaches textuelles Kopieren genügen, um dies zu bewerkstelligen. Ist dies nicht der Fall (man denke hier etwa an Programmbibliotheken, in denen die Funktionen in Objektcode abgelegt sind), so sind wir gezwungen, diese Funktionen selbst zu implementieren. Wir sind somit nicht in der Lage, die bereits vorhandenen Funktionen der Klasse *landfahrzeug* für unsere neue Klasse *pkw* zu nutzen.

Es wäre daher wünschenswert, ein sprachliches Mittel der Programmiersprache zur Verfügung zu haben, das es erlaubt, einen PKW als ein Landfahrzeug plus zuzüglicher Information zu betrachten, so daß wir nur noch gezwungen sind, die Implementierung dieser "zuzüglichen Information" vorzunehmen. In diesem Zusammmenhang spricht man von **Vererbung (Inheritance)**, da die Klasse *landfahrzeug* ihre Daten und Funktionen an die Klasse *pkw* vererbt. Dieser Aspekt ist ein wesentliches Charakteristikum des objektorientierten Programmierens.

Vererbung wird in C++ durch das sog. **Ableiten von Klassen (Class Derivation)** unterstützt. Die von *landfahrzeug* abgeleitete Klasse *pkw* könnte dann etwa so aussehen:

pkw:

		landfahrzeug:	
double	ps;		
double	km_stand;		
int	baujahr;	int	anz_insassen;
		...	
int	lies_baujahr( );	int	lies_anz_insassen( );
void	setze_baujahr(int i);	void	setze_anz_insassen(int i);
...		...	
		void	print( );
void	print_pkwdaten( );		

Wie das Information Hiding beim Ableiten von Klassen gehandhabt wird, werden wir erst später betrachten (vgl. Kapitel 9).

Die Klasse *pkw* bietet ebenfalls eine Funktion zum Drucken von Informationen an, nämlich *print_pkwdaten*. Diese Funktion wird sich sinnvollerweise auf die Druck-Funktion für Landfahrzeuge abstützen. Zur besseren Unterstützung des objektorientierten Programmierens wäre es vorteilhaft, wenn die Druck-Funktion für PKW-Daten auch *print* heißen dürfte.

Ein Aufruf sollte dann so erfolgen, daß **orientiert am Typ des Objekts** die richtige Funktion ausgewählt wird. Ist das Objekt z. B. vom Typ *landfahrzeug*, so sollte die Funktion *print* aus der Klassendefinition von *landfahrzeug* ausgewählt werden.

Diese Vorgehensweise, daß Funktionen in abgeleiteten Klassen umdefiniert werden können, erlaubt C++ durch die Definition sog. **virtueller**

Funktionen, die in Kapitel 9 beschrieben werden. Das für unterschiedliche Typen auch unterschiedliche Funktionen mit identischem Namen angesprochen werden können, wird häufig mit dem Begriff **Polymorphismus** bezeichnet.

Noch komfortabler wären unsere Klassen *landfahrzeug* und *pkw* zu handhaben, wenn beispielsweise die Ausgabe ähnlich formuliert werden könnte wie bei elementaren Typen.

Beispiel:

```
pkw  mein_neues_auto;

...     // Initialisierung der Variablen mein_neues_auto

cout << mein_neues_auto;

...     // Ausgabe durch die Druck-Funktion
```

Dieses wird in C++ durch das sogenannte **Überladen von Operatoren** unterstützt, wobei hier der Operator << überladen wird (vgl. Kapitel 12) .

Eine Klasse in C++ wird im wesentlichen durch vier Attribute gekennzeichnet:

1) Eine Ansammlung von **(Member-)Daten**. In unserer Klasse *pkw* sind dies z. B. *km_stand* und *baujahr*.

2) Eine Ansammlung von **Member-Funktionen**, die die Operationen spezifizieren, die auf den Objekten einer Klasse durchführbar sind.

3) Mehrere Angaben, wie die jeweiligen (Member-)Daten und Member-Funktionen (bzgl. des Prinzips des Information Hidings) geschützt sind. C++-Version unterscheidet hier die Angaben ***private, protected*** und ***public***.

4) Einen **Klassennamen**, wie z. B. *landfahrzeug*. Durch die Definition einer Klasse definiert man einen neuen Typ. *landfahrzeug* ist also der Name eines Typs.

Hinweis:
Das Schlüsselwort und damit die Schutzebene *protected* ist erst seit C++-Version 2.0 vorhanden.

In den folgenden Kapiteln werden wir uns genauer mit der Umsetzung der hier vorgestellten Konzepte in C++ beschäftigen.

8.2 Definition von Klassen und Member-Funktionen

Eine Definition der in Kapitel 8.1 angesprochenen Klasse *landfahrzeug* könnte in C++ so aussehen:

```
class landfahrzeug   // Klassenkopf  (Class  Head)
{                    // Klassenrumpf  (Class  Body)
    public:          // Member-Funktionen

        int     lies_anz_insassen( )
                {
                    return anz_insassen;
                }

        void    setze_anz_insassen(int i)
                {
                    if (i < 0)  ... // Fehlerbehandlung
                    else anz_insassen = i;
                }

        double lies_leergewicht( )
                {
                    return leergewicht;
                }

        void    setze_leergewicht(double r)
                {
                    if (r < 0)  ... // Fehlerbehandlung
                    else leergewicht = r;
                }

        double  lies_zuladung( )
                {
                    return zuladung;
                }

        void    setze_zuladung(double r)
                {
                    if (r < 0)  ... // Fehlerbehandlung
                    else zuladung = r;
                }

        void    print( );           // Noch zu definieren

    private:         // Member-Daten

        int     anz_insassen;

        double  leergewicht;

        double  zuladung;

                     // Semikolon an dieser Stelle notwendig!
```

Die Definition besteht aus einem (Klassen-)Kopf, zu dem das Schlüsselwort *class* und der Name der Klasse gehören, und einem (Klassen-)Rumpf, der durch geschweifte Klammern eingeschlossen und mit einem Semikolon beendet wird. Innerhalb des Rumpfes kann eine Liste von Member-Funktionen und Member-Daten mit verschiedenen Schutzebenen (hier *public* und *private*) angegeben werden.

Diese Liste der Klassen-Member darf auch leer sein und die Klasse somit zunächst als Platzhalter fungieren; Objekte einer solchen leeren Klasse belegen dann trotzdem Speicherplatz.

Durch obige Definition wird ein neuer Typ *landfahrzeug* definiert, wobei der Typname dem Klassennamen entspricht; dieser Name ist im Gültigkeitsbereich der Klasse dann ein reserviertes Wort.

Bei der Klassendefinition ist es nicht erlaubt, die Member-Daten mit der Angabe von Initialwerten zu deklarieren. Dies ist nicht möglich, da eine Klassendefinition nur einen neuen Typ definiert, aber noch keinen Speicherplatz für Objekte dieses Typs belegt. Eine entsprechende Speicherbelegung wird erst bei der Definition von Klassenobjekten vorgenommen. Ferner ist es nicht erlaubt, innerhalb der Klasse ein Objekt der Klasse selbst zu definieren, da der Compiler in diesem Fall nicht in der Lage ist, die Größe der Klasse zu ermitteln. Erlaubt ist dagegen die Angabe von Zeigern auf Objekte der Klasse, da deren Größe vom Compiler ermittelbar ist (vgl. Kapitel 7).

Eine Klasse ist somit nichts anderes als ein selbstdefinierter oder benutzerdefinierter Typ, und Objekte des Typs lassen sich wie gewohnt definieren.

Beispiele:

```
landfahrzeug fahrrad;

landfahrzeug pkw, lkw;
```

Die Definition einer Klasse ist nach der letzten geschweiften Klammer vollständig. Daher können Objekte der Klasse auch wie folgt deklariert werden:

```
class landfahrzeug
{
    ...                 // Definition wie oben
} pkw, lkw, fahrrad;
```

Ist ein solches Klassenobjekt Argument eines Funktionsaufrufes, so wird es standardmäßig per *call-by-value* (vgl. Kapitel 6) übergeben. Dies gilt auch für die Ergebnisrückgabe.

Member von Klassen dürfen weder *auto*, *extern* noch *register* sein. Weiterhin dürfen Member einer Klasse nur innerhalb des Klassenrumpfes deklariert werden (d.h. die Anwendung des Scope-Operators zur Deklaration ist nicht erlaubt) und sie dürfen auch nur genau einmal deklariert werden.

Beispiele:

```
class landfahrzeug
{
    private:

        int       anz_insassen;

        double    leergewicht;

        int       anz_insassen;       // Fehler: Redeklaration

};

double  landfahrzeug :: zuladung;     /*
                                        Fehler: Deklaration
                                        ausserhalb des
                                        Klassenrumpfes
                                      */
```

Ein Zugriff auf öffentliche Member der Klasse ist jetzt analog zum Zugriff bei Structures mittels des Punktoperators möglich. So läßt sich die Funktion *print* - definiert in der Klasse *landfahrzeug* - aufrufen durch

```
fahrrad.print( );
```

Ein direkter Zugriff auf private Member dagegen ist nicht erlaubt. Durch die Schlüsselwörter **private** und **public** können die Daten und Funktionen angegeben werden, die nicht zugreifbar (privat) bzw. (öffentlich) zugreifbar sein sollen. Diese Schutzebenen bestimmen somit den Zugriff auf die Elemente einer Klasse. Insbesondere die Deklaration von Member-Daten als privat und Member-Funktionen als öffentlich unterstützen somit das Information Hiding.

Eine Klassendefinition darf dabei mehrere öffentliche und private Abschnitte in beliebiger Reihenfolge enthalten. Jeder Abschnitt der Klasse bleibt dann öffentlich bzw. privat bis erneut eines dieser Schlüsselworte auftritt oder das Ende des Klassenrumpfes erreicht wird. Es ist eine gebräuchliche Konvention - aber nicht zwingend notwendig - erst die öffentlichen Member und danach die privaten Member einer Klasse zu deklarieren.

Wird am Anfang eines Klassenrumpfes kein Schlüsselwort für den Zugriffsschutz angegeben, so enthält der folgende Abschnitt - bis zur nächsten anderslautenden Angabe eines Zugriffschutzes - per Definition nur private Member.

Ein drittes mögliches Schlüsselwort für den Zugriffsschutz ist **protected**, das bei "normalen" Klassen die gleiche Semantik wie das Schlüsselwort *private* besitzt. Erst bei der Definition abgeleiteter Klassen (vgl. Kapitel 9) werden Unterschiede deutlich. Member mit Zugriffsebene *protected* sind für abgeleitete Klassen öffentlich, wohingegen sie für den Rest des Programms privat, also nicht zugreifbar sind.

Eine Structure (sowie eine Union; vgl. Kapitel 8.9) ist ein Spezialfall der Klassendefinition, in der alle Member per Definition *public* (öffentlich) sind.

Somit ist

```
struct name
{
    ...
};
```

äquivalent zu

```
class name
{
    public:

        ...
};
```

Hinweise:
Der Name der Klasse (und somit der Typname) darf bei der Definition auch weggelassen werden. Dies ist normalerweise nicht sinnvoll, da eine Klasse ja ein bestimmtes Konzept realisiert, welches mit einem Namen assoziiert werden soll. C++ bietet dies allerdings insbesondere zur Kompatibilität mit C an.

Beispiel:

```
struct
{
    ...                       // Definition der Member

} neu;
```

Namenlose Klassen dürfen nur genau ein einzelnes Objekt definieren. Objekte namenloser Klassen können nicht als Argumente in Funktionsaufrufen verwendet werden (außer indem die Typüberprüfung mittels Ellipsen ausgeschaltet wird). Ferner können solche Objekte auch keine Konstruktoren und Destruktoren besitzen (vgl. Kapitel 8.4 und 8.5).

Bei Zugriff auf die Member einer Klasse wird zuerst das Objekt, auf welches zugegriffen wird, bestimmt (**access control**) und eine Typüberprüfung vorgenommen. Erst nachfolgend werden die Zugriffsrechte abgeprüft.

Beispiel:

```
class A
{
    public:
        int  f(double);
    private:
        int  f(int);
    ....
};

A    a;

int       j = a.f(13);   // Fehler: int f(int) ist private
```

Würde in C++ zuerst überprüft werden, welche Klassenmember (öffentlich) "sichtbar" sind (**visibility control**), so wäre obiger Funktionsaufruf korrekt; die Zahl *13* würde implizit nach *double* konvertiert und die Funktion *int f(double)* aufgerufen werden.

Bei der Entwicklung der Sprache hat man sich jedoch gegen diese Form der Überprüfung entschieden, da während der Programmentwicklung häufiger die Zugriffsrechte geändert werden und es sonst leichter zu Programmierfehlern kommen könnte.

8.2.1 Zeiger auf Klassenmember

Auf die Member einer Klasse kann auch mittels eines Zeigers verwiesen werden. Der Typ solcher Zeiger steht mit der Klasse in Beziehung. Ein Zeiger auf das Member *anz_insassen* der Klasse *landfahrzeug* hat den Typ

```
int   landfahrzeug :: *
```

und ein Objekt dieses Typs, also ein Zeiger, der auf *anz_insassen* zeigen könnte, läßt sich nun so definieren:

```
int   landfahrzeug :: *p_insassen;
```

Durch den Scope-Operator *::* und die vorherige Angabe des Klassennamens wird festgelegt, welchen Gültigkeitsbereich *p_insassen* hat. So darf diese Variable dann z. B. nicht als Zeiger auf globale Integer-Variablen verwendet werden.

Beispiel:

```
int i;                   // Globale Variable

int landfahrzeug :: *p_insassen = &i;
                         // Fehler, da i Datei-Scope besitzt
```

Eine Zuweisung der Art

```
p_insassen = &landfahrzeug :: anz_insassen;
```

ist prinzipiell möglich, führt aber in diesem konkreten Fall zu einer Verletzung der Zugriffsrechte, da *anz_insassen* ein privates Member ist. Der Compiler würde diese Verletzung erkennen und als Fehler behandeln. Erlaubt wäre dagegen die Definition eines Verweises auf die *print*-Funktion, da diese *public* ist.

Beispiel:

```
void (landfahrzeug :: *print_zeiger) ( ) =
        landfahrzeug :: print;
```

Anmerkung:
Der Adreß-Operator & ist hier nicht nötig, da der Ausdruck *landfahrzeug :: print* direkt die Adresse liefert.

Die oben gezeigte Initialisierung von *p_insassen* sieht auf den ersten Blick nicht korrekt aus, da der Zeiger nicht auf ein konkretes Objekt verweist. Der Leser würde hier eher die Zuweisung *p_insassen = &fahrrad. anz_insassen;* erwarten, da *fahrrad* ein Objekt vom Typ *landfahrzeug* ist, welches konkret Speicherzellen belegt und dessen Adresse somit ermittelbar ist. Durch die angegebene Zuweisung *p_insassen = &landfahrzeug :: anz_insassen;* wird dagegen nur festgelegt, daß *p_insassen*, falls es auf ein Member eines Objekts der Klasse *landfahrzeug* zeigen würde, auf *anz_insassen* zeigt (und nicht evtl. auf ein anderes Member der Klasse).

Die obige Zuweisung wird allerdings verständlich, wenn man sich vor Augen führt, daß das Dereferenzieren von *p_insassen*, also **p_insassen*, an die Existenz eines Klassenobjektes gebunden ist. Wird beispielsweise das Objekt *fahrrad* gelöscht (z.B. mittels *delete*, sofern es mittels *new* erzeugt wurde), so würde *p_insassen* weiterhin die Adresse einer Speicherzelle enthalten, und das Dereferenzieren würde nun zu einem Fehler führen. Daher ist auch syntaktisch das Dereferenzieren eines Zeigers auf ein Klassenmember nur im Kontext eines Klassenobjektes erlaubt.

Beispiel:

```
int i = fahrrad.*p_insassen;

(fahrrad.*print_zeiger) ( );
    /*
        Klammersetzung wegen Priorität des Funktionsaufruf-
        operators ( ). Vgl. Anhang.
    */
```

Bei einem Zeiger auf die Klasse *landfahrzeug* der Art

```
landfahrzeug *pl = &fahrrad;
```

sieht der Zugriff dann wie folgt aus:

```
int i = pl->*p_insassen;

(pl->*print_zeiger) ( );
```

Dem aufmerksamen Leser wird natürlich nicht entgangen sein, daß alle Zugriffe auf *p_insassen* und somit auf das Member *anz_insassen* nicht erlaubt sind, da *anz_insassen* ein privates Member ist. Wir haben hier aber der Einfachheit wegen angenommen, daß *anz_insassen* zugreifbar (also *public*) ist.

8.2.2 Statische Klassenmember

Stellen wir uns nun vor, unsere Klasse *landfahrzeug* wäre eine universelle Klasse zur Erfassung aller wichtigen Daten eines Transportunternehmens. Ein wichtiges Datum könnte z. B. das Gesamtgewicht aller zur Zeit zu transportierenden Waren sein, um eine Bestimmung eines Auslastungsfaktors vornehmen zu können. Eine mögliche Implementierung könnte für die Klasse ein Member namens *alle_ladungen* beinhalten, von dem jedes Objekt dann eine eigene Kopie besitzt.

Sind *LKW1, LKW2, ..., LKWn* Objekte vom Typ unserer jetzt modifizierten Klasse *landfahrzeug*, so läßt sich diese Implementierung wie folgt veranschaulichen:

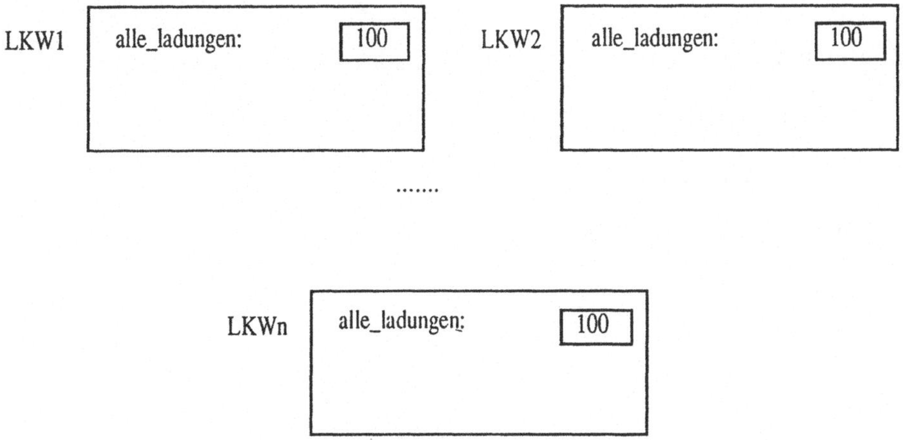

LKW1 alle_ladungen: 100

LKW2 alle_ladungen: 100

....

LKWn alle_ladungen: 100

Wenn sich der Wert von *alle_ladungen* ändert, muß dieser Wert aus Konsistenzgründen in allen Klassenobjekten geändert werden.

Besser wäre eine Implementierung, in der nur eine Realisierung dieser Variablen existiert. Allerdings sollte dies auch keine globale Variable des Programms sein, da man unerlaubte Zugriffe auf sie unterbinden will. D.h. es sollte möglich sein, daß *alle_ladungen* der gewünschten Zugriffsebene (*private/protected/public*) angehört.

Anschaulich sollte also etwa folgender Fall vorliegen:

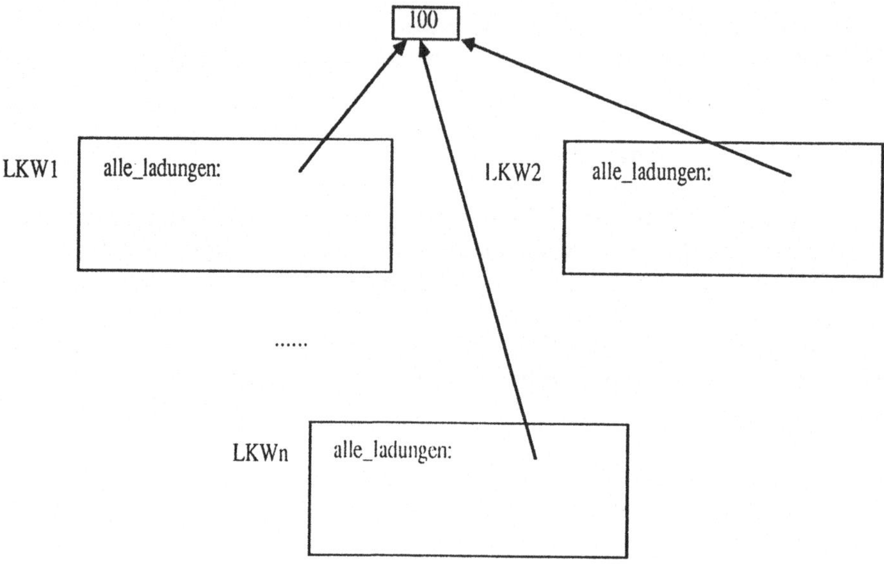

Diese Möglichkeit bietet C++ durch Definition statischer Klassenmember an.

Für unser Beispiel sähe dies wie folgt aus:

```
class landfahrzeug
{
    public:
        ...

    private:
        static double alle_ladungen;
        ...
};
```

alle_ladungen ist hier als privates Member definiert worden und damit nur für Member-Funktionen (und Friend-Funktionen; vgl. Kapitel 8.6) zugreifbar.

Diese Zugriffsregelung gilt allerdings nur für Schreib- und Lesezugriffe, nicht aber für die Initialisierung der Variablen. Diese darf wie jede andere statische Variable nur einmal initialisiert werden, und dies darf sogar ohne Existenz eines entsprechenden Klassenobjektes erfolgen.

Beispiel:

```
double landfahrzeug :: alle_ladungen = 0; // Initialisierung
```

Der Gültigkeitsbereich (Scope) von *alle_ladungen* muß allerdings durch Angabe von *landfahrzeug::* spezifiziert werden. Man beachte, daß die Deklaration eines Klassenmembers als *static* keine Definition bezeichnet; eine solche Definition muß anderswo erfolgen.

Anmerkung:
Die Initialisierung von *alle_ladungen* ohne Existenz eines Klassenobjektes ist möglich, da der Compiler durch die static-Angabe weiß, daß nur eine Realisierung von *alle_ladungen* benötigt wird und er daher den Speicherplatz statisch festlegen kann. Tatsächlich sind statische Member nicht Teil von Objekten der Klasse, sondern eigenständige Objekte.

Andere Zugriffe (außer Initialisierung) erfolgen so wie bei anderen Klassenmembern und gehorchen der angegebenen Zugriffsregelung. Wäre *alle_ladungen* öffentlich, so wäre es auch möglich, ohne Klassenobjekt zuzugreifen.

Beispiel:

```
landfahrzeug :: alle_ladungen += 50;
```

Ist *alle_ladungen* - wie oben angegeben - privat, so kann man nur über eine Member-Funktion auf dieses Member zugreifen.

Beispiel:

```
double lies_alle_ladungen( )
{
    return alle_ladungen;
}
```

Diese Funktion können wir allerdings nur im Kontext eines Klassenobjektes aufrufen.

Beispiel:

```
double ladung = LKW2.lies_alle_ladungen( );
```

Andererseits ist es unwichtig, welches Klassenobjekt wir hierzu verwenden. Daher ist es erlaubt, auch Funktionen als statische Klassenmember zu definieren, sofern diese ihrerseits nur auf statische Klassenmember zugreifen.

Beispiel:

```
class landfahrzeug
{
    public:

        static double lies_alle_ladungen( )
        {
            return alle_ladungen;
        }

        ...

    private:

        static double alle_ladungen;

        ...
};
```

Anmerkung:
Eine statische Member-Funktion besitzt keinen *this*-Zeiger (vgl. unten). Jeder Zugriff auf diesen, ob explizit oder implizit, ist nicht erlaubt. Ein Zugriff auf nicht statische Klassenmember ist ein impliziter Zugriff auf den *this*-Zeiger. Statische Member-Funktion können auch nicht als *virtual* deklariert werden (vgl. Kapitel 9).

Mittels der so definierten Funktion ist der Zugriff auch ohne die Angabe (und sogar ohne die Existenz) eines Klassenobjektes möglich.

Beispiel:

```
double ladung = landfahrzeug :: lies_alle_ladungen( );
```

Der Zugriff auf statische Member einer Klasse mittels Zeiger unterscheidet sich vom Zugriff auf übliche Member. So ist der Typ eines Zeigers, der auf *alle_ladungen* zeigt, *double**, und die Dereferenzierung eines solchen Zeigers erfordert nicht die Existenz und den Kontext zu einem Klassenobjekt.

Beispiel:

```
double *pal = &landfahrzeug :: alle_ladungen;
```

was natürlich nur erlaubt wäre, wenn *alle_ladungen* public wäre.

Lokale Klassen, d. h. beispielsweise Klassen, welche in Funktionen deklariert sind, können keine statischen Member-Daten besitzen, da diese keinerlei

Bindung haben (statische Member-Daten globaler Klassen haben externe Bindung) und nicht außerhalb der Klassendeklaration definiert werden können.

8.2.3 Member-Funktionen

Member-Funktionen haben wir bereits häufiger angesprochen. Mit dem Begriff Member-Funktionen bezeichnet man allgemein Funktionen, die in einer Klasse (ohne Angabe des Schlüsselwortes *friend*, vgl. Kap. 8.6) deklariert oder definiert werden.

So ist in der ursprünglichen Definition der Klasse *landfahrzeug* die Member-Funktion *print* deklariert worden, wohingegen die Member-Funktion *lies_anz_insassen* definiert wurde, da wir den Funktionsrumpf ebenfalls mit angegeben haben.

Die Funktion *print* muß also noch definiert werden. Soll dies außerhalb der Klassendeklaration geschehen, muß ihr Gültigkeitsbereich angegeben werden.

Beispiel:

```
void landfahrzeug :: print( )
{
    cout << "\n Ausgabe ...";

    ...
}
```

Ohne die Angabe von *landfahrzeug::* wäre die Funktion *print* global definiert, und es würde kein Zusammenhang mit der im Klassenrumpf deklarierten Funktion existieren. Member-Funktionen besitzen dagegen nur Gültigkeit im Gültigkeitsbereich der Klasse.

Wird eine Funktion in einer Klasse definiert, so ist sie automatisch eine **Inline-Funktion**. Man beachte daher die Bemerkungen zu Inline-Funktionen in Kapitel 6.

Die Definition

```
class landfahrzeug
{
    public:
        int lies_anz_insassen( )
        {
            return anz_insassen;
        }
    private:
        int anz_insassen;
};
```

ist äquivalent zu

```
class landfahrzeug
{
    public:

        int lies_anz_insassen( );

    private:

        int anz_insassen;
};

inline int landfahrzeug :: lies_anz_insassen
{
    return anz_insassen;
}
```

falls die *inline*-Definition nach der Klassendeklaration erfolgt. *anz_insassen* bezieht sich dann auf das lokale (Klassen-)Objekt, selbst wenn auch ein globales Objekt mit gleicher Bezeichnung existieren würde.

Ein weiterer Unterschied zu anderen Funktionen ist der, daß Member-Funktionen Zugriff auf alle(!) Member einer Klasse besitzen. Sie können sowohl *public*, *protected* als auch *private* Member der Klasse verändern.

Es ist üblich, Member-Funktionen in vier Kategorien einzuteilen.

1) **Verwaltungsfunktionen**:

   Hierunter fallen alle Funktionen, die beispielsweise die Initialisierung des Klassenobjektes, die Speicherverwaltung oder Konvertierungen betreffen. Solche Funktionen werden i.a. implizit aufgerufen. Typische Vertreter dieser Kategorie sind z.B. Konstruktoren und Destruktoren (vgl. Kapitel 8.4 und 8.5).

2) **Ausführungsfunktionen**:

   Diese Funktionen stellen den eigentlichen Dienst zur Verfügung, für den die Klasse entworfen wurde. Bei unserer Klasse *menge* sind dies beispielsweise die Funktionen Durchschnitt und Vereinigung.

3) **Hilfsfunktionen**:

   Diese Funktionen sind im allgemeinen als private Member-Funktionen deklariert und nicht direkt für den Benutzer zugreifbar. Sie dienen, wie ihr Name bereits andeutet, vielmehr der Unterstützung anderer Member-Funktionen.

4) **Zugriffsfunktionen**:

   Dies sind Funktionen, die den lesenden und schreibenden Zugriff auf private Member-Daten einer Klasse ermöglichen. In der Klasse *landfahrzeug* sind dies beispielsweise *lies_anz_insassen* und *setze_anz_insassen.*

Eine Besonderheit der Deklaration/Definition von Member-Funktionen tritt bei **konstanten Klassenobjekten** auf.

8.2.3.1 Konstante Member-Funktionen

Beispiel:

```
const landfahrzeug fahrrad;
```

Da das Objekt *fahrrad* als Konstante definiert ist, sollte sein Wert nicht änderbar sein, genauso, wie man es von einer Konstanten erwartet.

Der Aufruf von

```
double gewicht = fahrrad.lies_leergewicht( );
```

wäre somit prinzipiell erlaubt, da hier nur ein Wert der Konstanten *fahrrad* gelesen wird. Dagegen wäre der Aufruf

```
fahrrad.setze_leergewicht(15.4);
```

selbstverständlich nicht erlaubt, da der Wert verändert werden soll. Solche unterschiedlichen Zugriffe kann der Designer der Klasse mittels **konstanter Member-Funktionen** andeuten.

Beispiel:

```
class landfahrzeug
{
    public:
        int lies_anz_insassen( ) const
        {
            return anz_insassen;
        }                       // Konstante Member-Funktion

        void setze_anz_insassen( int i )
        {
            if (i < 0)  ...     // Fehlerbehandlung
            else anz_insassen = i;
        }
};
```

Das Schlüsselwort *const* wird zwischen Parameterliste und Funktionsrumpf plaziert. Ein konstantes Klassenobjekt kann nur konstante Member-Funktionen aufrufen.

Allerdings können nicht alle Funktionen als konstante Member-Funktionen deklariert werden. Würde man z. B. auch *setze_anz_insassen* als konstante Member-Funktion definieren, so erkennt der Compiler, daß ein Member-Datum verändert wird, und würde somit diese Definition als Fehler behandeln.

Anmerkung:
Der Compiler erkennt diese potentielle Veränderung eines konstanten Klassenobjektes daran, daß *anz_insassen* als lvalue innerhalb der Funktion auftritt. Ob der Wert tatsächlich geändert wird, kann er natürlich nicht feststellen.

Konstruktoren und Destruktoren (vgl. Kapitel 8.4 und 8.5) bilden hier eine Ausnahme. Sie werden auch für konstante Klassenobjekte implizit aufgerufen, ohne als konstante Member-Funktion definiert zu sein. Dies ist i. a. auch nicht möglich, da diese Funktionen meistens die Member-Daten verändern.

Soll eine konstante Member-Funktion in der Klasse nur deklariert werden, um eine *inline*-Ersetzung zu vermeiden, ist es erforderlich, das Schlüsselwort *const* sowohl bei der Deklaration als auch bei der Definition anzugeben.

```
class landfahrzeug
{
    public:
        int lies_anz_insassen( ) const;
};

int landfahrzeug :: lies_anz_insassen( ) const
{
    return anz_insassen;
}
```

Eine konstante Member-Funktion kann für konstante und nicht-konstante Objekte aufgerufen werden, aber eine nicht-konstante Member-Funktion kann nur für nicht-konstante Objekte aufgerufen werden.

Eine konstante Member-Funktion darf auch mit einer nicht-konstanten Member-Funktion, die die gleiche Signatur besitzt, überladen werden.

Beispiel:

```
class landfahrzeug
{
    public:
        int lies_anz_insassen( ) const;
        int lies_anz_insassen( );
};
```

```
int landfahrzeug :: lies_anz_insassen( ) const
{
    return anz_insassen;
}

int landfahrzeug :: lies_anz_insassen( )
{
    return anz_insassen;
}
```

8.2.4 Der this-Zeiger

Jede Member-Funktion besitzt einen Zeiger vom Typ der Klasse, der bei Aufruf der Funktion die Adresse des Klassenobjektes enthält, deren Member-Funktion aufgerufen wurde. Dieser Zeiger heißt **this**. Eine typische Anwendung von *this* ist die Manipulation von Listen, in denen das Klassenobjekt enthalten ist.

Beispiel:

```
class liste
{
    public:

        void einfuegen ( liste* );

    private:

        liste *suc, *pre;
};

void liste :: einfuegen ( liste *p )
{
    p->suc      = suc;

    p->pre      = this;
                            /*
                                Zugriff auf das Klassenobjekt
                                selbst mittels this
                            */
    suc->pre    = p;

    suc         = p;
}
```

Zur Veranschaulichung folgende Abbildung:

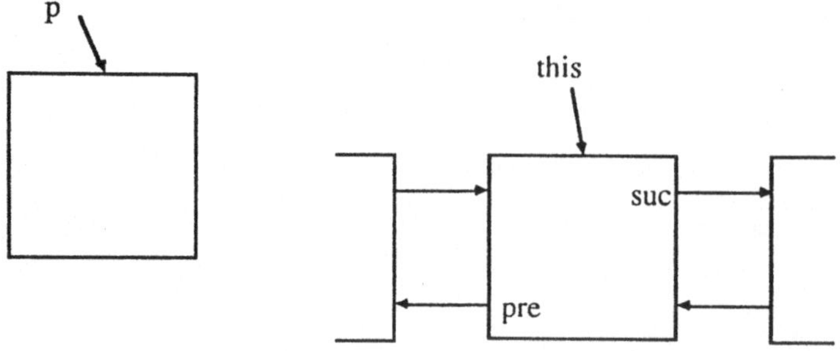

Der Typ von *this* in einer Member-Funktion einer Klasse K ist

```
K *const
```

außer die Member-Funktion ist als *const* oder *volatile* deklariert.

In letzteren Fällen ist der Typ von *this*

```
const       K *const
                                bzw.
volatile    K *const.
```

Eine Funktion, welche als *const* und *volatile* deklariert ist, besitzt einen *this*-Zeiger vom Typ

```
const volatile K *const
```

8.3 Gültigkeitsbereiche bei Verwendung von Klassen

Member einer Klasse sind nur innerhalb der Klasse gültig. Besitzt ein Member denselben Namen wie eine globale Variable, so wird diese Variable überdeckt (vgl. Kap. 5). Klassenmember sind im ganzen Klassenrumpf definiert, so daß Member-Funktionen durchaus Member-Daten verwenden können, die erst später im Klassenrumpf deklariert werden.

Dies unterscheidet sich z.B. von Definitionen in Funktionen, wo Variablen erst ab der Stelle der Definition bekannt sind.

Beispiel:

```
int anz_insassen = 0;

class landfahrzeug
{
    public:

        int lies_anz_insassen( )
        {
            return anz_insassen;
                /*
                    Bezieht sich auf das untenstehende
                    Memberdatum im privaten Teil dieser
                    Klasse
                */
        }

    private:

        int  anz_insassen;
                /*
                    Überdeckt die globale Variable
                    :: anz_insassen
                */
};
```

Aber es gilt

```
int i = 10;

f( )
{
    int j   = i;        //  j = 10
    int i   = 20;       /*
                            Überdeckt die Definition der
                            globalen Variablen i
                        */
    j       = i;        //  j = 20
}
```

Eine Überdeckung hängt nur vom Namen ab, ist also insbesondere unabhängig vom Typ.

Beispiel:

```
extern zuladung(int);   //  Externe Funktion

class landfahrzeug
{
    int  zuladung;      //  Überdeckt die Funktion
};
```

Durch den Scope-Operator kann der Zugriff auf die entsprechende Variable/Funktion spezifiziert werden.

Beispiel:

```
class landfahrzeug
{
    int f( );
    int zuladung;
};

landfahrzeug :: f( )
{
    int i = :: zuladung(150);
                        // Aufruf der externen Funktion

    int j = landfahrzeug :: zuladung;
    int k = zuladung;    // Zugriffe auf das Member-Datum
}
```

Eine Ineinanderschachtelung von Klassendefinitionen ist erlaubt.

Beispiel:

```
class aussen
{
    class innen
    {
        ...         // Rumpf der Klasse innen
    };

    ...

};
```

Die Klasse *innen* ist nur innerhalb der Klasse *aussen* gültig und somit ist der Typname *innen* außerhalb des Gültigkeitsbereich von *aussen* unbekannt.

Durch Verschachteln von Klassendefinitionen werden allerdings die Zugriffsregelungen nicht beeinflußt, so sind beispielsweise private Member der Klasse *aussen* nicht für Objekte der Klasse *innen* zugreifbar und ebenso sind umgekehrt private Member der Klasse *innen* nicht für Objekte der Klasse *aussen* zugreifbar.

Hinweis:
Hier unterscheidet sich Version 3.0 von vorherigen Versionen. In Version 2 entspricht obige Klassendefinition der Definition zweier Klassen mit gleichem Gültigkeitsbereich. Also

```
class innen
{
    ...                 // Rumpf der Klasse innen
};
```

```
class aussen
{
    ...                      // Rumpf der Klasse aussen
};
```

Klassen lassen sich auch lokal innerhalb von Funktionen definieren (vgl. hierzu auch Kapitel 8.7).

In solchen Fällen müssen die Member-Funktionen innerhalb des Klassenrumpfes definiert werden (sind also automatisch Inline-Funktionen), da ein Ineinanderschachteln von Funktionsdefinitionen (vgl. Kap. 6.1) nicht erlaubt ist.

Beispiele:

```
int f( )
{
    class classic
    {
        ...
    };                    // Lokale Klasse

    classic c;            // Definition eines Klassenobjektes
}

                          /*
                              Definition so erlaubt. Ferner
                              ist classic auch nur innerhalb
                              der Funktion bekannt und eine
                              Verwendung außerhalb der
                              Funktion ist ein Fehler.
                          */

int f( )
{
    class classic             // Lokale Klasse
    {
        public:

            int g( );
    };

    int classic :: g( )
    {
        ...
    }
                          /*
                              Nicht erlaubt, da hierdurch ein
                              Ineinanderschachteln von
                              Funktionen (hier f und
                              classic :: g) erfolgt.
                          */
}
```

Ferner kann in solchen Fällen eine Member-Funktion auch nicht außerhalb des Gültigkeitsbereichs der Klasse definiert werden, da sie dort nicht bekannt ist.

Beispiel:

```
int f( )
{
    class classic           // Lokale Klasse
    {
          public:

             int g( );
    };

    ...
}

int classic :: g( )
{
    ...
}                           /*
                                Klasse classic hier nicht
                                bekannt, da nur lokal in f
                                definiert
                            */
```

8.4 Initialisierung von Klassenobjekten

8.4.1 Konstruktoren

Eine Initialisierung von Membern einer Klasse kann beispielsweise über übliche Member-Funktionen durchgeführt werden, die die Member einer Klasse mit gewissen Werten versehen. So könnte ein Objekt der Klasse *landfahrzeug* in etwa dadurch initialisiert werden, daß alle "setze"-Funktionen der Klasse mit entsprechenden Werten aufgerufen werden. Dies ist natürlich nicht sehr komfortabel und auch fehleranfällig, wenn beispielsweise die Initialisierung vergessen wird.

C++ bietet die Möglichkeit, die Initialisierung eines Klassenobjektes automatisch sicherzustellen. Und zwar kann festgelegt werden, daß bei jeder Inkarnation eines Klassenobjektes implizit eine Funktion aufgerufen wird, die dann entsprechende Initialisierungsanweisungen ausführt. Eine solche Funktion wird **Konstruktor** genannt.

Ein Konstruktor in C++ ist dadurch gekennzeichnet, daß er denselben Namen wie die Klasse trägt. Ein Konstruktor kann überladen werden (d.h. es darf verschiedene Konstruktoren mit gleichem Namen geben), indem verschiedene Parameterlisten angegeben werden.

Besitzt eine Klasse einen Konstruktor, so wird jedes zu kreierende Objekt der Klasse gemäß den Anweisungen dieses Konstruktors initialisiert, bevor das Objekt tatsächlich verwendet wird.

Ein Konstruktor mit einer leeren Parameterliste oder einer Parameterliste, die voreingestellte Werte spezifiziert (vgl. Kapitel 8.4.3) wird **Default-Konstruktor** genannt.

Konstruktoren für unsere Klasse *landfahrzeug* könnten wie folgt aussehen.

Beispiel:

```
class landfahrzeug
{
    public:

        landfahrzeug( );
                /*
                    Der Konstruktor besitzt den gleichen
                    Namen wie die Klasse; dieser Konstruktor
                    besitzt keine Parameter (Default-
                    Konstruktor)
                */
```

```
        landfahrzeug(int, double, double);
                /*
                    Zweiter Konstruktor mit Parametern des
                    angegebenen Typs
                */

        ...     // Wie vorher definiert

    private:

        int     anz_insassen;

        double  leergewicht;

        double  zuladung;
};

landfahrzeug :: landfahrzeug( )
{
    anz_insassen    =   0;

    leergewicht     =   0;

    zuladung        =   0;
}

landfahrzeug :: landfahrzeug(int a, double l, double z)
{
    anz_insassen    =   a;

    leergewicht     =   l;

    zuladung        =   z;
}
```

Eine Definition von Objekten der so definierten Klasse *landfahrzeug* kann jetzt wie üblich erfolgen. Werden dabei keine Parameter angegeben, so wird der Default-Konstruktor aufgerufen.

Beispiel:

```
landfahrzeug LKW1;
    /*
        Aufruf des Default-Konstruktors
        landfahrzeug :: landfahrzeug( ).
        In LKW1 sind dann alle Member-Daten mit dem Wert
        Null initialisiert.
    */

landfahrzeug LKW2(2, 3000.0, 4500.0);
    /*
        Aufruf des Konstruktors
        landfahrzeug :: landfahrzeug(int, double, double)
    */
```

Konstruktoren unterliegen - wie jede andere Member-Funktion - den spezifizierten Zugriffsregelungen.

Falls unsere Klasse *landfahrzeug* wie folgt definiert wird:

```
class landfahrzeug
{
    public:

        landfahrzeug(int, double, double);

    ...

    private:

        landfahrzeug( );

    ...
};
```

so ist die Definition

```
landfahrzeug LKW1;
```

nicht mehr zulässig, da der Konstruktor *landfahrzeug :: landfahrzeug( )* ein privates Member der Klasse ist. Andererseits wird bei dieser Definition von LKW1 auch nicht der öffentlich zugreifbare Konstruktor *landfahrzeug :: landfahrzeug(int, double, double)* aufgerufen, da ein Konstruktor - wie jede andere Funktion - mit den entsprechenden Parametern aufgerufen werden muß, die im Funktionskopf spezifiziert sind.

Deklariert man daher einen Konstruktor als privat, so können nur Member-Funktionen oder Friends der Klasse (vgl. Kapitel 8.6), die über bereits existierende Objekte der Klasse aufgerufen werden, auf diesen Konstruktor zugreifen. Dadurch läßt sich eine gewisse Art der Zugriffskontrolle nur für bestimmte Objekte regeln.

Ein Konstruktor darf keinen Ergebnistyp (nicht einmal *void*) spezifizieren und es darf auch kein Ergebnis mittels der *return*-Anweisung zurückgegeben werden (d.h. *return* darf zwar innerhalb eines Konstruktors verwendet werden, aber keinen Wert spezifizieren). Ein Konstruktor kann für Objekte vom Typ *const* oder *volatile* aufgerufen werden, der Konstruktor selbst darf aber nicht als *const* oder *volatile* deklariert werden. Ebensowenig darf ein Konstruktor *static* oder *virtual* (vgl. Kapitel 9) sein. Es ist nicht möglich, die Adresse eines Konstruktors zu ermitteln und Konstruktoren werden auch nicht vererbt (vgl. ebenfalls Kapitel 9).

Innerhalb von Konstruktoren dürfen andere Member-Funktionen aufgerufen werden. Konstruktoren für Elemente von Vektoren (Arrays) werden in der

Reihenfolge aufsteigender Indizes aufgerufen. Ein Objekt einer Klasse mit einem Konstruktor kann nicht Member einer Union (vgl. Kapitel 8.9) sein.

Bemerkung:
Werden keine Konstruktoren bei der Definition einer Klasse angegeben, so legt der Compiler implizit einen **Default-Konstruktor** an.

Beispiel:

```
class classic
{
    ...
    private:
        int c;
};
```

Default-Konstruktor:

```
classic :: classic ( )
{
    c = 0;
}
```

8.4.2 Initialisierung durch Zuweisung

Wie von den Standardtypen gewohnt, lassen sich neu zu inkarnierende Klassenobjekte auch mit den Werten bereits existierender Objekte per Zuweisung initialisieren.

Dabei sind aber einige Besonderheiten zu beachten.

Beispiel:

```
landfahrzeug fahrrad;

landfahrzeug fhd = fahrrad;
```

Eine solche Initialisierung durch Zuweisung entspricht der Initialisierung durch Kopieren der jeweiligen Member. Also hat diese Zuweisung die gleiche Wirkung wie

```
fhd.anz_insassen    =   fahrrad.anz_insassen;

fhd.leergewicht     =   fahrrad.leergewicht;

fhd.zuladung        =   fahrrad.zuladung;
```

Dieses **memberweise Kopieren/Initialisieren** wird in 3 verschiedenen Situationen vorgenommen:

1) Bei der Initialisierung eines Klassenobjektes durch ein anderes Klassenobjekt.

2) Beim Aufruf einer Funktion und der Übergabe eines Klassenobjektes als aktuellem Parameter.

   Beispiel:

   Deklaration: `f(landfahrzeug lf);`

   Aufruf: `f(fahrrad);          // Call-by-value`

3) Bei der Ergebnisrückgabe einer Funktion.

   Beispiel:

```
landfahrzeug f( )
{
    landfahrzeug ld;

    ...

    return ld;
}
```

Hinweis:
Die memberweise Initialisierung wird in der C++-Version 1.2 nicht vorgenommen; hier erfolgt ein **bitweises Kopieren** der Klasseninhalte. Das memberweise Initialisieren wird für jedes Klassenmember durchgeführt und, falls das Member wiederum eine Klasse ist (vgl. Kapitel 8.7), wird diese Form der Initialisierung rekursiv auf die Memberklasse angewandt.

Allerdings ist das **memberweise Initialisieren** nicht immer wünschenswert. Sieht unsere Definition der Klasse *landfahrzeug* beispielsweise wie folgt aus

```
class landfahrzeug
{
    ...

    private:

        int *p_insassen;     // Zeiger auf Integer

    ...
};
```

so wird bei der Definition

```
landfahrzeug fhd = fahrrad;
```

nur die Adresse, die *p_insassen* enthält, dem entsprechenden Member von *fhd* zugewiesen.

Es liegt anschaulich folgende Situation vor:

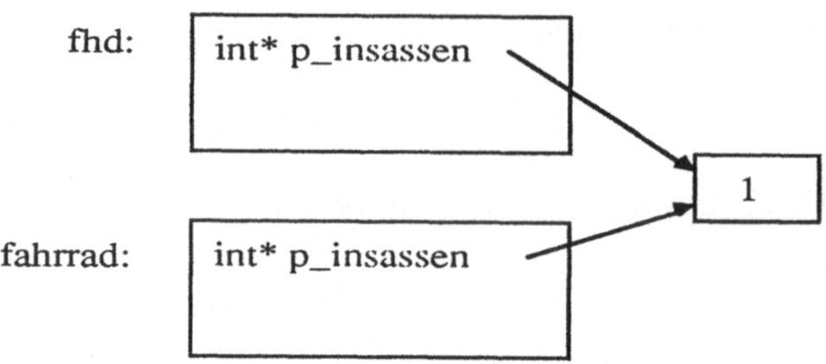

Anmerkung:
Die dargestellte Situation tritt z. B. auch auf, wenn Textkonstanten Member der Klasse sind, da diese im allgemeinen nur durch Zeiger auf *char* zugreifbar sind.

Dies bewirkt, daß ein Zugriff auf *fhd.*p_insassen* und Änderung des Inhalts auch das Objekt *fahrrad.*p_insassen* ändert, da hierdurch dasselbe Objekt bezeichnet wird. Das ist natürlich in vielen Anwendungsfällen unerwünscht. Diese Form der Initialisierung kann aber abgeändert werden.

Der Compiler bewerkstelligt die memberweise Initialisierung von Klassenobjekten durch implizite Definition eines speziellen Konstruktors der Form

```
X :: X(const X&);                    // X Klassenname
```

Wird für eine Klasse ein solcher Konstruktor explizit angegeben, so wird in allen 3 oben angegebenen Fällen dieser Konstruktor aufgerufen. Eine memberweise Initialisierung findet nicht mehr statt. In unserer leicht modifizierten Klasse *landfahrzeug* könnte der Konstruktor etwa wie folgt aussehen.

Beispiel:

```
landfahrzeug :: landfahrzeug(const landfahrzeug& ld)
{
    p_insassen  = new int;

    *p_insassen = ld.*p_insassen;

    ...
}
```

Diese Umgehung der memberweisen Initialisierung durch explizite Definition eines speziellen Konstruktors bezieht sich ausschließlich auf die Initialisierung von Klassenobjekten und **nicht** auf die Zuweisung, da bei einer Zuweisung der linke Operand (lvalue) bereits existiert und somit der Aufruf eines Konstruktors nicht mehr möglich ist. Damit würde

```
landfahrzeug fhd;

fhd = fahrrad;
```

wieder die gleichen Probleme ergeben, wie die memberweise Initialisierung durch

```
landfahrzeug fhd = fahrrad;
```

wenn kein Konstruktor der Form *X :: X(const X&)* definiert worden ist. Um bei der Zuweisung ein memberweises Kopieren zu unterbinden, ist es erforderlich, den Operator = zu überladen (vgl. Kapitel 10).

Bemerkung:
Bei Initialisierung eines Klassenobjektes durch Zuweisung kann es zur Inkarnation sogenannter temporärer Objekte kommen.

Beispiel:

```
landfahrzeug LKW = landfahrzeug(2, 3000.0, 4500.0);
```

Durch den Konstruktoraufruf *landfahrzeug(2, 3000.0, 4500.0)* wird ein temporäres Objekt angelegt, welches nachfolgend als aktueller Parameter für den Konstruktor *landfahrzeug::landfahrzeug(const landfahrzeug&)* verwendet wird. Wie die Bezeichnung andeutet, existiert dieses temporäre Objekt nach Ausführung der obigen Anweisung nicht mehr.

8.4.3 Weitere Möglichkeiten zur Initialisierung

a) Voreingestellte Werte/Defaults:

Man kann den Konstruktor

```
landfahrzeug :: landfahrzeug( );
```

durch Angabe von voreingestellten Werten für den Konstruktor

```
landfahrzeug :: landfahrzeug(int, double, double);
```

überflüssig werden lassen.

Beispiel:

```
class landfahrzeug
{
    public:

        landfahrzeug(int = 0, double = 0, double = 0);

        ...

    private:

        int     anz_insassen;

        double  leergewicht;

        double  zuladung;
};

landfahrzeug :: landfahrzeug(int a, double l, double z)
{
    anz_insassen    =   a;

    leergewicht     =   l;

    zuladung        =   z;
}
```

Dann bewirkt die Definition

```
landfahrzeug LKW1;
```

d. h. ohne die Angabe von Parametern, den Aufruf des Konstruktors mit den voreingestellten Werten (in diesem Fall Null für alle Parameter).

b) Mittels new:

Beispiel:

```
landfahrzeug *pLKW = new landfahrzeug(2, 3000.0, 7500.0);
```

c) Als statisches Objekt:

Beispiel:

```
static landfahrzeug LKW(2, 3000.0, 7500.0);
```

8.5 Löschen von Klassenobjekten

8.5.1 Destruktoren

Wir haben gesehen, daß es verschiedene Möglichkeiten gibt, Klassenobjekte zu erzeugen: per Zuweisung, per Konstruktor, per *new* und als statisches Objekt. Unabhängig davon, wie solche Objekte kreiert worden sind, belegen sie natürlich Speicherplatz.

Die naheliegende Frage ist nun, wie solche Klassenobjekte wieder gelöscht werden können?

Wurde ein Objekt mittels *new* erzeugt, muß der belegte Speicherplatz explizit mit Hilfe von *delete* wieder freigegeben werden. Wurde ein Konstruktor verwendet, benutzt man für das Freigeben des Speicherplatzes die inverse Operation, einen **Destruktor**, um ein Löschen solcher Objekte zu gewährleisten.

Der Name für den Destruktor einer Klasse *classic* ist **~classic** (das Komplement des Konstruktors). Ein Destruktor wird ebenso wie ein Konstruktor als Member der Klasse deklariert und implizit aufgerufen.

Dazu als Beispiel eine Klasse, die das Konzept eines Stapels (Stacks) von Zeichen realisiert:

```
class c_stack
{
    public :

        c_stack(int g)              // Konstruktor
        {
            top = stack = new char [ groesse = g ];
        }

        ~c_stack( )                 // Destruktor
        {
            delete stack;
        }

        void push(char c)           // push
        {
            *top++ = c;
        }

        char pop( )                 // pop
        {
            return *--top;
        }
```

```
        private:

            int     groesse;

            char    *top;

            char    *stack;
    };
```

Hier sind der Konstruktor und der Destruktor mittels *new* und *delete* realisiert worden. Verliert ein Objekt vom Typ *c_stack* seine Gültigkeit, so wird der Destruktor automatisch aufgerufen, d.h. ohne expliziten Aufruf.

Beispiel:

```
    void f( )
    {
        c_stack char_stack1(100);
        c_stack char_stack2(200);

        char_stack1.push('a');
        char_stack2.push(char_stack1.pop( ));
        char ch = char_stack2.pop( );

        cout << ch << "\n";
    }
```

Bei der Abarbeitung von *f* wird der Konstruktor *c_stack* zweimal aufgerufen: einmal für *char_stack1*, um einen Stapel (Vektor) von 100 Zeichen zu erzeugen, und einmal für *char_stack2*, um einen Stapel von 200 Zeichen zu erzeugen. Wird *f* verlassen, werden beide Stapel/Vektoren automatisch wieder gelöscht. Allgemein kann man sagen, daß der Destruktor aufgerufen wird (sofern er implementiert ist), wenn ein Klassenobjekt durch Verlassen eines Blocks seine Gültigkeit verliert.

Man muß bei der Verwendung von Konstruktoren und Destruktoren jedoch vorsichtig sein.

Beispiel:

```
    void g( )
    {
        c_stack char_stack1(100);

        c_stack char_stack2 = char_stack1;          // Vorsicht!

        c_stack char_stack3(100);
    }
```

Die Abarbeitung von *g( )* bewirkt folgendes: Der Konstruktor wird zweimal aufgerufen (für *char_stack1* und *char_stack3*), aber *char_stack2* wird per

Zuweisung (also durch memberweises Kopieren und ohne Aufruf des Konstruktors) initialisiert (wodurch hier beide *stack*-Zeiger auf den gleichen Speicherbereich zeigen, falls kein Konstruktor *c_stack::c_stack(const&c_stack)* definiert wurde). Der Destruktor wird jedoch für *char_stack1*, *char_stack2* und *char_stack3* aufgerufen. In diesem Fall bedeutet dies, daß dreimal *delete* aufgerufen wird, jedoch nur zweimal *new*. Die Auswirkung der Anwendung von *delete* auf ein Objekt, welches nicht mittels *new* erzeugt wurde, ist jedoch undefiniert (**"dangling reference"-Problem**), d.h. unvorhersehbare Fehler sind nicht ausgeschlossen. Dies ist nur ein kleines Beispiel für versteckte Probleme bei der Verwendung von Konstruktoren und Destruktoren. Es sind durchaus fatale Fehler möglich.

Ein Destruktor wird dann implizit aufgerufen, wenn das entsprechende Objekt seine Gültigkeit verliert. Verliert etwa ein Zeiger, der auf ein solches Objekt verweist, seine Gültigkeit, so wird der Destruktor nicht aufgerufen. Dies ist verständlich, denn andernfalls würde z. B. die Parameterübergabe von Zeigern per *call by value* unerwartete Seiteneffekte auslösen.

Beispiel:

```
f(c_stack *p)
{
    ...
}            /*
                 p verliert nach Abarbeitung seine Gültig-
                 keit, aber der Destruktor des Objektes, auf
                 das p zeigt, wird nicht aufgerufen.
             */
```

Will man für das Objekt, auf welches der Zeiger zeigt, den Destruktor aufrufen, so ist ein explizites Löschen des Objektes durch

```
delete p;
```

notwendig.

Der Destruktor wird allerdings nicht aufgerufen, wenn p auf *NULL*, also auf kein Klassenobjekt zeigt. Eine zusätzliche Abfrage, wie etwa

```
if (p) delete p;
```

ist also unnötig.

Der explizite Aufruf des Destruktors ist möglich, aber er sollte nur dann angewendet werden, wenn er wirklich notwendig ist.

Ein Beispiel ist der Fall, daß der Programmierer ein Klassenobjekt zwar löschen, den dafür reservierten Speicherplatz aber wieder mittels *new* belegen will. Dies kann etwa für Speicherverwaltungsroutinen sinnvoll sein.

Beispiel:

```
int laenge          = 100;
char *pc_stack      = new char[sizeof(c_stack)];
c_stack *pc         = new (pc_stack) c_stack(laenge);

pc-> ~c_stack( );
    // Expliziter Destruktoraufruf

pc = new (pc_stack) c_stack(laenge);
    /*
        Kreieren eines neuen Objektes, welches dieselbe
        Größe besitzt wie das vorhergehende Objekt.
        Ferner wird das Objekt am gleichen Speicherplatz
        (offset (pc_stack)) abgelegt.
    */
```

Der explizite Destruktoraufruf verlangt die Verwendung des Punktoperators . oder des Pfeiloperators ->; würde man sich allein auf den *this*-Zeiger verlassen, so könnte dies zur Verwechslung zwischen dem unären Operator ~ und dem ~ als Teil des Namens des Destruktors führen.

Beispiel:

```
c_stack char_stack1(100);
...
char_stack1.~c_stack();
~char_stack1;              // Anwendung des Komplementoperators
```

Hinweis:
Der oben angesprochene Aufruf des Destruktors wird erst ab Version 3.0 unterstützt. In Version 2 ist es notwendig den Gültigkeitsbereich zusätzlich zu spezifizieren.

Beispiel:

```
pc->c_stack::~c_stack();
                        // Sowohl in Version 2 als auch 3.0 erlaubt
pc->~c_stack( );        // Nur in Version 3.0 erlaubt; Fehler in Version 2
```

Ein Überladen von Destruktoren ist nicht möglich, da ein Destruktor keine Parameter besitzen darf. Es darf kein Ergebnistyp angegegeben werden (nicht einmal *void*) und es ist nicht möglich, die Adresse eines Destruktors zu ermitteln. Ein Destruktor darf nicht als *static*, *const* oder *volatile* deklariert werden, aber auf Objekte vom Typ *const* oder *volatile* angewendet werden. Destruktoren werden nicht vererbt (vgl. Kapitel 9).

Es ist erlaubt, Member-Funktionen innerhalb des Destruktors zu verwenden und ein Destruktor darf als *virtual* (vgl. Kapitel 9) deklariert werden.

Destruktoren für Elemente eines Vektors werden in umgekehrter Reihenfolge ihrer Konstruktion aufgerufen. Ein Objekt einer Klasse mit einem Destruktor kann nicht Element einer Union (vgl. Kapitel 8.9) sein.

8.6 Friends

Wir haben zuvor zu motivieren versucht, wie wichtig und nützlich es ist, daß auf die Interna einer Klasse nur über Member-Funktionen der Klasse zugegriffen werden kann, um so insbesondere das Prinzip des Information Hiding zu unterstützen.

Das folgende Beispiel wird zeigen, daß diese Vorgehensweise allerdings in einigen Fällen zu unerwünschten Problemen führen kann.

Nehmen wir an, es existieren zwei Klassen *vektor* und *matrix*. Jede von ihnen versteckt ihre interne Repräsentation und bietet einen kompletten Satz von Funktionen zur Manipulation von Objekten des entsprechenden Typs an. Eine typischerweise benötigte Operation ist die Multiplikation einer Matrix mit einem Vektor, d.h. eine Operation auf Elementen beider Typen. Es soll nun eine solche Operation als Funktion implementiert werden.

Der Einfachheit halber nehmen wir dabei an, daß der Vektor aus vier Elementen (Index 0 ... 3) besteht und die Matrix ihrerseits aus vier Vektoren (jeweils Index 0 ... 3). Auf Elemente vom Typ *vektor* soll mit der Funktion *pruefe* zugegriffen werden, die u. a. den Indexbereich überprüft. Liegt der Index *i* im vorgesehenen Bereich, liefert *pruefe* die Adresse der entsprechenden Vektorkomponente *vek[i]*, andernfalls erfolgt ein Sprung aus dem Programm mit einer entsprechenden Fehlermeldung; die Klasse *matrix* soll die gleiche Funktion besitzen.

Gegeben sei die folgende Implementation:

```
class vektor
{
    public :
        float& pruefe (int i);

    private:
        float vek[4];
};
```

```
class matrix
{
    public :
        float& pruefe (int i, int j);

    private:
        float mat[4][4];
};

float& vektor :: pruefe (int i)
{
    if ((0 <= i) && (i <= 3)) return (float&) vek[i];
    else
    {
        cerr    << "Index ist nicht im vorgesehenen ";
        cerr    << "Bereich\n";
        exit(1);
    }
}

float& matrix :: pruefe (int i, int j)
{
    ... // Entsprechende Implementation
}
```

Ein natürlicher Ansatz zur Lösung der Aufgabe ist die Definition einer globalen Funktion *mult* wie folgt:

```
vektor mult(matrix& m, vektor& v)
{
    vektor result;

    for (int i = 0; i < 4; i++)
    {
        result.pruefe(i) = 0;
            /*
                Man beachte: Zuweisung an einen
                Funktionsaufruf(!) möglich, da pruefe als
                Ergebnis die Adresse von vek[i] liefert,
                falls kein Fehler vorliegt.
            */
        for (int j = 0; j < 4; j++)
            result.pruefe(i) += m.pruefe(i,j) * v.pruefe(j);
    }

    return result;
}
```

Dies ist zwar ein natürlicher Ansatz, aber ein sehr ineffizienter, da die Funktion *pruefe* für jeden Aufruf von *mult* genau 4 * (1 + 4 * 3) mal aufgerufen wird. Wäre *mult* aber ein Member von Klasse *vektor*, könnte man dieses komplizierte Überprüfen der Indizes entbehren, wenn man auf ein Vektor-Element zugreift (weil man dann direkt auf die Interna zugreifen kann); wäre *mult* ein Member der Klasse *matrix*, könnte man auch hier das

Überprüfen der Indizes entbehren. Aber eine Funktion kann nicht gleichzeitig Member zweier Klassen sein. Was also tun?

Was man benötigt, ist ein Sprachmittel, das einer Funktion Zugriff auf den privaten Teil einer Klasse gewährt; man nennt dies **Friend (Freund)** einer Klasse. Ein Friend einer Klasse ist eine Funktion, die nicht Member der Klasse ist, aber auf alle(!) Member der Klasse zugreifen darf.

Beispiel:

```
class matrix;
    /*
        Vorwärtsdeklaration notwendig, da sonst matrix
        als Parameter für die in der Klasse vektor
        deklarierte Funktion mult unbekannt ist. Eine
        vollständige Definition ist auch nicht
        möglich, da dann die Klasse vektor innerhalb von
        matrix unbekannt wäre.
    */

class vektor
{
    friend vektor mult(matrix&, vektor&);

    public:

        ...

    private:

        float vek[4];
};

class matrix
{
    friend vektor mult(matrix&, vektor&);

    public:

        ...

    private:

        float mat[4][4];
};
```

Die Deklaration einer Friend-Funktion kann beliebig im privaten oder öffentlichen Teil einer Klasse plaziert werden. Es ist aber üblich, die Deklaration von Friend-Funktionen - wie oben gezeigt - an die Definition des Klassenkopfes anzuschließen. Die *mult*-Funktion hat nun Zugriff auf die Interna der Klassen *matrix* und *vektor* und kann ihre Elemente ohne eine ineffiziente Überprüfung der Indexbereiche direkt verwenden.

Anmerkung:
Ein Friend, der innerhalb einer Klasse als solcher (zum ersten Mal) deklariert wurde, aber vorher noch nicht definiert worden ist (d.h. der Name des Friends taucht zum ersten Mal im Programm auf), hat den selben Gültigkeitsbereich wie die Klasse, die diese Friend-Deklaration enthält. Eine Friend-Funktion, die innerhalb einer Klasse definiert wird, ist automatisch eine Inline-Funktion und hat den gleichen (lexikalischen) Gültigkeitsbereich, wie die Klasse, in der die Friend-Funktion definiert wird.

Man formuliere nun *mult* (als Übung).

Eine Member-Funktion einer Klasse kann ein Friend einer anderen Klasse sein.

Beispiel:

```
class x
{
    void f( );
};

class y
{
    friend void x :: f( );
};
```

Eine Kurznotation für den Fall, daß alle Member-Funktionen einer Klasse Friends einer anderen Klasse sind, existiert auch.

Beispiel:

```
class y
{
    friend class x;      /*  Die Definition von x ist an
                             dieser Stelle allerdings nicht
                             erlaubt!
                         */
```

Will man also zulassen, daß eine Funktion zwei verschiedene Klassen manipulieren und auf die privaten Bereiche zugreifen darf, ist es notwendig, diese Funktion entweder als Friend beider Klassen zu deklarieren oder sie als Member einer Klasse und als Friend der anderen Klasse anzugeben.

Falls eine Friend-Deklaration sich auf überladene Bezeichner (z. B. Funktionen oder Operatoren) bezieht, so wird nur die Funktion mit den entsprechenden Parametertypen zum Friend. Sollen also mehrere überladene Funktionen Friend einer Klasse sein, so muß man jede einzelne Funktion explizit als Friend der Klasse deklarieren.

Friend-Funktionen werden nicht mit den Member-Zugriffsoperatoren aufgerufen, außer sie sind Member einer anderen Klasse.

Freundschaft wird nicht vererbt (vgl. Kapitel 9) und ist auch nicht transitiv.

Beispiel:

```
class x
{
    friend class y;

    private:

        int hilf;
};

class y
{
    friend class z;
};

class z
{
    private:

        int merke;

    public:

        void test
        {
            x *zeiger;
            merke = zeiger->hilf;
                /*  Fehler: Zugriff auf hilf nicht möglich.
                    Die Klasse z ist kein Friend der Klasse
                    x, obwohl sie Friend eines Friends ist.
                */
        }
};
```

8.7 Klassen als Member von Klassen

Innerhalb von Klassendeklarationen ist es jederzeit möglich, Objekte anderer Structures oder Klassen als gewöhnliche Member zu deklarieren. Der Zugriff auf die Member-Klasse erfolgt dann je nach Fall mittels des Punkt- bzw. Pfeiloperators.

Probleme bereitet in diesem Fall jedoch die korrekte Anwendung von Konstruktoren und Destruktoren.

8.7.1 Konstruktoren/Destruktoren für Member-Klassen

Dazu folgendes Beispiel:

```
class innen
{
    public:
        innen(char *ch, short sh);  //  Konstruktor
        ~innen( )                   //  Destruktor
        { };

    private:
        char *v;
        short y;
};

innen :: innen(char *ch, short sh)
{
    v = ch; /*
                Vorsicht: v verweist auf den gleichen
                Speicherbereich wie ch!
                Besser bei Verwendung von Textkonstanten:
                strcpy(v,ch);
            */
    y = sh;
}

class aussen
{
    public :
        innen inclass1;             //  Member-Klasse

        aussen(char *cha);          //  Konstruktor
        ~aussen( )                  //  Destruktor
        { };

    private:
        char *x;
};
```

Hier sind zwei Klassen *innen* und *aussen* definiert worden, wobei ein Objekt der Klasse *innen* (*inclass1*) als Member von *aussen* deklariert wurde (Objekte der Art von *innen* seien im weiteren immer als **Member-Klassen**, Objekte der Art von *aussen* als **umfassende Klasse** bezeichnet). Beide Klassen besitzen jeweils einen Konstruktor und einen Destruktor. Der Konstruktor von *innen* ist schon genau definiert worden, die Definition des Konstruktors von *aussen* fehlt allerdings noch.

Der Grund für dieses Fehlen ist, daß die derzeitigen Sprachmittel nicht ausreichen, um diesen Konstruktor zu spezifizieren. Man bedenke: beim Kreieren eines Objekts der Klasse *aussen* wird automatisch auch ein Objekt der Klasse *innen* erzeugt, da *innen* ein Member von *aussen* ist. *innen* aber besitzt auch einen Konstruktor mit Parametern.

Die Frage ist nun, wie macht man diese - für den Konstruktor von *innen* notwendigen - Parameter dem Konstruktor von *aussen* bekannt? Dies kann offensichtlich nicht ohne weitere Sprachmittel durchgeführt werden.

Die Parameter für den Konstruktor der Member-Klasse (kurz **Member-Konstruktor** genannt) werden in der Definition (nicht in der Deklaration!) des Konstruktors der Klasse spezifiziert, die dieses Member enthält. Der Member-Konstruktor wird dann aufgerufen, bevor der Konstruktor der umfassenden Klasse (der die Parameter für die Member-Klasse spezifiziert) aufgerufen wird.

Syntaktisch erfolgt die Angabe der Parameter für den Member-Konstruktor im Kopf der Konstruktor-Definition der umfassenden Klasse. Hierbei wird nach Angabe des Konstruktor-Namens der umfassenden Klasse (samt Parameterliste) ein Doppelpunkt gesetzt, gefolgt vom Namen der Member-Klasse mit Parameterliste.

Da sich dies sehr kompliziert anhört, hier der noch fehlende Konstruktor zu obigem Beispiel:

```
aussen :: aussen(char *cha) : inclass1("Member",1)
{
    x = cha;
}
```

In diesem Fall wird bei jedem Aufruf des Konstruktors für *aussen* der Konstruktor für *innen* mit den festen Werten *"Member"* und *"1"* aufgerufen. Will man für die Member-Klasse keine festen Werte, sondern Variablen benutzen, so besteht die Möglichkeit, diese im Konstruktor für die umfassende Klasse anzugeben, die dann an den Konstruktor der Member-Klasse weitergeleitet werden können.

Beispiel:

```
class innen
{
    ...   // Definition wie oben
};

class aussen
{
    public :

        innen inclass1;

        aussen(char *cha, char *ch, short sh);

        ~aussen( ) { };

    private:

        char *x;
};

aussen :: aussen(char *cha, char *ch, short sh)
        : inclass1(ch, sh)
{
    x = cha;
}
```

Hat eine Klasse zwei oder mehr Klassen als Member, so muß die Parameterliste für die Konstruktoren der Member-Klassen durch Kommata getrennt werden.

Beispiel:

```
class aussen
{
    innen inclass1;

    innen inclass2;

    ...
};

aussen ::  aussen(char *cha, char *ch, short sh)
        : inclass1(ch, sh), inclass2(ch, sh)
{
    x = cha;
}
```

Benötigt ein Konstruktor einer Member-Klasse keine Parameter, kann die Angabe nach dem Doppelpunkt für diese Member-Klasse entfallen. Die Reihenfolge, in der die Member-Konstruktoren aufgerufen werden, richtet sich nach der **Reihenfolge der Deklarationen** in der umfassenden Klasse.

Hinweis:
In C++-Version 1.2 ist die Reihenfolge nicht festgelegt.

Beispiel:

```
aussen :: aussen(char *cha, char *ch, short sh)
        : inclass1(ch, sh), inclass2(ch, sh = sh*2)
            /*
                Aufruf des Konstruktors für inclass1 und
                nachfolgend der Aufruf des Konstruktors für
                inclass2. Allerdings sollte ein solcher
                Aufruf vermieden werden, da zwar die Reihen-
                folge der Konstruktoraufrufe festgelegt ist,
                nicht aber die Reihenfolge, in der die
                Funktionargumente ausgewertet werden. Die
                Argumente für den Konstruktoraufruf dürfen
                nämlich auch Ausdrücke enthalten, wie z.B.
                der von inclass2. In dem Aufruf des
                Konstruktors für das Member inclass2 tritt
                ein Seiteneffekt durch die Zuweisung "sh =
                sh * 2" auf, denn sh ist auch Parameter für
                den Konstruktoraufruf von inclass1. Somit
                ist, wegen der fehlenden Festlegung der
                Reihenfolge der Auswertungen der Funktions-
                argumente, nicht festgelegt, welcher Wert
                von sh übergeben wird.
            */
{
    x = cha;
}
```

Bei den oben angegebenen Deklarationen eines Konstruktors ist es wichtig, zwischen **Initialisierung** und **Zuweisung** zu unterscheiden. So wird die Initialisierung von Membern der Klasse nur im Konstruktorkopf spezifiziert, wohingegen im Rumpf des Konstruktors die jeweiligen Member per Zuweisung Werte erhalten.

Beispiel:

```
aussen :: aussen(char *cha, char *ch, short sh)
        : inclass1(ch, sh)
                /*
                    Initialisierung des Members inclass1,
                    ursprüngliche Definition von aussen!
                */
{
    x = cha;    // Zuweisung des Wertes von cha an x
}
```

Die Ausführung eines Konstruktors setzt sich also hier aus zwei Phasen zusammen, einer Initialisierungsphase und einer Zuweisungsphase.

Eine Initialisierung des Members *x* ist auch möglich.

Beispiel:

```
aussen ::    aussen(char *cha, char *ch, short sh)

        :    inclass1(ch, sh), x(cha)
             //  Initialisierung der Member inclass1 und x

{ }          //  Leerer Funktionsrumpf
```

Für vordefinierte Typen kann man die Initialisierung, wie hier am Beispiel des Members *x* beschrieben, angeben. Zwar unterscheidet sich die Wirkung der oben beschriebenen Zuweisung nicht von der hier spezifizierten Initialisierung des Members *x*, allerdings ist diese Form der Initialisierung vordefinierter Typen notwendig, um auch **konstante Member** initialisieren zu können.

Wäre beispielsweise *x* ein konstantes Member, so wäre die Zuweisung *x = cha;* im Konstruktor nicht erlaubt, sondern nur die Initialisierung durch *x(cha).*

Diese Unterscheidung von Initialisierungs- und Zuweisungsphase bei Aufruf eines Konstruktors ist zusätzlich dann von Bedeutung, wenn wir die memberweise Initialisierung - wie in Kapitel 8.4.2 angesprochen - durch Definition eines speziellen Konstruktors vom Typ *X :: X(const X&)* umgehen wollen. Dies ist hier z. B. für Member vom Typ *char** angebracht. Da Konstruktoren nur bei Initialisierung eines Objektes aufgerufen werden, würde eine Zuweisung im Rumpf des Konstruktors von *aussen* wieder durch memberweises Kopieren erfolgen, sofern der Zuweisungsoperator nicht überladen ist.

Anmerkung:
Dies ist allerdings nur für Klassen möglich. Um also das memberweise Kopieren durch x = cha; vermeiden zu können, müßte die Variable x in einer entsprechenden Klasse mit einem Konstruktor vom Typ X :: X(const X&) eingebettet sein.

Während bei Konstruktoren zuerst die Member-Konstruktoren aufgerufen werden und dann der Konstruktor der umfassenden Klasse, verhält sich dies bei **Destruktoren** genau umgekehrt.

Wird ein Klassenobjekt der umfassenden Klasse zerstört (gelöscht), wird zuerst der Destruktor dieser Klasse ausgeführt und erst danach die Destruktoren der Member-Klassen, und zwar in der umgekehrten Reihenfolge der Deklarationen der Member in der umfassenden Klasse.

Anders ausgedrückt: die Aufrufe der Destruktoren erfolgen in umgekehrter Reihenfolge zu den Aufrufen der Konstruktoren.

8.8 Vektoren von Klassen

Ebenso, wie es beispielsweise möglich ist, Vektoren z. B. von Integer- oder reellen Zahlen zu erzeugen, so ist es auch möglich, Vektoren von Klassen zu definieren.

Dabei ist jedoch auf die korrekte Anwendung von Konstruktoren und Destruktoren zu achten.

Beispiel:

```
class datum
{
    public :

        int lies_tag( )
        {
            return tag;
        }

        int lies_monat( )
        {
            return monat;
        }

        int lies_jahr( )
        {
            return jahr;
        }

        datum(int, int, int);

    private:

        int tag, monat, jahr;
};

datum :: datum(int t, int m, int j)
{
    tag     = t ? 0 : heute.lies_tag( );

    monat   = m ? 0 : heute.lies_monat( );

    jahr    = j ? 0 : heute.lies_jahr( );
        // Gegebenenfalls Initialisierung mit heutigem Datum
}

datum vek1[3];  // Allerdings so nicht korrekt, siehe unten
```

vek1 ist somit ein Vektor von Klassen des Typs *datum*. Ebenso ist ein Vektor von Zeigern auf Klassenobjekte vom Typ *datum* kein Problem.

Beispiel:

```
datum *vek2[3];
```

Allerdings ist die obige Definition von *vek1* nicht ganz korrekt, denn der Konstruktor der Klasse *datum* verlangt Parameter, die bei der Definition nicht angegeben worden sind. Die obige Definition hätte nur Gültigkeit, wenn es einen Konstruktor für die Klasse *datum* geben würde, der keine Argumente verlangt (Default-Konstruktor). In unserem Beispiel können wir *vek1* also nur mit Angabe von Parametern definieren.

Beispiel:

```
datum vek1[3] =
{
    datum(0,     0,       0),
    datum(24,    12,      1990),
    datum(1,     1,       2000)
};
```

bzw. äquivalent dazu

```
datum vek1[ ] =
{
    datum(0,     0,       0),
    datum(24,    12,      1990),
    datum(1,     1,       2000)
};
```

Besitzt *datum* einen zusätzlichen (Default-)Konstruktor der Art *datum::datum()*, so ist auch eine partielle Initialisierung möglich.

Beispiel:

```
datum vek1[3] =
{
    datum(0,     0,       0),
    datum(24,    12,      1990)
}; /*
        Die Komponente vek1[2], also die letzte Komponente,
        wird durch den Konstruktor datum::datum( )
        initialisiert.
    */
```

Ist für die Klasse *datum* ein Destruktor angegeben und will man dessen Aufruf für alle Komponenten des Vektors *vek1* erreichen, so genügt es nicht das Objekt durch

```
delete vek1;            // Fehler
```

zu löschen. Vielmehr muß angegeben werden, daß es sich um einen Vektor handelt. Das Löschen des gesamten Vektors erfolgt mittels

```
delete[]  vekl;
```

Hinweis:
Dies ist in früheren C++-Versionen nicht möglich. Der Grund ist, daß die Anzahl der Elemente des Vektors nicht automatisch gespeichert wird. Ein Aufruf des Destruktors für alle Vektorelemente wird in früheren C++-Versionen daher dadurch erzielt, daß zusätzlich zur *delete*-Angabe auch die Dimension des Vektors angegeben wird:

```
delete [3] vekl;
```

Ferner wird in früheren C++-Versionen durch

```
delete  vekl;
```

der Destruktor nur für die erste Vektorkomponente aufgerufen. Ab Version 3.0 ist dies aber nicht mehr festgelegt. Ferner ist auch nicht definiert, welche Auswirkung die Anwendung von *delete[]* auf ein Objekt hat, welches kein Vektor ist.

8.9 Unions

Wir haben gesehen, daß Structures einen Spezialfall von Klassen darstellen. Structures werden insbesondere dann gebraucht, wenn das *Information Hiding* nicht notwendig ist.

Unions sind nun wiederum Spezialfälle von Structures (also auch hier sind alle Member automatisch *public*) und werden eingesetzt, um Speicherplatz zu sparen. Eine Union ist definiert als eine Structure, in der jedes Member dieselbe Adresse besitzt. Die Union ist dabei groß genug, um das größte Member zu enthalten, und zu jedem Zeitpunkt kann nur ein Member-Objekt in der Union gespeichert werden.

Wenn man daher weiß, daß zu jedem Zeitpunkt nur genau ein Member einer Structure einen Wert besitzt, kann eine Union Platz sparen (Unions sind vergleichbar mit varianten Records in Pascal).

Beispiel:

```
union elemente
{
    char    *p;        // Textkonstante
    char    v[8][8];   // Zeichen-Matrix mit 8x8 Zeichen
    int     i;         // Integer
    double  d;         // Reelle Zahl
    float   f;         // Reelle Zahl
};
```

Objekte vom Typ *elemente* können nun wieder beliebig weiterverwendet werden, so u. a. auch als Objekte in Structures und Klassen.

Wenn Unions in Spezialfällen auch nützlich sein können, so sind sie auch mit Vorsicht zu genießen. So ist etwa eine Typüberprüfung zur Kompilier-Zeit nicht möglich, da der Compiler nicht wissen kann, welches Member zu einer bestimmten Zeit benutzt wird.

Eine Union darf keine statischen Member enthalten und auch keine Klassenobjekte, deren Klassendefinition einen Konstruktor oder Destruktor besitzt bzw. für die ein selbstdefinierter Zuweisungsoperator existiert (vgl. Kapitel 10).

Allerdings darf eine Union Member-Funktionen besitzen - darunter auch Konstruktoren und Destruktoren - allerdings keine virtuellen Funktionen (vgl. Kapitel 9).

Eine Union darf keine Basisklassen besitzen und auch selbst nicht als Basisklasse verwendet werden (vgl. ebenfalls Kapitel 9).

Eine Initialisierung von Unions ohne Konstruktor kann mittels Angabe eines einzigen Ausdrucks vom gleichen Typ oder durch Angabe eines Initialwertes für das erste Member der Union in geschweiften Klammern erfolgen.

Beispiel:

```
union elemente
{
    int     i;         // Integer
    double  d;         // Reelle Zahl
    float   f;         // Reelle Zahl
};
```

```
elemente a1 = { 10 };      /*
                              Initialisierung des ersten
                              Elementes der Union mit Wert 10
                           */

elemente a2 = a1;
```

Es ist möglich, eine Union als Member einer Klasse zu definieren, ohne der Union einen (Typ-)Namen zu geben, wie *elemente* in obigem Beispiel. Solche Unions bezeichnet man dann als **anonyme Union**. Anonyme Unions definieren somit nur unbenannte Objekte, aber keine Typen.

Der Zugriff auf die Elemente der Union erfolgt dann direkt, wie bei anderen Klassenmembern auch.

Beispiel:

```
class elem_class
{
    public:

        union                       // Anonyme Union
        {
            char    *p;             // Textkonstante
            char    v[8][8];        // Zeichen-Matrix
            int     i;              // Integer
            double  d;              // Reelle Zahl
            float   f;              // Reelle Zahl
        };
};

elem_class e;

double r  =  e.d;                   /*
                                        Zugriff auf das Member d
                                        in der anonymen Union.
                                    */
```

Eine anonyme Union darf keine als *private* oder *protected* definierte Member enthalten und keine Member-Funktionen besitzen.

Die Bezeichner der Member von anonymen Unions müssen sich von anderen Bezeichnern in dem Gültigkeitsbereich unterscheiden, in dem die Union deklariert wurde, denn die Member einer anonymen Union werden wie normale Variablen behandelt, d. h. ohne den üblichen Member-Zugriff.

Beispiel:

```
void a( )
{
    union                   //  Anonyme Union
    {
        int     i;          //  Integer
        char    *p;         //  Textkonstante
    };

    i = 10;                 /*
                                Zugriff auf das Member i der
                                Union
                            */
    ...

    p = "Hamburg";          /*
                                Zugriff auf Member p der Union;
                                p hat die gleiche Adresse wie i!
                            */
}
```

8.10 Bitfelder

Eine weitere Möglichkeit, Speicherplatz zu sparen, ist die Definition sogenannter **Bitfelder**. Die Deklaration von Bitfeldern hat die Form

```
Typ <Bezeichner> : konstanter Ausdruck
```

wobei die Angabe des Bezeichners optional ist.

Wie der Name bereits andeutet, wird bei der Deklaration von Bitfeldern durch den konstanten Ausdruck spezifiziert, wieviele Bits bei der Definition für das angegebene Objekt reserviert werden sollen. Es ist somit möglich, Speicherbereiche zu definieren und zu adressieren, die weniger als ein Byte lang sind.

Erlaubte Typen für Bitfelder sind ausschließlich die integralen Typen *char, int, short int* und *long int* (und zwar als *signed* oder *unsigned*) sowie Enumerationstypen.

Hinweis:
ANSI C erlaubt nur die Typen int, signed int und unsigned int.

Bitfelder dürfen nur als Member von Klassen (einschließlich Structures) deklariert werden.

Beispiel:

```
typedef unsigned int bit;

class byte
{
    public:

        ...

    private:

        bit     feld1 : 3;

        bit     feld2 : 4;

        bit     feld3 : 1;
                /*
                    Alle Member werden in einem Objekt vom
                    "Typ" bit abgelegt.
                */
};
```

Der Zugriff auf diese Member erfolgt genauso wie der Zugriff auf andere Member von Klassen.

Es ist nicht erlaubt, die Adresse eines Bitfeldes mittels des &-Operators zu ermitteln, und es existieren auch keine Zeiger auf solche Member. Ferner existieren keine Referenzen auf Bitfelder und ein Bitfeld darf nicht als *static* deklariert werden.

Bitfelder sind in hohem Maße abhängig von der jeweiligen Implementation des Compilers und sollten daher mit großer Vorsicht verwendet werden. So ist es beispielsweise implementationsabhängig, ob ein nicht explizit als solches gekennzeichnetes *int*-Feld als *signed* oder *unsigned* abgelegt wird. Ebenso ist das Anlegen von Speicherplatz für Bitfelder implementationsabhängig. Weiterhin erfolgt die Zuweisung an Bitfelder auf einigen Maschinen von links nach rechts, auf anderen von rechts nach links.

Auch muß der Versuch des Sparens von Speicherplatz mittels Bitfeldern mit Vorsicht betrachtet werden. Üblicherweise ist ein Byte (bzw. ein Wort) die kleinste Einheit, die ohne weiteren Overhead adressiert werden kann. Der Zugriff auf ein Bitfeld kann daher durch die Notwendigkeit zusätzlicher Instruktionen zur Erhöhung der Laufzeit führen.

Bitfelder finden Anwendung bei sehr systemnahen Routinen, z.B. wenn die zugrundeliegende Hardware verschiedenen Bits eine spezielle Bedeutung zuordnet. Dann können Bitfelder dazu verwendet werden, den Zugriff auf diese speziellen Speicherbereiche zu spezifizieren.

9 ABGELEITETE KLASSEN

9.1 Motivation für das Konzept

Das Konzept der Klassen in C++ ist sicherlich sehr nützlich. Dennoch gibt es Fälle, bei denen die Verwendung von "normalen" Klassen nicht sehr elegant ist und das Implementieren speziellen Codes notwendig macht. Das Prinzip der **Vererbung** von Informationen dient dazu, diesen zusätzlichen Aufwand zu reduzieren.

In C++ wird - wie bereits gezeigt - die Objektorientiertheit mittels des Klassenkonzepts implementiert; die Vererbung als das primäre Charakteristikum objektorientierter Programmierung wird hier mittels sogenannter **abgeleiteter Klassen** dargestellt. Member einer abgeleiteten Klasse können mit diesem Konzept wie Member anderer - aber funktional zusammenhängender - Klassen verwendet werden und dadurch auch die Operationen der Klasse. Zusätzlicher Programmieraufwand entfällt, ausgenommen der für die Erweiterung bzw. Ersetzung vererbter Informationen und Mechanismen. Das Prinzip des Information Hiding wird dabei streng beachtet, sowie die Unübersichtlichkeit und die Komplexität anderer Methoden reduziert.

Das traditionelle Beispiel eines Angestellten eines Unternehmens soll die Vererbung mittels abgeleiteter Klassen zunächst verdeutlichen. Einen Angestellten könnte man durch die folgende Datenstruktur beschreiben.

Beispiel:

```
class angestellter
{
    public:

        char            *name;

        char            geschlecht;

        short           alter;

        short           abteilung;

        int             gehalt;

        angestellter    *nachfolger;
};
```

Der Zeiger *nachfolger* bildet eine Verbindung in einer Liste von Angestellten. Nun wollen wir einen Manager definieren.

Beispiel:

```
class manager
{
    public:

        angestellter    ang;     /*
                                      Angestelltendaten des
                                      Managers
                                 */
        angestellter    *gruppe;//  Verwaltete Angestellte
};
```

Ein Manager ist normalerweise auch ein Angestellter des Unternehmens; seine Angestelltendaten werden in dem Member *ang* des Manager-Objekts gespeichert. Andererseits betreut ein Manager eine Gruppe von Personen - allesamt Angestellte des Unternehmens - deshalb der Verweis auf die Klasse *angestellter* namens *gruppe*.

Ein Objekt der Klasse *manager* in eine Liste von Objekten vom Typ *angestellter* zu hängen ist aber (ohne speziellen Code) nicht möglich, da die Objekte verschiedenen Typs sind. Ein Zeiger auf ein Objekt vom Typ *angestellter* (*angestellter**) ist kein Zeiger auf ein Objekt vom Typ *manager* (*manager**), also kann man nicht einfach den einen nehmen, wenn der andere gebraucht wird.

Ein Ausweg aus dieser Situation wäre ein Sprachmittel, welches es erlaubt, einen Manager als Angestellten plus zuzüglicher Information zu definieren. Die Informationen über einen Angestellten (definiert in der Klasse *angestellter*) würden dabei automatisch weitergereicht (**vererbt**) an den Manager (definiert in der Klasse *manager*) und bräuchten somit nicht noch einmal deklariert zu werden. Allein die zusätzlichen Informationen müßten noch definiert werden. C++ bietet ein solches Sprachmittel an; es wird **Ableiten von Klassen** genannt.

Beispiel:

```
class manager : public angestellter
{
    angestellter *gruppe;
};
```

Man sagt, die *manager*-Klasse ist **abgeleitet** von der *angestellter*-Klasse oder *angestellter* ist eine **Basisklasse** für *manager*. Die Klasse *manager* besitzt alle

Member der Klasse *angestellter* (*name*, *geschlecht*, etc.) und zuzüglich das Member *gruppe*.

Allgemein vollzieht man syntaktisch die Ableitung, indem nach der Angabe von *class* (*struct* ist auch möglich) der Name der abgeleiteten Klasse angegeben wird, gefolgt von einem Doppelpunkt und dem Namen der Basisklasse. Im Anschluß daran folgt - wie bei der Klassendefinition üblich - die Liste der zuzüglichen Member in geschweiften Klammern.

Mit dieser Definition läßt sich eine Liste von Angestellten erzeugen, von denen einige Manager sind.

Beispiel:

```
void f()
{
    manager          man1, man2;

    angestellter     ang1, ang2;

    angestellter     *ang_list;

    ang_list         = &man1;      /*
                                       Setze man1, ... in
                                       ang_list
                                   */
    man1.nachfolger = &ang1;

    ang1.nachfolger = &man2;

    man2.nachfolger = &ang2;

    ang2.nachfolger = 0;           /*
                                       Setze Ende der Liste
                                       auf NULL
                                   */
}
```

Ein Manager ist nun auf jeden Fall auch ein Angestellter, also ist es sinnvoll, daß ein Verweis auf die abgeleitete Klasse *manager* (*manager**) implizit (d.h. ohne explizite Typkonvertierung) als ein Verweis auf die Basisklasse *angestellter* (*angestellter**) verwendet werden kann. Ein Angestellter ist aber nicht notwendigerweise ein Manager, deshalb kann mittels *angestellter** ohne explizite Typkonvertierung nicht auf die zuzüglichen Informationen eines Managerobjekts zugegriffen werden.

Basisklasse und abgeleitete Klasse stehen in einer "Enthalten-sein-Relation" zueinander; die abgeleitete Klasse enthält die Basisklasse oder anders ausgedrückt: die abgeleitete Klasse ist eine Oberklasse der Basisklasse.

Anschaulich kann man sich dies in Form von zwei ineinandergeschachtelten Kästen vorstellen: in dem innersten Kasten befindet sich das Objekt vom Typ *angestellter* mit seinen speziellen Daten; in dem äußeren - den inneren umfassenden Kasten - befindet sich das Objekt vom Typ *manager* mit seinen zuzüglichen Informationen.

Folgende Abbildung veranschaulicht diese Relation von Basisklasse und abgeleiteter Klasse:

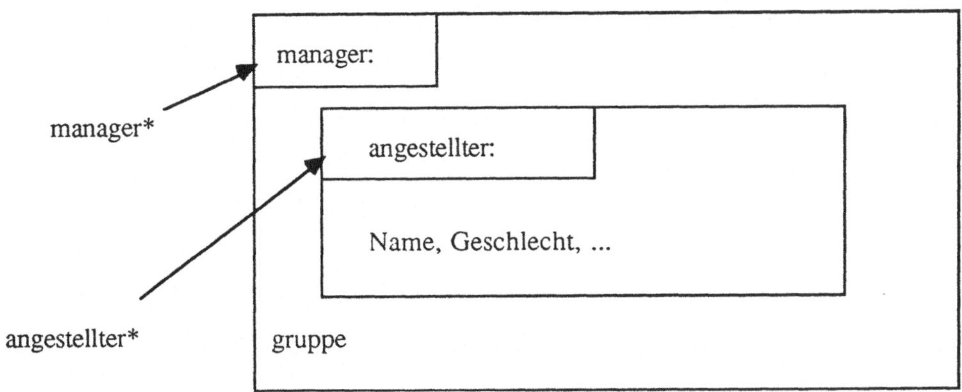

Das Konzept der abgeleiteten Klassen bietet also eine einfache, flexible und effiziente Möglichkeit, eine funktional ähnliche Klasse zu definieren; einfach durch Hinzufügen von Eigenschaften zu einer bereits existierenden Klasse. Mit Hilfe von abgeleiteten Klassen kann man auch eine gemeinsame Schnittstelle für mehrere verschiedene Klassen anbieten, so daß Objekte dieser Klassen durch andere Programmteile identisch manipuliert werden können.

9.2 Information Hiding bei abgeleiteten Klassen

Im obigen Beispiel haben wir die eigentliche Besonderheit von Klassen, nämlich die Trennung in öffentliche und private Teile und damit die verschiedenen Zugriffsrechte zunächst außer acht gelassen. Bei Berücksichtigung dieser Zugriffsrechte - und damit des Prinzips des Information Hiding - tauchen im Zusammenhang von abgeleiteten Klassen aber einige Fragen auf, wie etwa:

* Wie kann eine Member-Funktion einer abgeleiteten Klasse Member ihrer Basisklasse verwenden?

* Welche Member der Basisklasse können die Funktionen der abgeleiteten Klasse verwenden?

* Welche Member kann eine Friend-Funktion der Basisklasse/der abgeleiteten Klasse verwenden?

Erinnern wir uns dazu an das Beispiel der Landfahrzeuge aus Kapitel 8:

```
class landfahrzeug
{
    public:
        int lies_anz_insassen( )
        {
            ...
        }

        ...

        void print( );

    private:
        int anz_insassen;

        ...
};

class pkw : landfahrzeug
{
    public:
        int lies_baujahr( )
        {
            ...
        }

        void setze_baujahr(int i)
        {
            ...
        }

        void print( )
        {
            ...
        }

    private:
        double  ps;

        double  km_stand;

        int     baujahr;
};
```

Nehmen wir an, wir hätten folgende Implementation der *pkw-print*-Funktion:

```
void pkw :: print( )
{
    cout    << "Anzahl der Insassen: "  << anz_insassen
            << "\nBaujahr: "            << baujahr  << "\n";
}
```

Ein Member einer abgeleiteten Klasse kann öffentlich deklarierte Teile seiner Basisklasse ohne Einschränkung nutzen. Die Funktion *pkw :: print* wird aber nicht korrekt kompiliert werden, da ein Member einer abgeleiteten Klasse keinen Zugriff auf private Teile seiner Basisklasse hat; auf *anz_insassen* kann also nicht zugegriffen werden, denn *anz_insassen* ist im privaten Teil der Basisklasse *landfahrzeug* deklariert worden. (Natürlich wäre es möglich, die öffentliche Member-Funktion *lies_anz_insassen* für den Zugriff zu verwenden. Diese Zugriffsform ist aber im allgemeinen zu kompliziert, denn es wird ein direkter Zugriff gewünscht).

Obige Festlegung ist offensichtlich, denn wäre dem nicht so, so könnte das Information Hiding mit Leichtigkeit von einem Programmierer umgangen werden, indem er einfach eine neue Klasse von der Basisklasse ableitet, mit Hilfe derer er dann Zugriff auf private Teile der Basisklasse hätte.

In C++ gibt es - neben der Standardmethode, über eine öffentliche Member-Funktion der Basisklasse zuzugreifen - zwei Möglichkeiten, diese Problematik zu umgehen:

1) Mit Hilfe des Schlüsselwortes **protected (geschützt)**: Wie bereits in Kapitel 8 erwähnt, besitzt das Schlüsselwort *protected* für "normale" Klassen die gleiche Semantik wie das Schlüsselwort *private*. Im Kontext von abgeleiteten Klassen aber existiert ein wesentlicher Unterschied: geschützte Member sind für abgeleitete Klassen öffentlich, während sie für den Rest des Programms privat, d.h. nicht zugreifbar sind. Folgende Implementation obigen Beispiels löst somit unser Problem:

```
class landfahrzeug
{
    public:

        int lies_anz_insassen( )
        {
            ...
        };

            ...

        void print( );
```

```
        protected:

            int anz_insassen;

            ...

        private:

            ...
    };
```

anz_insassen ist jetzt nicht mehr als *private*, sondern als *protected* gekennzeichnet. Dies bedeutet, daß *anz_insassen* für die abgeleitete Klasse *pkw* öffentlich ist. Die *print*-Funktion in *pkw* kann jetzt auf dieses Member zugreifen, für den Rest des Programms ist *anz_insassen* jedoch immer noch privat.

2) Mit Friend-Funktionen kann man den Zugriff auch explizit erlauben.

Beispiel:

```
class landfahrzeug
{
    friend void pkw :: print( );
};
```

Diese Implementation würde der *pkw*-Funktion *print* den Zugriff auf private Member der Klasse *landfahrzeug* gestatten.

Generell gilt:

* Friends (und Member-Funktionen) einer Basisklasse haben nur Zugriff auf vererbte Member (und nicht auf neue) von abgeleiteten Klassen.

* Friends (und Member-Funktionen) einer abgeleiteten Klasse haben nur Zugriff auf vererbte, nicht-private Member der Basisklasse.

Die Anweisung

```
class landfahrzeug
{
    friend class pkw;
};
```

macht jedes Member (auch private) der Klasse *landfahrzeug* zugänglich für jede Member-Funktion der Klasse *pkw*, darunter auch *print*. Dies gilt aber nicht automatisch für bereits spezifizierte Friends von *pkw*! Sollen diese

Friends von *pkw* ebenfalls Zugriff auf die privaten Member von *landfahrzeug* bekommen, so sind sie auch in *landfahrzeug* explizit als Friend zu deklarieren.

Eine alternative und oft sauberere Möglichkeit ist die folgende:

```
void pkw :: print ( )
{
    landfahrzeug :: print ( );  /*
                                    Drucke Landfahrzeug-
                                    Information
                                */
    ...                         //  Drucke PKW-Information
};
```

d.h. die *print*-Funktion von *pkw* benutzt die als öffentlich deklarierte Funktion *print* der Klasse *landfahrzeug* (:: ist notwendig, da *print* in *pkw* selbst neu definiert wurde und andernfalls eine rekursive Definition vorliegt!).

Durch

```
class pkw : public landfahrzeug
{
    ...
};
```

wird ein öffentliches Member der Klasse *landfahrzeug* auch ein öffentliches Member der Klasse *pkw*; *landfahrzeug* ist eine **öffentliche Basisklasse**.

Alternativ dazu kann man eine **private Basisklasse** definieren mittels

```
class pkw : private landfahrzeug
{
    ...
};
```

d.h. öffentliche und geschützte Member der Basisklasse *landfahrzeug* sind private Member der abgeleiteten Klasse *pkw*. Dies hat zwei Konsequenzen:

1) Die öffentlichen Member einer Basisklasse können nicht mehr durch ein abgeleitetes Klassenobjekt erreicht werden (denn hier sind sie jetzt privat).

2) Öffentliche und geschützte Member der Basisklasse sind für die gesamte weitere Ableitung privat.

Somit dient die private Ableitung zum Abschotten von Informationen gegenüber der öffentlichen Schnittstelle der Basisklasse. Auf Member einer privat abgeleiteten Klasse kann nur über Member-Funktionen und Friends der abgeleiteten Klasse zugegriffen werden. Es ist allerdings möglich, einzelne

Member - anders als generell spezifiziert - in ihren originalen Privilegien abzuleiten, indem man diese beispielsweise bei der privaten Ableitung speziell als *public* kennzeichnet; die originalen Privilegien dürfen dabei allerdings nicht verändert werden.

Beispiel:

```
class landfahrzeug
{
    public:

        int lies_anz_insassen( )
        {
            ...
        }

        ...

    private:

        ...
};

class pkw : private landfahrzeug
{
    public:

        landfahrzeug :: lies_anz_insassen;

        ...

    private:

        ...
};
```

lies_anz_insassen wird nun trotz der privaten Ableitung in seinem originalen (öffentlichen) Zugriffsrecht vererbt. Der Ergebnistyp und die Signatur dürfen dabei nicht spezifiziert werden, sondern nur die Nennung des Namens. Es ist nur erlaubt, auf diese Weise das originale(!) Zugriffsrecht zu vererben, d.h. es ist nicht erlaubt, das Zugriffsrecht abzuschwächen oder restriktiver zu gestalten.

Wird kein Schlüsselwort der Form *public* oder *private* bei der Ableitung angegeben, wird automatisch *private* angenommen. Es ist jedoch - aufgrund möglicher Misinterpretationen - besserer Programmierstil, das Schlüsselwort *private* auch dann anzugeben, wenn es (syntaktisch) überflüssig ist.

Friends einer abgeleiteten Klasse haben dieselben Zugriffsrechte wie die eigentlichen Member der Klasse. Die Basisklasse einer Structure ist implizit eine öffentliche Basisklasse.

Hinweis:
Ab C++ Version 3.0 ist es zusätzlich möglich *protected* Basisklassen zu verwenden (vgl. Anhang).

9.3 Manipulation von Klassenobjekten

Durch die Vererbung von Informationen ist sichergestellt, daß jede abgeleitete Klasse einen Basisklassenteil besitzt (und evtl. zuzügliche "eigene" Informationen).

Vergleiche dazu folgende Abbildung:

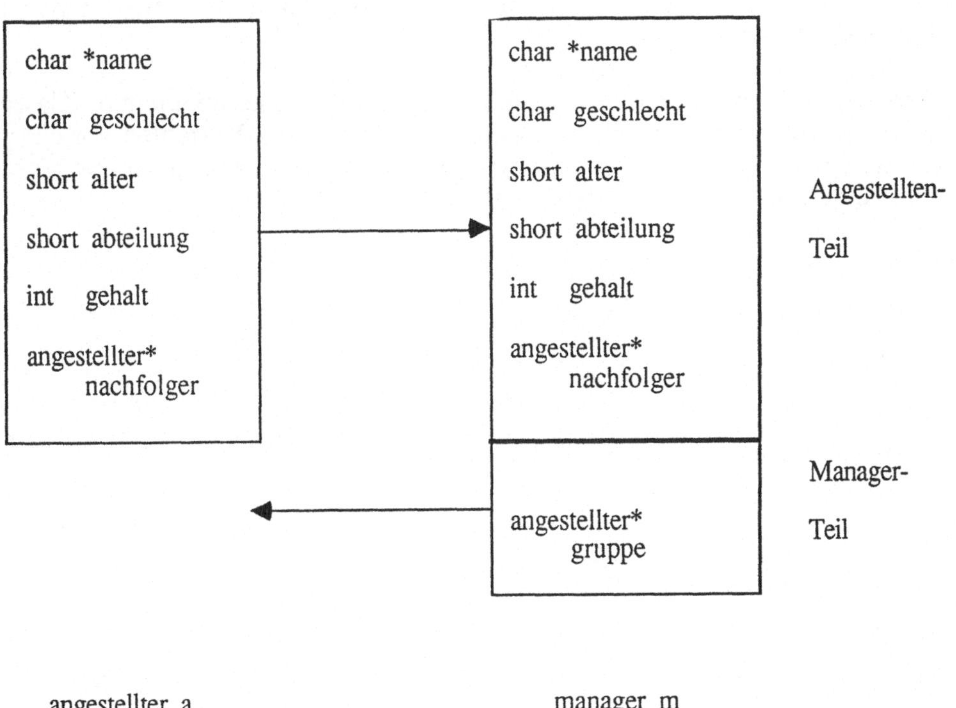

Aus diesem Grund ist die (verkleinernde) Konvertierung (z.B. bei Zuweisungen) einer abgeleiteten Klasse in Richtung ihrer Basisklasse sicher und implizit möglich (sofern die entsprechenden Zugriffsrechte für die Member der Basisklasse vorliegen), da mit Sicherheit ein Basisklassenteil existiert. Andersherum (vergrößernd) wäre eine implizite Konvertierung jedoch sehr gefährlich; hier ist eine explizite Konvertierung notwendig.

Bei Zeigern auf solche Objekte verhält sich dieser Sachverhalt analog. Hier ist es implizit sicher, einem Zeiger auf eine Basisklasse einen Zeiger auf eine abgeleitete Klasse zuzuweisen (da sichergestellt ist, daß der Basisklassenanteil existiert), andersherum ist auch hier eine explizite Konvertierung notwendig, da ein Zeiger auf eine Basisklasse nicht notwendig auf ein Objekt der abgeleiteten Klasse verweisen muß.

Die Konsequenz ist, daß immer (nur mit Ausnahme der virtuellen Funktionen, die später vorgestellt werden) eine explizite Konvertierung zu verwenden ist, will man auf ein Member einer abgeleiteten Klasse über ein Objekt, eine Referenz bzw. einen Zeiger auf eine Basisklasse zugreifen.

Diese Grundsätze bei der Manipulation von Klassenobjekten über Zeiger und Referenzen sollen hier anhand von einfachen Beispielen noch einmal genauer deutlich gemacht werden.

Nehmen wir an, wir haben eine Basisklasse *innen* und eine abgeleitete Klasse *aussen*. Dann kann ein Zeiger auf *aussen (aussen*)* einer Variablen vom Typ Zeiger auf *innen (innen*)* ohne explizite Typkonvertierung zugewiesen werden. Andersherum muß es explizit geschehen.

Beispiel:

```
class innen
{
    ...
};

class aussen : public innen
{
    ...
};

aussen  a;

innen   &i              =   a;  //  Erlaubt

innen   *innen_zeiger   =   &a; //  Implizite Konvertierung



aussen  *aussen_zeiger  = innen_zeiger;
                    /*
                        Fehler: innen_zeiger muß nicht
                        unbedingt auf ein Objekt der Klasse
                        aussen zeigen
                    */
```

```
aussen  *aussen_zeiger = (aussen*) innen_zeiger;
                    // Erlaubt: explizite Konvertierung

extern void y (innen *in);

landfahrzeug la;

y (&a);             // Erlaubt

y (&la);            /*
                       Fehler: la steht in keinem
                       Zusammenhang zu innen
                    */
```

Zusammengefaßt bedeutet dies, daß ein Objekt einer abgeleiteten Klasse jeder ihrer öffentlichen Basisklassen ohne explizite Konvertierung zugewiesen werden kann. Will man jedoch auf ein Member einer abgeleiteten Klasse über ein Objekt, eine Referenz bzw. einen Zeiger auf eine Basisklasse zugreifen, muß immer (nur mit Ausnahme bei Verwendung virtueller Funktionen) eine explizite Konvertierung verwendet werden.

Insbesondere kann eine Funktion, welche als formales Argument einen Zeiger auf eine Klasse besitzt, als aktuellen Parameter auch einen Zeiger auf jegliche abgeleitete Klasse bekommen; Zeiger auf Klassenobjekte, die in keinem funktionalen Zusammenhang zum formalen Argument stehen, sind allerdings nicht erlaubt. Diese Art der Programmierung bezeichnet man gemeinhin als **generischen Programmierstil** ("generic style of programming"), bei dem der aktuelle Typ der Klasse unbekannt sein darf.

Es könnte z. B. die Aufgabe der (Nicht-Member-) Funktion *y* sein - je nach aktuellem Klassentyp - gewisse Aktionen auszuführen. In einer nicht-objektorientierten Implementation müßte sich die Funktion dafür zunächst einer komplizierten und schlecht wartbaren *case-* oder *if-else-*Schleife bedienen, um den Typ des aktuellen Parametern zu bestimmen.

Beispiel:

```
void y (innen *in)
{
    ...
    case   innen   :   ...
    case   aussen  :   ...
    ...
}
```

Die unter Umständen komplizierte und mit Sicherheit sehr schlecht wartbare Aufgabe der Typbestimmung liegt in diesem Fall bei dem Programmierer. Das **dynamische Binden** als das zweite große Charakteristikum objektorientierter Programmierung verlagert diese Last vom Programmierer auf den Compiler. Bei der objektorientierten Version obigen Beispiels braucht sich der

Programmierer nicht um die Bestimmung des Typs zu kümmern; der Compiler nimmt es ihm ab. Dies führt zu leicht erweiterbarem Code bei gleichzeitiger Reduzierung der Komplexität und der Größe von Programmen. Weitere Klassentypen können durch Ableitung kreiert werden, die Funktion *y* kann trotzdem ohne Einschränkung weiter benutzt werden. In C++ wird das dynamische Binden über sogenannte virtuelle Funktionen implementiert, die später noch genauer untersucht werden.

9.4 Klassenhierarchien

Eine abgeleitete Klasse kann wiederum eine Basisklasse sein.

Beispiele:

```
class fahrzeug                                       { ... };
class landfahrzeug     :  public  fahrzeug           { ... };
class wasserfahrzeug   :  public  fahrzeug           { ... };
class pkw              :  public  landfahrzeug       { ... };
class lkw              :  public  landfahrzeug       { ... };
class motorboot        :  public  wasserfahrzeug     { ... };
class segelboot        :  public  wasserfahrzeug     { ... };
class cabrio           :  public  pkw                { ... };
class yacht            :  public  motorboot          { ... };
```

In einer generell öffentlichen Ableitungshierarchie wie der obigen, hat jede abgeleitete Klasse Zugriff auf die vereinigte Menge von geschützten (*protected*) und öffentlichen (*public*) Membern der vorhergehenden Basisklasse in der Hierarchie; auf private (*private*) allerdings nicht.

Solch eine Menge von zusammenhängenden Klassen bezeichnet man (typischerweise) als Klassenhierarchie. Als Struktur formen Hierarchien wie im obigen Beispiel einen Baum, da jede abgeleitete Klasse genau eine einzige Basisklasse besitzt. Solche Hierarchien werden deshalb auch als **einfache Vererbungshierarchien** bezeichnet.

Zur Veranschaulichung obigen Beispiels vergleiche die folgende Abbildung:

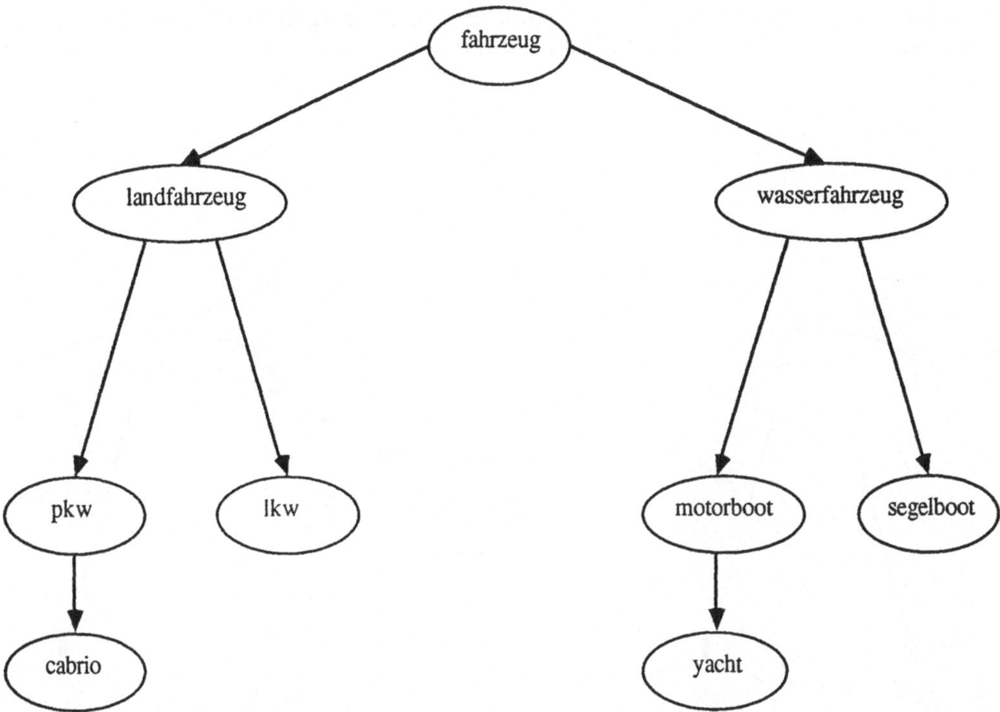

Sowohl *landfahrzeug* als auch *wasserfahrzeug* bezeichnet man häufig als **abstrakte Basisklassen**, denn sie sind spezifische Klassen, die so entworfen worden sind, daß von ihnen weitere Klassen abgeleitet werden sollen und somit erst dann "komplett" werden. Die Klasse *fahrzeug* hingegen wird häufig als **abstrakte Superklasse** bezeichnet, da sie die Wurzelklasse der gesamten Ableitungshierarchie und gleichzeitig der zentrale Designpunkt ist. Denn unabhängig davon, wie verschachtelt und komplex die gesamte Hierarchie sein wird, werden alle Klassen *fahrzeug* als (indirekte) Basisklasse besitzen.

Kompliziertere Strukturen durch **mehrfache Vererbung** lassen sich in C++ jedoch auch erzeugen. Mehrfache Vererbung erreicht man allgemein durch die Angabe einer komma-separierten Liste von Basisklassen nach dem üblichen Doppelpunkt.

Beispiel:

```
class amphibienfahrzeug : landfahrzeug, wasserfahrzeug
{
    ...
};
```

Strukturell gesehen formen mehrfache Vererbungshierarchien gerichtete Graphen, wie die folgende Abbildung veranschaulicht:

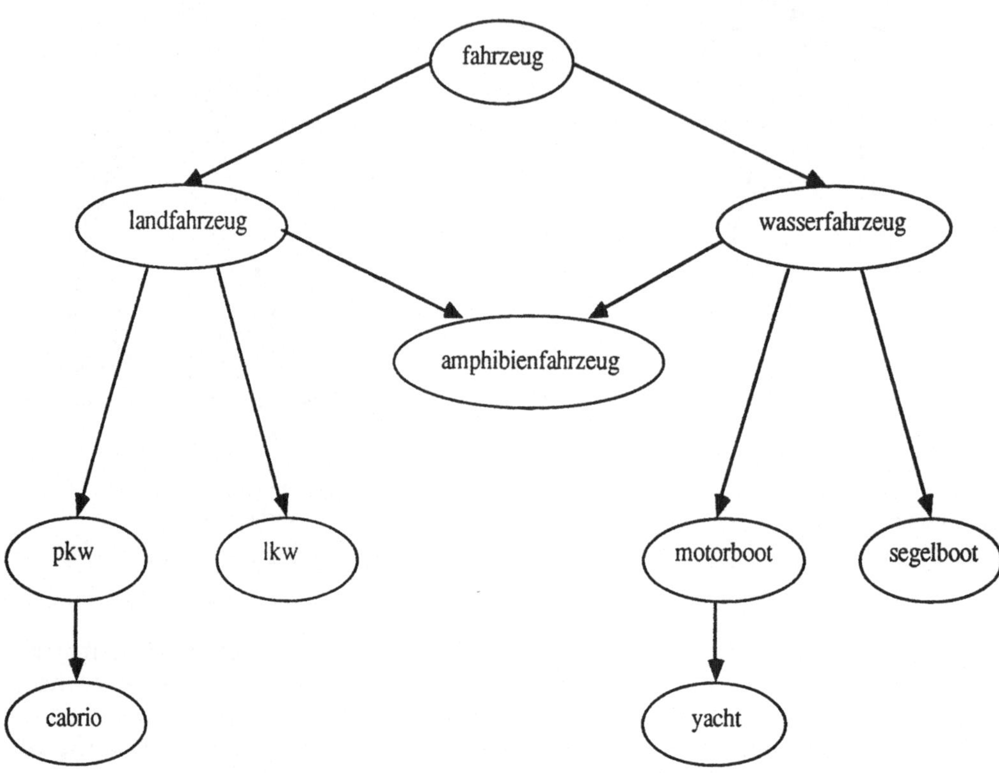

Die Verwendung der Schlüsselwörter *public* bzw. *private* ist auch bei mehrfacher Vererbung nicht zwingend notwendig (voreingestellt ist *private*), wird jedoch - wegen möglicher Misinterpretationen - dringend empfohlen.

So entspricht beispielsweise

```
class amphibienfahrzeug :  public  landfahrzeug,
                                   wasserfahrzeug
{
    ...
};
```

nicht der Definition

```
class amphibienfahrzeug :    public  landfahrzeug,
                             public  wasserfahrzeug
{
    ...
};
```

denn die erste Version bedeutet implizit:

```
class amphibienfahrzeug :    public  landfahrzeug,
                             private wasserfahrzeug
{
    ...
};
```

Bemerkung:
Mehrfache Vererbung ist erst seit der Version 2.0 möglich. Frühere Versionen besitzen daher nur die Möglichkeit einfacher Vererbung. Folgendes war daher in früheren C++-Versionen **nicht** möglich :

```
class manager
{
    ...
};

class experte
{
    ...
};

class berater : experte, manager;
```

Anschaulich läßt sich das so darstellen :

Möglich in C++ Version 1.2 ist: Nicht möglich in C++ Version 1.2 ist:

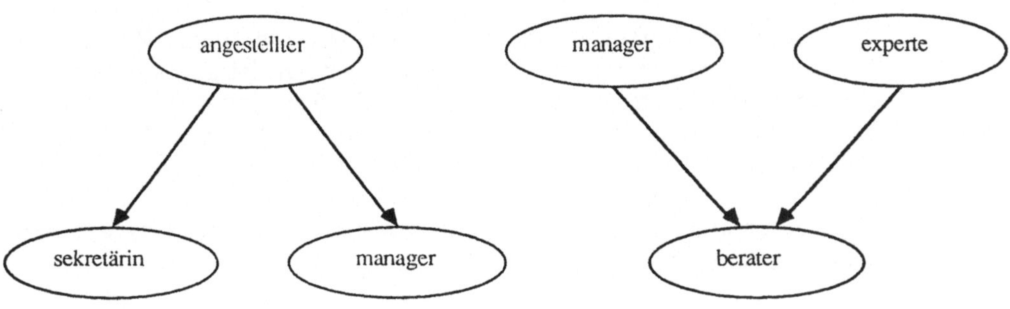

Die Syntax von Basisklassen für abgeleitete Klassen unterscheidet sich von "normalen" Klassen nur in zwei Punkten:

1) Member, die zwar öffentlich vererbt, aber sonst nicht öffentlich sein sollen, müssen als *protected* gekennzeichnet werden.

2) Member-Funktionen, deren Implementation von Details späterer Ableitungen abhängen, die zum Zeitpunkt des Designs noch unbekannt sind, sollten als virtuell gekennzeichnet werden (vgl. Kap. 9.7).

Bzgl. der Menge von Basisklassen zu einer abgeleiteten Klasse gibt es keine sprachliche Einschränkung. Jede Klasse darf jedoch nur einmal in der Ableitungsliste vorkommen und muß vorher definiert worden sein.

9.5 Gültigkeitsbereiche für vererbte Member

In den meisten Fällen ist die Benutzung des Scope-Operators beim Zugriff auf vererbte Member überflüssig; der Compiler kann das gewünschte Member normalerweise auch ohne die zusätzliche lexikalische Hilfe des :: finden, d.h. den Gültigkeitsbereich bestimmen. Es gibt jedoch zwei mehrdeutige Fälle, wo der Scope-Operator zwingend notwendig ist, da sonst unerwünschte Effekte oder Kompilierfehler auftreten können:

1) Falls der Bezeichner eines vererbten Members in der abgeleiteten Klasse neu verwendet wird.

   In diesem Fall versteckt der neu verwendete (gleiche) Bezeichner den Bezeichner des vererbten Members. Der Fall ist ähnlich dem, wo eine lokal definierte Variable eine globale Variable überdeckt. Dort ist gleichermaßen der Scope-Operator notwendig, um die globale Variable (hier das vererbte Member) direkt anzusprechen.

2) Falls einer abgeleiteten Klasse aus zwei (oder mehr) Basisklassen derselbe Bezeichner vererbt wird.

Beispiel:

```
class landfahrzeug
{
    public:

        void print( )
        {
            ...
        }
};

class wasserfahrzeug
{
    public:

        void print( )
        {
            ...
        }
};

class amphibienfahrzeug :   public  landfahrzeug,
                            public  wasserfahrzeug
{
    public:

        void drucke( )
        {
            print( );   /*
                            Fehler, da nicht
                            eindeutig ist, welche
                            Funktion print( )
                            gemeint ist.
                        */
        }
};
```

Die Funktion *print* wird aus beiden Basisklassen vererbt. Der Aufruf von *print* ist aber nicht eindeutig, da nicht klar ist, auf welches *print* sich der Aufruf bezieht. Die Verwendung des Scope-Operators in diesem Fall hätte jedoch einen entscheidenden Nachteil:

Die Mehrdeutigkeit würde weitervererbt. Dies bedeutet, daß weitere abgeleitete Klassen Implementationskenntnisse über Klassen erhalten, die über ihrer eigenen Basisklasse angesiedelt sind. Das wiederum verstößt gegen das Designprinzip von Klassenhierarchien, bei dem jede Klasse soweit "abgeschottet" ist, daß nur Spezifika von direkten Basisklassen bekannt sind. Es ist daher eine gute Designstrategie, in der so abgeleiteten Klasse eine Member-Funktion mit demselben Namen zu definieren, die somit die anderen Namen überdeckt, aber gleichzeitig deren Funktionalität anbietet.

Beispiel:

```
void  amphibienfahrzeug :: print( )
{
    landfahrzeug    ::  print( );
    wasserfahrzeug  ::  print( );
};
```

Hinweis:
Die Überprüfung der Mehrdeutigkeit wird vom Compiler vor Überprüfung der Zugriffsberechtigung durchgeführt (s. access control). Somit kann Mehrdeutigkeit vorliegen, obwohl anhand der Zugriffsregelungen für die bezeichneten Objekte eindeutig festliegt, welches Objekt gemeint ist.

Beispiel:

```
class landfahrzeug
{
    ...
    private:
        int anz_insassen;
};

class wasserfahrzeug
{
    public:
        int anz_insassen;
    ...
};

class amphibienfahrzeug : public landfahrzeug, public wasserfahrzeug
{
    ...
    void print()
    {
        cout << anz_insassen;
                      /*
                          Fehler. Mehrdeutigkeit, obwohl nur
                          anz_insassen der Klasse wasserfahrzeug
                          zugreifbar.
                      */
};
```

9.6 Konstruktoren und Destruktoren für abgeleitete Klassen

Ähnlich wie bei Konstruktoren/Destruktoren für Klassen als Member von Klassen (vgl. Kapitel 8) gibt es auch bei Konstruktoren und Destruktoren für abgeleitete Klassen bzw. Basisklassen Probleme.

Dazu folgendes Beispiel:

```
class fundament
{
    public :

        fundament (int j)
        {
            i = j;
        }

        ~fundament( )
        { };

    private:

        int i;
};


class basis : public fundament
{
    public :

        basis (char* ch, short sh)

        ~basis( )
        { };

    private:

        char    *v;

        short   y;
};
```

Wird ein Objekt der abgeleiteten Klasse *basis* erzeugt, wird auch implizit ein entsprechendes Objekt der Basisklasse *fundament* kreiert. Der Konstruktor für die Basisklasse benötigt jedoch (in diesem Fall) einen Parameter. Wie kann dieser Parameter beim Aufruf des Konstruktors für die abgeleitete Klasse angegeben werden?

Die Lösung für dieses Problem entspricht der Lösung für Konstruktoren für Klassen als Member von Klassen (vgl. Kapitel 8). Der Name der Basisklasse wird spezifiziert, gefolgt von einer Argumentenliste in Klammern. Die Initialisierungsliste darf dabei ausschließlich in der Definition und niemals in der Deklaration des Konstruktors auftauchen.

Beispiel:

```
basis :: basis(char *ch, short sh) : fundament(10)
{
    v   =   ch;
    y   =   sh;
}
```

Hinweis:
In C++ Version 1.2 gab es noch den Unterschied, daß Basisklassen wie Member-Klassen ohne Namen behandelt werden. In diesem Fall erfolgte also die Angabe der Parameter für die Basisklasse ebenfalls im Kopf der Definition (nicht der Deklaration) des Konstruktors der abgeleiteten Klasse. Nach dem Doppelpunkt genügte hier aber die Angabe der Parameter in Klammern ohne Angabe eines Namens vor dieser Parameterliste (sogenannte namenlose Member). Die Angabe eines Namens bzw. keines Namens vor der Parameterliste unterschied hier die Konstruktoren für Member-Klassen bzw. Basisklassen.

Als Beispiel folgt die Definition des Konstruktors für *basis* im Falle von C++ Version 1.2:

```
basis ::    basis(char *ch, short sh)
      :     (10)
{
      v   =   ch;
      y   =   sh;
}
```

Wie bei "normalen" Klassen (vgl. Kapitel 8) gibt es auch die Möglichkeit, bereits im Konstruktorkopf "normale" Member direkt zu initialisieren:

```
basis   ::  basis(char *ch, short sh)
        :   fundament(10), v(ch), y(sh)
{ }
```

Zu beachten ist allerdings, daß letztere Konstruktordefinition im allgemeinen nicht äquivalent zur obigen ist (Unterschied: Initialisierung - Zuweisung, vgl. ebenfalls Kapitel 8).

Liegt eine mehr als zweistufige Klassenhierarchie vor, so muß man darauf achten, daß die Parameter für den Konstruktor einer Basisklasse immer bei der Definition des Konstruktors der "direkt darüberliegenden" abgeleiteten Klasse angegeben werden müssen.

So könnte man obiges Beispiel noch um eine weitere, von *basis* abgeleitete Klasse *abgeleitet* erweitern, die zusätzlich auch noch als Member-Klasse ein Objekt der Klasse *basis* besitzt (Man beachte: *basis* ist somit sowohl Member-Klasse von *abgeleitet* als auch Basisklasse zu *abgeleitet*).

Beispiel:

```
class abgeleitet : public basis
{
    public :

        basis mem;

        abgeleitet(char *n);

        ~abgeleitet( )
        { }

    private:

        char *x;
};
```

Der Konstruktor für *abgeleitet* muß nun Informationen für den Konstruktor der Basisklasse *basis* und den Klassen-Member *mem* (vom Typ *basis*) enthalten.

Beispiel:

```
abgeleitet  ::  abgeleitet(char *cha)
            :   basis("Basisklasse", 2), mem("Member", 1)
{
    x = cha;
}
```

mem(...) bewirkt hier den Aufruf des Konstruktors für die Member-Klasse und *basis(...)* bewirkt den Aufruf des Konstruktors für die Basisklasse.

Wird nun ein Objekt der Klasse *abgeleitet* erzeugt, etwa durch

```
abgeleitet d = abgeleitet("Abgeleitet");
```

so wird zunächst der Konstruktor für die Klasse *basis* mit den entsprechenden Parametern aufgerufen, welcher wiederum den Konstruktor für *fundament* mit den entsprechenden Parametern (welche im Konstruktor für *basis* angegeben sind) aufruft.

Genau wie bei Konstruktoren für Member-Klassen werden hier also Klassenobjekte "bottom-up" erzeugt (bei Destruktoren verhält sich dies in entsprechender Weise umgekehrt). Deshalb darf in der Initialisierungsliste von Konstruktoren abgeleiteter Klassen kein Member der Basisklasse initialisiert werden; zum Zeitpunkt des Aufrufs ist das Member bereits initialisiert.

Bei mehrfacher Vererbung ist eine komma-separierte Liste aller Basisklassen notwendig. Jedoch braucht eine Basisklasse in der Initialisierungsliste nicht angegeben werden, falls sie entweder keinen Konstruktor definiert oder aber einen Konstruktor definiert, welcher keinen Parameter verlangt.

Alternativ kann der Basisklassenanteil einer abgeleiteten Klasse mit einem anderen Klassenobjekt initialisiert werden. Dieses Klassenobjekt kann einerseits vom gleichen Basisklassentyp, andererseits aber auch vom Typ einer öffentlich abgeleiteten Klasse sein.

Beispiel:

```
basis    ::  basis(fundament &f)
          :  fundament(f)
{
    ...
};           /*
                 Initialisierung von fundament mit einem
                 Objekt gleichen Basisklassentyps
             */

basis    :: basis(const basis &b)  : fundament(b)
{
    ...
};           /*
                 Initialisierung von fundament mit einem
                 Objekt einer öffentlich abgeleiteten Klasse
                 (hier basis b)
             */
```

Die Reihenfolge der Konstruktoraufrufe ist bei Definition eines Objektes einer abgeleiteten Klasse genau festgelegt. Zuerst werden die Konstruktoren der Basisklassen aufgerufen und zwar in der Reihenfolge, in der die Basisklassen im Klassenkopf der abgeleiteten Klasse angegeben sind. Nachfolgend werden die Konstruktoren für die Memberklassen aufgerufen. Die Reihenfolge dieser Aufrufe ist durch ihre Reihenfolge in der Klassen-Definition der abgeleiteten Klasse gegeben. Abschließend wird der Konstruktor der abgeleiteten Klasse ausgeführt.

9.6.1 X(const X&) bei abgeleiteten Klassen

Wie bereits in Kapitel 8 behandelt, wird ein Klassenobjekt, welches mit einem anderen Klassenobjekt der gleichen Klasse initialisiert wird, standardmäßig memberweise initialisiert; dies gilt auch für abgeleitete Klassen.

In der gleichen Reihenfolge, wie sie deklariert werden, wird die memberweise Initialisierung zuerst auf jede Basisklasse und dann auf jedes Member der abgeleiteten Klasse angewendet. Wie ebenfalls bereits in Kapitel 8 beschrieben, ist eine solche memberweise Initialisierung aber nicht immer wünschenswert, insbesondere dann, wenn die Klassenobjekte Zeiger als Member enthalten, die dann auf den gleichen physikalischen Speicherbereich für mehrere Klassenobjekte verweisen. Dies kann beispielsweise dazu führen, daß bei Anwendung von Destruktoren dieser eine physikalische Speicherbereich mehrfach gelöscht wird. Zur Lösung dieses Problems wurde der explizit definierte Konstruktor *X(const X&)* eingeführt, der die standardmäßig vorhandene memberweise Initialisierung außer Kraft setzt und eine eigene Art der Initialisierung beschreibt, falls ein Klassenobjekt mit einem anderen initialisiert wird.

Bei abgeleiteten Klassen lassen sich drei Fälle unterscheiden:

1) Die abgeleitete Klasse definiert keinen Konstruktor der Form *X(const X&)*, aber eine oder mehrere Basisklassen definieren einen solchen.

2) Die abgeleitete Klasse definiert einen solchen Konstruktor, aber die Basisklasse(n) nicht.

3) Sowohl die abgeleitete Klasse als auch die Basisklasse(n) definiert(en) einen solchen Konstruktor.

Im ersten Fall werden zuerst die Basisklassen in der Reihenfolge ihrer Deklarationen initialisiert. Definiert eine Basisklasse keinen Konstruktor der Art *X(const X&)* wird memberweise Initialisierung angewendet, ansonsten der Vorschrift des speziellen Konstruktors gefolgt.

Beispiel:

```
class landfahrzeug
{
    public:

        landfahrzeug ( );

        landfahrzeug (const landfahrzeug&);
};

class wasserfahrzeug
{
    public:

        wasserfahrzeug ( );
};

class amphibienfahrzeug :   public  landfahrzeug,
                            public  wasserfahrzeug
{
    public:
        amphibienfahrzeug ( );
};
```

```
amphibienfahrzeug Z;
amphibienfahrzeug A = Z;
```

Bei der Initialisierung des *amphibienfahrzeug*-Objekts *A* mit dem von *Z* wird zuerst der spezielle Initialisierungs-Konstruktor von *landfahrzeug* angewendet, danach werden die Member von *wasserfahrzeug* und *amphibienfahrzeug* memberweise initialisiert.

Falls die abgeleitete Klasse einen speziellen Initialisierungskonstruktor anbietet (Fall 2 und 3), wird dieser Konstruktor bei jeder Initialisierung durch Zuweisung ausgeführt. Die Basisklassenteile werden dabei nicht memberweise initialisiert, denn es ist die Aufgabe des speziellen Konstruktors *X(const X&)* der abgeleiteten Klasse, für die korrekte Initialisierung der Basisklassenteile zu sorgen.

Beispiel:

```
class pkw : public landfahrzeug
{
    public:

        pkw ( );

        pkw (const pkw&);
};

pkw mein_auto;
pkw dein_auto = mein_auto;
```

Bei der Initialisierung von *dein_auto* mit *mein_auto* erfolgt folgende Konstruktor-Aufruffolge:

```
1)  landfahrzeug ( );

2)  pkw (const pkw&);
```

Dies liegt daran, daß der Basisklassen-Konstruktor immer vor dem der abgeleiteten Klasse aufgerufen wird; ein Konstruktor der Form *X(const X&)* bildet hiervon keine Ausnahme. Falls der Basisklassen-Konstruktor Argumente verlangt, müssen sie in der Initialisierungsliste angegeben werden.

Da aber auch *landfahrzeug* seinen eigenen Konstruktor *X(const X&)* definiert, ist es wünschenswert, daß dieser aufgerufen wird. Dies kann in der folgenden Weise geschehen.

Beispiel:

```
pkw :: pkw (const pkw& p) : landfahrzeug (p)
{
    ...
};
```

Man erhält folgende Konstruktor-Aufruffolge:

```
1)  landfahrzeug (const landfahrzeug&);

2)  pkw (const pkw&);
```

9.7 Virtuelle Funktionen

Will man mit abgeleiteten Klassen mehr anfangen, als sie nur als bequeme Kurzform bei der Deklaration zu nutzen, muß folgendes geklärt werden:

Angenommen, es existiert eine Liste von Klassenobjekten, von denen einige auch abgeleitete Klassen sein können, und weiterhin ein Zeiger *basis** auf eine Basisklasse *basis*.

Zu welcher abgeleiteten Klasse gehört das Objekt, auf welches dieser Zeiger verweist, wirklich?

Folgende Abbildung soll das Problem veranschaulichen:

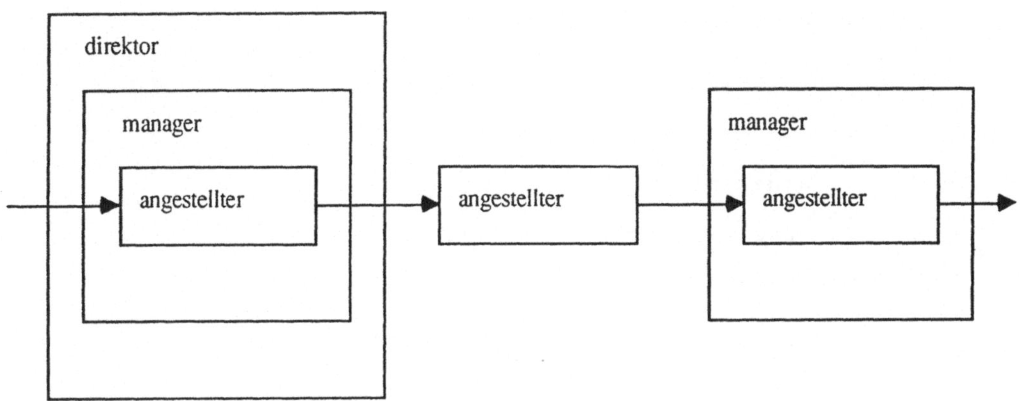

Angenommen es liegt eine Liste von Klassenobjekten der obigen Art vor, d.h. eine Basisklasse *angestellter*, eine Klasse *manager* abgeleitet von *angestellter* und eine Klasse *direktor* wiederum abgeleitet von *manager*.

Alle Objekte sind in einer Liste zusammengebunden. Falls wir einen Zeiger vom Typ *angestellter** definieren und mit diesem durch die Liste laufen, stellt sich nun die Frage, zu welcher Klasse dann das Objekt gehört, auf das *angestellter** zu einem bestimmten Zeitpunkt verweist.

Anders ausgedrückt: Wie soll man erkennen, ob es sich bei dem Objekt um *angestellter*, *manager* oder *direktor* handelt?

Es gibt drei verschiedenartige Lösungswege:

1) Sicherstellen, daß nur auf Objekte eines einzigen Typs verwiesen wird.

2) Plazieren eines Typfelds in der Basisklasse, auf welches Funktionen, die Klassenobjekte verwenden, zugreifen.

3) Verwendung virtueller Funktionen.

Lösung 1 wird üblicherweise bei Mengen, Vektoren und Listen verwendet. In diesem Fall werden nur **homogene Listen** benutzt, also Listen von (Zeigern auf) Objekte(n) desselben Typs. Die Lösungen 2 und 3 können verwendet werden, um **heterogene Listen** zu erzeugen, also Listen von (Zeigern auf) Objekte(n) unterschiedlicher Typen.

Um Lösungsweg 2 zu untersuchen, können wir zunächst das *manager-angestellter*-Beispiel umdefinieren zu:

```
enum angestellter_typ {M, A};

class angestellter
{
    public:

        angestellter_typ    ang_typ;

        angestellter        *nachfolger;

        char*               name;

        short               abteilung;

        short               gehalt;
};
```

```
class manager : public angestellter
{
    public:

        angestellter        *gruppe;

        int                 ebene;

        ...
};
```

Mit Hilfe dieser Definition läßt sich nun eine Funktion schreiben, die Informationen über einen Angestellten ausdruckt.

Beispiel:

```
void drucke_daten (angestellter *ang);
{
    switch (ang->ang_typ)
    {
        case A :

            cout    << ang->name        <<  "\t"
                    << ang->abteilung   <<  "\t"
                    << ang->gehalt      <<  "\n";

            break;

        case M :

            cout    << ang->name        << "\t"
                    << ang->abteilung   << "\t"
                    << ang->gehalt      << "\n";

            manager *man = (manager*) ang;
                // Explizite Typkonvertierung

            cout    << "ebene: " << man->ebene  << "\n";

            break;
    }
}
```

Diese Funktion können wir benutzen, um eine Liste von Angestellten auszudrucken.

Beispiel:

```
void drucke (angestellter* hilfe)
{
    for (; hilfe; hilfe = hilfe->nachfolger)
        drucke_daten (hilfe);
}
```

Dies funktioniert zwar gut, besonders in kleinen Programmen, die von einer einzigen Person geschrieben werden. Der Compiler kann eine Typüberprüfung im voraus allerdings nicht durchführen, so daß diese Methode leicht zu Fehlern führen kann. Deshalb gibt es als dritten Lösungsweg die virtuellen Funktionen, auf die wir im folgenden eingehen werden.

Virtuelle Funktionen gestatten es, Funktionen in einer Basisklasse zu definieren, die aber in jeder abgeleiteten Klasse umdefiniert werden dürfen. Der Compiler und der Lader garantieren den korrekten Zusammenhang zwischen Objekten und auf diesen angewandte Funktionen.

Beispiel:

```
class angestellter
{
    public:
        angestellter      *nachfolger;

        char*             name;

        short             abteilung;

        ...

        virtual void      ausgabe( );
};

void angestellter :: ausgabe( )
{
    cout << name << "\t" << abteilung << "\n";
}
```

Das Schlüsselwort **virtual** zeigt an, daß die Funktion *ausgabe* verschiedene Versionen in verschiedenen abgeleiteten Klassen haben **kann** und daß es die Aufgabe des Compilers ist, nun die richtige Funktion für jeden Aufruf von *ausgabe* zu finden. Eine virtuelle Funktion ist also eine spezielle Member-Funktion, die mittels eines Zeigers/einer Referenz auf eine Basisklasse aufgerufen wird; die richtige Funktion wird dann dynamisch zur Laufzeit ausgewählt. Diese Funktion wird dabei bestimmt durch den Typ der Klasse, auf den der Zeiger/die Referenz verweist.

Komplizierte *switch-* oder *if-else-*Anweisungen zur Bestimmung des Typs der Klasse durch den Programmierer werden durch die Verwendung von virtuellen Funktionen unnötig und verbessern somit insbesondere die Wartbarkeit von Programmen.

Diese Vorgehensweise bewirkt, daß die virtuelle Funktion auch dann verwendet werden kann, wenn keine abgeleiteten Klassen existieren.

Abgeleitete Klassen, die keine spezielle Version der virtuellen Funktion benötigen, brauchen keine Definition der Funktion anzubieten.

Beispiel:

```
class manager : public angestellter
{
    public:

        angestellter     *gruppe;

        short            ebene;

        ...

        void             ausgabe( );
};

void manager :: ausgabe( )
{
    angestellter :: ausgabe( );

    cout << "\t ebene: " << ebene << "\n";
}
```

Man beachte, daß die explizite Anwendung des Scope-Operators auf virtuelle Funktionen den Mechanismus für virtuelle Funktionsaufrufe unterdrückt. Im obigen Beispiel bedeutet dies, daß der explizite Aufruf von *ausgabe( )* (mit Scope-Operator) in *manager :: ausgabe( )* wirklich die Funktion *ausgabe( )* in *angestellter* aufruft und nicht (noch einmal) die Funktion *ausgabe( )* in *manager*.

Die Funktion *drucke_daten* (weiter oben) ist nun unnötig; das Ausdrucken einer Liste von Angestellten kann so erfolgen.

Beispiel:

```
void drucke_alles (angestellter *hilfe)
{
    for (; hilfe; hilfe = hilfe->nachfolger)
        hilfe->ausgabe( );
}
```

Jeder Angestellte wird nun entsprechend seines Typs ausgedruckt. Zum Beispiel würde folgende Anweisungsfolge

```
main( )
{
    angestellter ang1;

    ang1.name           =    "W. Schulz";
    ang1.abteilung      =    51;
```

```
        ang1.nachfolger     =    0;

        manager man1;

        man1.name           =    "R. Maier";
        man1.abteilung      =    5;
        man1.ebene          =    2;
        man1.nachfolger     =    &ang1;

        drucke_alles (&man1);
    }
```

folgendes produzieren :

```
    R.  Maier   5
                ebene: 2
    W. Schulz   51
```

Nur Member-Funktionen in Klassen dürfen als virtuell gekennzeichnet werden, globale Funktionen, die nicht Member einer Klasse sind dagegen nicht. Eine virtuelle Funktion kann nicht statisches Member sein, aber sie darf als Friend einer anderen Klasse deklariert werden.

Der Ergebnistyp der virtuellen Funktion muß in der Basisklasse deklariert sein (hier *void*) und darf in abgeleiteten Klassen nicht anders deklariert werden. Eine virtuelle Funktion muß für die Klasse als virtuell gekennzeichnet werden, in der sie zuerst deklariert wird, wobei das Schlüsselwort *virtual* in den abgeleiteten Klassen nicht noch einmal verwendet werden muß; wird es dennoch verwendet, so ist dies zwar redundant, kann aus Übersichtlichkeitsgründen aber vorteilhaft sein. Eine virtuelle Funktion, die in der Baisklasse definiert worden ist, muß nicht in der abgeleiteten Klasse definiert werden; wird sie es nicht, so wird die in der Basisklasse definierte Funktion für alle Aufrufe verwendet.

Hinweis:
In C++ Version 1.2 durfte das Schlüsselwort *virtual* nur genau einmal vorkommen. An anderer Stelle durfte es für die deklarierte/definierte Funktion nicht noch einmal verwendet werden.

Der Name, der Ergebnistyp und die Signatur müssen bei virtuellen Funktionen exakt übereinstimmen, da die Funktionen sonst als unterschiedlich angesehen werden.

In der obersten Basisklasse definierte virtuelle Funktionen werden häufig nie benutzt, weil sie dort keinen Sinn machen. Der Designer kann dies kenntlich machen, indem er hier die Funktion explizit auf den Wert 0 setzt:

```
    virtual void ausgabe ( ) = 0;
```

Eine solche Funktion wird als **pure virtuelle Funktion** bezeichnet und hat den Wert "undefiniert". Es ist verboten, Objekte von Klassen zu definieren, die pure virtuelle Funktionen beinhalten; die Ableitung von Klassen ist jedoch erlaubt. Typisches Anwendungsbeispiel sind daher abstrakte Super- und Basisklassen.

Die Klasse, die zuerst eine Funktion als virtuell deklariert, muß sie entweder als pur kennzeichnen oder eine Definition beinhalten. Wird sie als pur deklariert, kann die abgeleitete Klasse eine eigene Instanz der virtuellen Funktion definieren oder sie auch als pur kennzeichnen. Geschieht dies nicht, so erbt die abgeleitete Klasse die pure virtuelle Funktion der Basisklasse.

Hinweis:
In Version 2 wird gefordert, daß eine pure virtuelle Funktion in der abgeleiteten Klasse definiert oder ebenfalls als pur gekennzeichnet wird. In Version 3.0 ist dies nicht mehr notwendig.

Es sei nochmals betont, daß die Redefinition einer virtuellen Funktion (mit oder ohne Schlüsselwort *virtual*) in abgeleiteten Klassen exakt in dem Namen, der Signatur und dem Ergebnistyp übereinstimmen muß. Nicht jede Klasse in der Ableitungshierarchie muß eine eigene Instanz definieren; die Kette darf auch unterbrochen sein.

Die Instanzen der virtuellen Funktion dürfen in unterschiedlichen Klassen der Hierarchie unterschiedliche Zugriffsrechte haben. Der aktuelle Zugriffsschutz wird bestimmt durch das Zugriffsrecht des Klassentyps, auf den der aktuelle Zeiger/die Referenz verweist.

Beispiel:

```
class angestellter
{
    public:
        virtual void ausgabe();
};

class manager : public angestellter
{
    private:
        void ausgabe();
};

manager          m;
angestellter*    ap   =   &m;
manager*         mp   =   &m;
ap -> ausgabe();
                 /*
                     OK, da angestellter::ausgabe public ist.
                     Da die Funktion virtuell ist, wird
                     hierdurch die Funktion manager::ausgabe
                     aufgerufen.
                 */
```

```
mp -> ausgabe();
                /*
                    Fehler, da manager::ausgabe private ist.
                */
```

9.8 Virtuelle Destruktoren

Kehren wir zurück zu unserem *manager-angestellter*-Beispiel und erinnern uns an folgende Liste von Klassenobjekten:

```
manager             man1, man2;

angestellter        ang1, ang2;

angestellter        *ang_list;

ang_list            =   &man1;

man1.nachfolger     =   &ang1;

ang1.nachfolger     =   &man2;

man2.nachfolger     =   &ang2;

ang2.nachfolger     =   0; // setze Ende der Liste auf NULL
```

Nehmen wir an, wir hätten die Objekte in den Konstruktoren mittels *new* erzeugt und wollten mittels folgender Anweisung alle Objekte wieder löschen:

```
angestellter* p = ang_list -> nachfolger;
while (ang_list)
{
    delete ang_list;
    ang_list = p;
    if (p) p = p -> nachfolger;
}
```

Leider wird diese Vorgehensweise nicht funktionieren. Das explizite Löschen von *ang_list* bewirkt, daß der Destruktor von *angestellter* auf das Objekt angewendet wird, auf das *ang_list* aktuell verweist; dies kann aber auch ein *manager*-Objekt sein, welches einen anderen Destruktor besitzt, der aber nicht aufgerufen wird.

Dies ist ein generelles Problem bei der Verwendung heterogener Listen von Klassenobjekten: der Destruktor des aktuellen Klassentyps muß irgendwie aufgerufen werden können. Der Versuch, dies explizit zu tun, führt aber wieder zu den bereits genannten Nachteilen eines nicht-objektorientierten Programmierstils (z.B. Abfrage von Typfeldern).

Den Ausweg aus dieser Situation bieten **virtuelle Destruktoren**. Obwohl Destruktoren verschiedener Klassen keinen gemeinsamen Namen haben, können sie als virtuell deklariert werden. Der Destruktor einer Klasse, welche von einer Basisklasse abgeleitet ist, die ihren Destruktor als virtuell kennzeichnet, ist ebenfalls automatisch virtuell. Wenn also *angestellter* seinen Destruktor als virtuell definiert, so ist auch automatisch der Destruktor von *manager* virtuell.

Beispiel:

```
class angestellter
{
    virtual ~angestellter( )
    {
        ...
    }
};
```

Nun ist obiges Beispiel zum Löschen aller Klassenobjekte mittels *delete* korrekt. Denn die Spezifikation eines Destruktors in einer Ableitungshierarchie als virtuell sichert, daß der richtige Destruktor zur Laufzeit aufgerufen wird, falls *delete* auf einen Basisklassenzeiger angewendet wird. Als generelle Daumenregel sollte der Destruktor einer abstrakten Basisklasse immer als virtuell spezifiziert werden.

9.9 Virtuelle Basisklassen

Auch wenn eine Basisklasse nur einmal in einer Initialisierungsliste auftauchen darf, kann sie trotzdem mehrfach in einer Ableitungshierarchie auftreten. Das Problem tritt eigentlich fast immer auf, wenn man mehrfache Vererbung betreibt.

Beispiel:

```
class fahrzeug                                             { ... };
class landfahrzeug       :  public  fahrzeug               { ... };
class wasserfahrzeug     :  public  fahrzeug               { ... };
class amphibienfahrzeug  :  public  landfahrzeug,
                            public  wasserfahrzeug         { ... };
```

amphibienfahrzeug bekommt einen Basisklassenteil (von *fahrzeug*) sowohl von *landfahrzeug* als auch von *wasserfahrzeug*. Die Deklaration eines Klassenobjekts von *amphibienfahrzeug* bewirkt daher die folgende Reihenfolge von aufgerufenen Konstruktoren:

```
1)  fahrzeug             ( );
2)  landfahrzeug         ( );
3)  fahrzeug             ( );
4)  wasserfahrzeug       ( );
5)  amphibienfahrzeug    ( );
```

Jedes Objekt vom Typ *amphibienfahrzeug* besitzt somit zwei Basisklassenteile von *fahrzeug*. Folgende Abbildung verdeutlicht diese Struktur:

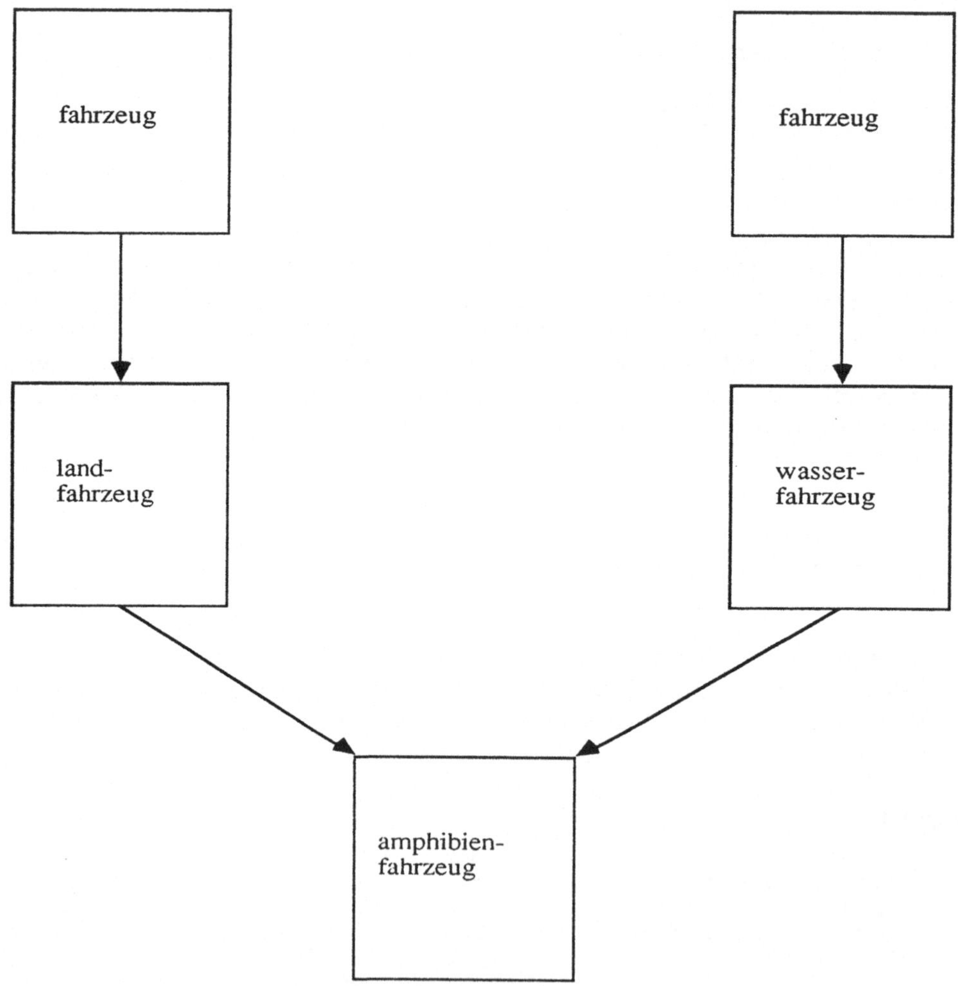

Eine solche mehrfache Vererbung mag zwar manchmal erwünscht sein, in diesem Fall führt sie aber zu einigen Problemen:

1) Es wird unerwünschte Mehrdeutigkeit kreiert: Wenn Member des Teils von *fahrzeug* referenziert werden, welcher (von zwei möglichen Teilen) ist dann gemeint ?

2) Um die Mehrdeutigkeit aufzulösen, muß dies vom Anwender geschehen. Dieser muß aber die Details der mehrfachen Ableitung genau kennen.

3) Der zusätzliche notwendige Speicherplatz ist überflüssig. Um diesen impliziten Vererbungsmechanismus zu umgehen, ist ein Konzept notwendig, welches gemeinsame Basisklassenteile in einer Ableitungshierarchie spezifizieren kann, so daß folgende Struktur erreicht wird:

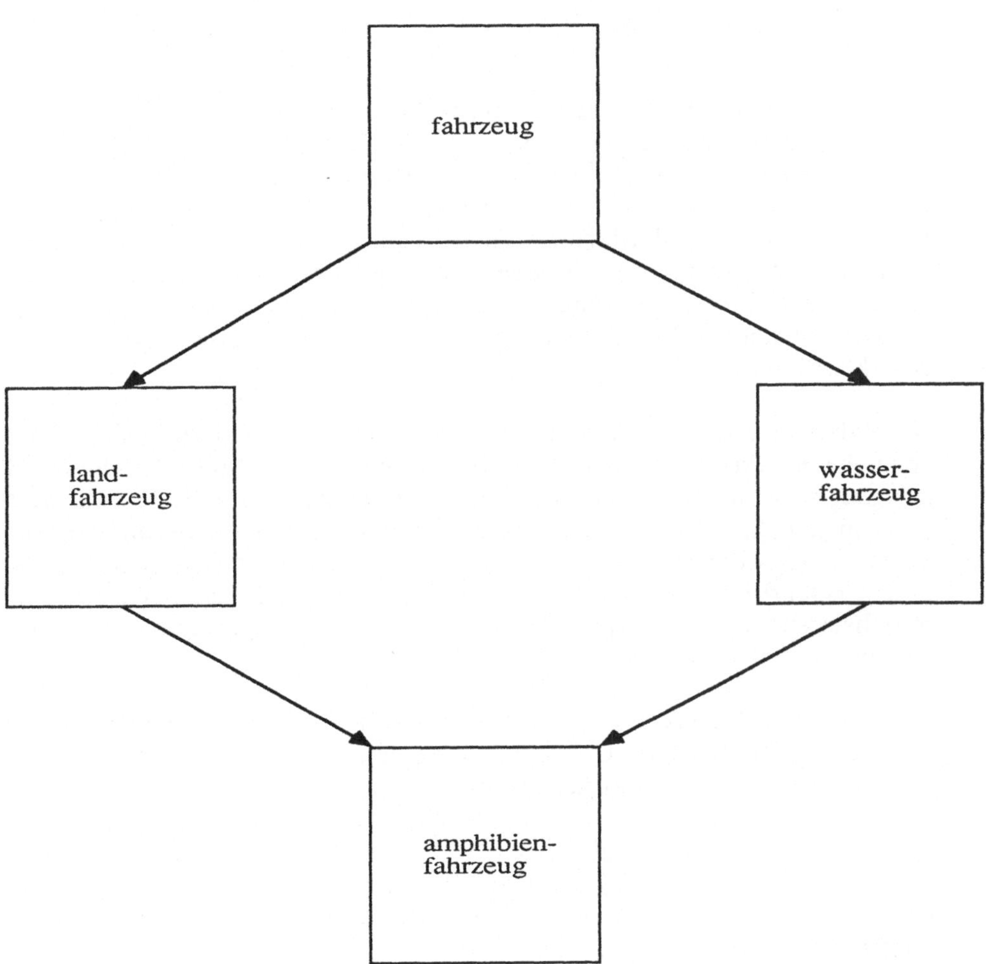

Ein solches Konzept sind die sogenannten **virtuellen Basisklassen.** Unabhängig davon, wie oft eine virtuelle Basisklasse in der gesamten Ableitungshierarchie auftaucht, wird nur eine Instanz generiert. Der Zugriff auf Member ist damit nicht mehr mehrdeutig. Eine virtuelle Basisklasse wird - wie bereits üblich - mittels des Schlüsselwortes *virtual* spezifiziert.

Beispiel:

```
class landfahrzeug : public virtual fahrzeug
{
    ...
};

class wasserfahrzeug : virtual private fahrzeug
{
    ...
};
```

fahrzeug wird durch diese Definitionen zur virtuellen Basisklasse von *landfahrzeug* und *wasserfahrzeug*. Die Stellung der Schlüsselwörter *public/private* und *virtual* ist dabei untereinander beliebig.

Eine als virtuell deklarierte Basisklasse **muß** (falls sie überhaupt Konstruktoren definiert) entweder einen Konstruktor ohne Parameter oder einen Konstruktor mit voreingestellten Werten spezifizieren. Dies ist jedoch die einzige notwendige Änderung, will man eine Klasse zu einer virtuellen Basisklasse machen.

Normalerweise können Basisklassen nur in der Initialisierungsliste der direkt abgeleiteten Klasse initialisiert werden. So kann *amphibienfahrzeug* die Klasse *fahrzeug* in seiner Initialisierungsliste nicht nennen. Virtuelle Basisklassen sind hiervon jedoch ausgenommen. Der Grund ist der, daß *amphibienfahrzeug* einen einzigen Basisklassenteil von *fahrzeug* besitzt, der zwischen *landfahrzeug* und *wasserfahrzeug* geteilt wird. Sowohl *land-* als auch *wasserfahrzeug* initialisieren aber *fahrzeug*; die Instanz von *amphibienfahrzeug* kann aber nicht zweimal initialisiert werden.

Eine virtuelle Basisklasse wird daher durch die "am weitesten abgeleitete" Basisklasse initialisiert. Dazwischenliegende Initialisierungen werden nicht angewendet. *amphibienfahrzeug* ist "weiter abgeleitet" als *land-* und *wasserfahrzeug* und kann somit *fahrzeug* explizit in der Initialisierungsliste seines Konstruktors initialisieren. Sollte dieser Konstruktor *fahrzeug* nicht explizit initialisieren, wird der Default-Konstruktor von *fahrzeug* ausgewählt (deshalb muß mindestens ein Konstruktor ohne Parameter existieren). Die Konstruktoraufrufe von *fahrzeug* in *landfahrzeug* und *wasserfahrzeug* werden nicht ausgeführt, wenn ein Klassenobjekt vom Typ *amphibienfahrzeug* kreiert wird.

Der eigentliche Unterschied zwischen einer nicht-virtuellen und einer virtuellen Basisklassenableitung kann beim Lesen eines Programms nicht festgestellt werden. Der Unterschied liegt in der Art und Weise des Anlegens von Speicherplatz. In einer nicht-virtuellen Ableitung besitzt jedes abgeleitete Klassenobjekt einen kontinuierlichen Speicherbereich des Basisklassenteils und des Teils der abgeleiteten Klasse. Bei einer virtuellen Ableitung besitzt jedes abgeleitete Klassenobjekt einen Teil der abgeleiteten Klasse und einen **Zeiger** auf den virtuellen Basisklassenteil.

Die Zugriffsrechte bzgl. öffentlicher und privater Ableitungen sind die gleichen wie bei nicht-virtuellen Implementationen. Für den Fall (siehe oben), daß z.B. *amphibienfahrzeug* sowohl eine öffentliche als auch eine private Instanz der virtuellen Basisklasse beeinhaltet, bekommt der öffentliche Teil per Definition den Vorrang.

Virtuelle Basisklassen werden vor nicht-virtuellen konstruiert, unabhängig davon, wo sie in der Ableitungsliste auftauchen. Bei mehreren virtuellen Basisklassen orientiert sich die Reihenfolge der Konstruktoren an der Reihenfolge der Deklaration (sogenannte "Links-nach-Rechts"-Regel).

Beispiel:

```
class V
{
    V() {}
};

class W
{
    W() {}
};

class X : public virtual V, virtual public W
{
    X() {}
};

class Y : public virtual W, virtual public V
{
    Y() {}
};

class Z : public X, public Y
{
    Z() {}
};

Z z;
```

Bei Definition von *z* werden folgende Konstruktoren aufgerufen:

V() (*V* ist Basisklasse von *X*)
W() (*W* ist Basisklasse von *X*)
X()
(W() Basisklassenkonstruktor von *Y* bereits ausgeführt, da gleicher Basisklassenanteil; Konstruktoraufruf erfolgt also nicht.
V() Basisklassenkonstruktor von *Y* bereits ausgeführt, da gleicher Basisklassenanteil; Konstruktoraufruf erfolgt also nicht.)
Z()

Anmerkungen:
Analog der Schlüsselwörter *public* und *private* bezieht sich das Schlüsselwort *virtual* nur auf die direkt nachfolgend genannte Klasse. Wird das Schlüsselwort *virtual* nicht angegeben, so ist die Basisklasse nicht virtuell.

Beispiel:

```
class C : public virtual A, B
{
    ...
};
```

A ist eine öffentliche, virtuelle Basisklasse und B eine private nicht-virtuelle Basisklasse von C.

Treten virtuelle Basisklassen auf, so können Mehrdeutigkeiten, die bei nicht-virtueller Ableitung vorliegen, verschwinden. Besitzt z.B. die Klasse *fahrzeug* ein Member *hersteller*, so kann (bei Vorliegen entsprechender Zugriffsrechte) für ein *amphibienfahrzeug* direkt auf dieses Member zugegriffen werden, da nur ein Basisklassenanteil von *fahrzeug* existiert. Wäre *fahrzeug* eine nicht-virtuelle Basisklasse, so müßte man zusätzlich qualifizieren, welche Basisklasse *fahrzeug* gemeint ist, die von *landfahrzeug* oder die von *wasserfahrzeug*.

10 Überladen von Operatoren

10.1 Motivation für das Konzept

Programme manipulieren häufig Objekte, die eine konkrete Repräsentation abstrakter Objekte darstellen. So stellt etwa der Datentyp *int* mit den Operatoren +, -, *, /, etc. eine Implementation des mathematischen Konzepts der ganzen Zahlen dar. Gleiches kennen wir für andere Typen. Solche Konzepte beinhalten also typischerweise eine Menge von Operatoren, die grundlegende Operationen auf Objekten spezifizieren.

Klassen sind nun selbstdefinierte, nicht-primitive Objekte und repräsentieren ebenso ein bestimmtes Konzept, für das die standardmäßig angebotenen Operatoren allerdings nicht angewendet werden können.

So hatten wir bereits gesehen, daß der Test auf Gleichheit zweier Klassen mit Hilfe der Operatorsymbole == und != nicht funktioniert. Dies ist verständlich, da dem Compiler die gewünschte Auswirkung solcher Operatoren - angewandt auf selbstdefinierte Typen wie Klassen - nicht bekannt sein kann.

C++ aber bietet die Möglichkeit des Spezifizierens von Objekten samt einer Menge von auf diesen Objekten zulässigen Operationen mit Hilfe des **Überladens von Operatoren (Operator Overloading)**.

Das Prinzip dabei ist, daß vordefinierte Operatoren, angewandt auf Klassen, per Definition eine neue Bedeutung erlangen, d.h. die gewohnten Operator-Zeichen, wie etwa +, ==, !=, etc. können mit einer spezifischen Bedeutung im Kontext von Klassen wiederverwendet werden. Einem Programmierer wird damit die Möglichkeit gegeben, eine konventionelle, gewohnte und bequeme Notation zur Manipulation von Klassenobjekten anzubieten.

Das Überladen der Operatoren geschieht dabei über die Definition

```
Ergebnistyp operator@ ( ... , ... );
```

wobei *operator* ein vordefiniertes Schlüsselwort und @ ein Operator-Zeichen darstellt; in Klammern werden die notwendigen Parameter angegeben, die insbesondere durch ihre Anzahl spezifizieren, ob es sich um eine binäre oder unäre Operation handelt.

Zum Beispiel definiert

```
class komplexe_zahl
{
    friend  komplexe_zahl
            operator+ (komplexe_zahl, komplexe_zahl);

    friend  komplexe_zahl
            operator* (komplexe_zahl, komplexe_zahl);

    public :

        komplexe_zahl (double r, double i)
        {
            re  = r;

            im  = i;
        }

        ...

    private:

        double re;

        double im;
};
```

eine einfache Repräsentation der komplexen Zahlen, bei der jede Zahl repräsentiert wird durch ein Paar von reellen Zahlen, die bei obiger Definition nur durch die Operationen + und * manipuliert werden können.

Durch geeignete Definitionen der Funktionen *operator+* und *operator** bekommen die Operatoren + und * in diesem Kontext neue Bedeutungen, können aber in gewohnter Weise verwendet werden.

Beispiel:

```
komplexe_zahl
    operator+(komplexe_zahl a1,komplexe_zahl a2)
{
    return komplexe_zahl(a1.re + a2.re,  a1.im + a2.im);
}

komplexe_zahl
    operator*(komplexe_zahl a1, komplexe_zahl a2)
{
    return
        komplexe_zahl
            (   (a1.re * a2.re) - (a1.im * a2.im),
                (a1.re * a2.im) + (a1.im * a2.re)
            );
                /*
                    Wegen der Multiplikation
                    (a + ib) * (c + id) !
                */
}
```

```
void berechne( )
{
    komplexe_zahl    a = komplexe_zahl(1, 3.1);

    komplexe_zahl    b = komplexe_zahl(1.2, 2);

    komplexe_zahl    c = b;

                     a = b + c;

                     b = b + c * a;

                     c = a * b + komplexe_zahl(1, 2);
}
```

Nach diesem einleitenden Beispiel, das uns einen ersten Eindruck über die Möglichkeiten des Überladens von Operatoren vermittelte, wollen wir uns mit weiteren Möglichkeiten und deren syntaktischer Definition in C++ beschäftigen. Ferner werden wir auch einige Einschränkungen kennenlernen.

10.2 Möglichkeiten und Einschränkungen

Eine Operator-Funktion, wie beispielsweise die Funktion *operator** aus obigem Beispiel, kann sowohl als Friend-Funktion als auch als Member-Funktion deklariert werden. Wird sie als Friend-Funktion deklariert, so muß sie mindestens einen Parameter vom Typ der Klasse besitzen.

Eine äquivalente Möglichkeit der Deklaration der operator*-Funktion wäre also als Member-Funktion der Klasse *komplexe_zahl.*

Beispiel:

```
komplexe_zahl operator*(komplexe_zahl);
```

Da *operator** jetzt als Member-Funktion deklariert worden ist, muß bei der Definition dieser Funktion natürlich der Gültigkeitsbereich mittels des Scope-Operators angegeben werden.

Beispiel:

```
komplexe_zahl komplexe_zahl :: operator*(komplexe_zahl a)
{
    return komplexe_zahl(   (re * a.re) - (im * a.im),
                            (re * a.im) + (im * a.re)
                        );
}
```

Diese Form der Definition ist äquivalent zur Definition der Operator-Funktion als Friend-Funktion, da bei Aufruf das Klassenobjekt als implizites Argument verwendet wird. So bewirkt der Ausdruck

```
a + b
```

den Aufruf der Funktion

```
operator+(a, b)
```

falls *operator+* als Friend-Funktion deklariert ist, und den Aufruf der Funktion

```
a.operator+(b)
```

falls *operator+* eine Member-Funktion ist.

Ein Überladen von Operator-Funktionen ist möglich. Hierbei müssen sich die einzelnen Funktionen in ihren Signaturen (Parameterlisten) unterscheiden. Ferner gehorchen auch die Operator-Funktionen, wenn sie als Member-Funktionen deklariert sind, den angegebenen Zugriffsregelungen (*private/protected/public*).

Anmerkung:
In C++ Version 1.2 sind Operator-Funktionen nicht der angegebenen Zugriffsregelung unterworfen, sondern immer public.

Die Forderung, daß wenigstens ein Parameter der Operator-Funktion (sofern diese als Friend-Funktion deklariert ist) eine Klasse sein muß, verhindert das Umdefinieren der Operatoren vordefinierter Typen, wie z.B. die Addition durch + für Objekte vom Typ *double*.

Auch das Kreieren neuer Operatoren, z.B. ** für die Exponentiation, ist unzulässig.

Wie die Bezeichnung des Konzepts bereits andeutet, dürfen nur vorhandene Operatoren der Sprache C++ im Kontext einer Klasse, also eines vom Programmierer neu definierten Typs, (um)definiert werden.

Im einzelnen sind dies folgende Operatoren:

+	-	*	/	%	^	&	|
~	!	,	=	<	>	<=	>=
++	--	<<	>>	==	!=	&&	||
+=	-=	*=	/=	%=	^=	&=	|=
<<=	>>=	[ ]	( )	->	->*	new	delete

Hinweis:
Das Überladen der Operatoren *new, delete,* -> und des Kommaoperators (,) wird in C++ Version 1.2 nicht unterstützt.

Weitere Einschränkungen sind:

1) Die Prioritätsregelung für Operatoren (vgl. Anhang) kann nicht geändert werden. So hat beispielsweise der Operator * immer Vorrang vor dem Operator +.

2) Die Stelligkeit der Operatoren kann nicht geändert werden. So kann z.B. der binäre Operator / nicht als ternärer Operator neu definiert werden.

   Anmerkungen:
   a) Die 4 Operatoren +, -, *, & können sowohl als 1-stellige als auch als 2-stellige Operatoren überladen werden.

   b) Wird eine Operator-Funktion als Member-Funktion deklariert, so zählt das Klassenobjekt, für welches die Operator-Funktion aufgerufen wird, bereits als ein Parameter. Daher gibt die obige Deklaration

```
komplexe_zahl komplexe_zahl :: operator*(komplexe_zahl a);
```

   einen binären Operator an.

3) Überladene Operatoren dürfen keine voreingestellten Werte (Defaults) angeben (vgl. Kap. 6.4.1).

4) Folgende Operatoren müssen immer als Member-Funktionen der entsprechenden Klasse deklariert werden:

```
=       Zuweisungsoperator

[ ]     Indexoperator

( )     Funktionsaufrufoperator

->      Zeigerzugriffsoperator
```

```
->*      Zeigerzugriffsoperator
```

Mit dem Überladen einiger dieser Operatoren werden wir uns später noch eingehender beschäftigen.

5) Ein Operator, der als linken Operanden einen anderen Klassentypen angibt, darf nicht als Member-Funktion deklariert werden, sondern muß als Friend-Funktion angegeben werden. Dies ist z.B. beim Überladen des <<-Operators der Klasse *ostream* notwendig (vgl. Kap. 12).

Beispiel:

```
class komplexe_zahl
{
    friend ostream&
        operator<<(ostream& os, komplexe_zahl a);

    ...
};
```

Im folgenden werden wir das Überladen spezieller Operatoren betrachten.

10.3 Besondere Operatoren

10.3.1 Der Operator [ ]

In Kapitel 8.6 wurde eine Klasse *vektor* definiert und der Zugriff auf die einzelnen Komponenten durch eine Funktion *pruefe* realisiert.

Um auf Elemente der Klasse *vektor* in gewohnter Vektorschreibweise zugreifen zu können, soll nun der Indexoperator [ ] überladen werden.

Beispiel:

```
class vektor
{
    public:

        float& operator[ ] (int i);

    private:

        float vek[4];
};
```

```
inline float& vektor :: operator[ ] (int i)
                        // Rumpf wie in  der Funktion pruefe
{
    if ((0 <= i) && (i <= 3)) return (float&) vek[i];
    else
    {
        cerr    << "Index ist nicht im vorgesehenen "
                << "Bereich\n";

        exit(1);
    }
}
```

Beim Überladen des Indexoperators bzw. genauer der Indexoperatoren für die Klasse *matrix* stoßen wir allerdings auf Probleme, da ein Überladen der "Operatorkombination" [ ][ ], z.B. bei m[i][j], nicht direkt möglich ist. Um auch den Zugriff auf Objekte der Matrix-Klasse wie gewohnt angeben zu können, müssen wir die Klassendefinition anders gestalten.

Beispiel:

```
class matrix
{
    public:

        vektor& operator[ ] (int erster_index);
            /*
                Arbeitet analog zur Funktion pruefe, vgl.
                Kap. 8.6
            */

    private:

        vektor mat[4];
            /*
                Vektor bestehend aus 4 Elementen der Klasse
                vektor
            */
};
```

Damit ist nun folgendes erlaubt.

Beispiel:

```
matrix m;

m[1][3] = 5;
```

Die Angabe von *m[1][3]* bewirkt jetzt den Aufruf der Operator-Funktion der Klasse *matrix* durch *m.operator[ ](1)*. Dieser Funktionsaufruf liefert bei Einhaltung der Indexgrenzen als Ergebnis ein Objekt vom Typ *vektor&*. Mit diesem Ergebnis wird dann die Operator-Funktion der Klasse *vektor* aufgerufen.

Also insgesamt erfolgt der Aufruf von

```
(m.operator[ ](1)).operator[ ](3).
```

10.3.2 Der Operator ( )

Der Funktionsaufrufoperator wird im allgemeinen überladen, um eine Iterationsfunktion zu definieren, die systematisch die einzelnen Elemente einer Klasse durchläuft.

So können wir beispielsweise für die Klasse *menge* eine Iterationsfunktion definieren, die uns für jeden Aufruf ein anderes Element des angegebenen Mengenobjektes liefert bzw. einen vordefinierten Wert, der uns anzeigt, daß alle Elemente bereits aufgesucht wurden.

Beispiel:

```
class menge      /*
                     Hier soll gelten:
                     Menge von Integerzahlen > 0
                 */
{
    public:

        int operator( ) ( );
                 /*
                     Deklaration;
                     Die Funktion soll hier den Wert 0
                     liefern, falls alle Elemente aufgesucht
                     wurden
                 */
        ...

    private:

        ...      // Mengenrepräsentation
};
```

Eine typische Anwendung ist jetzt

```
menge nr;

...     /*
            Hinzufügen von Integer-Elementen, z.B. durch
            interaktive Kommunikation mit dem Anwender
        */
```

```
int i;

while (i = nr( ) )  // Bearbeitung der Elemente in nr
...
```

Welche Wirkung der Aufruf von *nr( )* konkret hat, hängt natürlich von der Implementierung der Funktion *operator( )* ab. So kann z.B. ein erneuter Aufruf von *nr( )* nach Abarbeitung aller Elemente wieder das "erste" Element der Menge liefern.

10.3.3 Der Operator =

Wird einem Klassenobjekt ein anderes Klassenobjekt zugewiesen, so wird ein memberweises Kopieren durchgeführt, ähnlich dem memberweisen Initialisieren (vgl. Kapitel 8). Sind beispielsweise Zeiger Member der Klasse, kann dies unerwünscht sein, da nach der Zuweisung die Zeiger in den Klassen auf den gleichen Speicherbereich verweisen.

Ähnlich wie die memberweise Initialisierung wird auch die memberweise Zuweisung vom Compiler so gehandhabt, daß implizit eine Funktion vom Typ

```
X& X :: operator=(const X&)
```

definiert wird, wobei die Definition dieser Funktion nur die memberweise Zuweisung enthält.

Für unsere Klasse *landfahrzeug* sieht dies etwa wie folgt aus:

```
landfahrzeug&
    landfahrzeug :: operator=(const landfahrzeug& ld)
{
        anz_insassen    =   ld.anz_insassen;
        leergewicht     =   ld.leergewicht;
        zuladung        =   ld.zuladung;
        return (landfahrzeug&) ld;
            /*
                Rueckgabe der Referenz, damit auch
                Zuweisungsfolgen der Art a = b = c
                moeglich sind.
                Wichtig ist hier die explizite
                Konvertierung, da ld ein konstantes Objekt
                bezeichnet, vgl. Kap. 4.2.5.
            */
}
```

Durch das Überladen des Operators = läßt sich nun erreichen, daß bei einer Zuweisung nicht mehr die vom Compiler implizit definierte Funktion aufgerufen wird, sondern die vom Programmierer spezifizierte Funktion. Die

Funktion wird bei jeder **Zuweisung** aufgerufen, nicht aber bei der Initialisierung (vgl. Kapitel 8)!

Beispiel:

```
landfahrzeug fhd = fahrrad;        // Initialisierung

landfahrzeug fhd;

fhd = fahrrad;                     // Zuweisung
```

Der Operator = ist der einzige Operator, welcher nicht vererbt wird.

Hinweis:
Man beachte, daß das Überladen des Zuweisungsoperators voraussetzt, daß die neu definierte Operator-Funktion vom Typ X& X :: operator=(const X&) ist.

10.3.4 Der Operator ->

Der Zeigerzugriffsoperator -> darf nur auf ein Klassenobjekt oder auf eine Referenz der Klasse angewendet werden. Will man den Operator -> überladen, so muß das Ergebnis der Operator-Funktion ein Zeiger auf ein Klassenobjekt oder ein Klassenobjekt sein, für welches der Operator -> definiert ist.

Ist *x* ein Objekt einer Klasse, für die der Operator -> überladen wurde, so wird der Zugriff

```
x -> m
```

vom Compiler umgesetzt in

```
( x.operator() ) -> m
```

Beispiel:

```
class string
{
    public:
        lies_laenge( )
        {
            return laenge;
        }

    private:
        int  laenge;

        char *str;
};
```

```
class string_operation
{
    public:
        string *operator->( );

    private:
        string *s;
};

string *string_operation :: operator->( )
{
    if (!s)  ...    // Initialisiere string-Objekt
    return s;
}

string_operation    a;

string_operation&   b = a;

string_operation*   c = &a;

...

int i;

i = a->lies_laenge( );  // Entspricht a.s->lies_laenge( )

i = b->lies_laenge( );  // Entspricht b.s->lies_laenge( )

i = c->lies_laenge( );  // Fehler
```

In der letzten Zuweisung wird der Zeigerzugriffsoperator weder auf ein Klassenobjekt noch auf eine Referenz eines Klassenobjektes angewendet, sondern auf einen Zeiger auf ein Klassenobjekt (hier *c*). In diesem Fall ist der Compiler nicht in der Lage, zwischen dem vordefinierten Zugriff, der für jeden Zeiger definiert ist, und der Operator-Funktion -> zu unterscheiden.

10.3.5 Die Operatoren *new* und *delete*

Eine typische Anwendung für das Überladen der Operatoren *new* und *delete* ist die Realisierung einer eigenen Freispeicherverwaltung für Listenoperationen, um freigegebene Listenelemente in einer Freispeicherliste einzufügen und bei Bedarf wieder entnehmen zu können. Hierdurch kann es teilweise zu erheblichen Laufzeiteinsparungen kommen, da die Anzahl der Aufrufe von Systemfunktionen zur Speicheranforderung und -freigabe verringert wird.

Wie in Kapitel 6 beschrieben, bewirkt der Aufruf von *new* den Aufruf der Funktion *operator new( )*. Existiert - im Rahmen der Definitionen einer Klasse *K* - eine selbstdefinierte Funktion *K :: operator new( )*, so wird diese lokal zur Klasse definierte Funktion aufgerufen. Ist *new* überladen worden und soll die globale Funktion *operator new( )* aufgerufen werden, muß explizit der Scope-

Operator :: verwendet werden. Existiert für die Klasse *K* kein selbstdefinierter Operator *new*, so ist bei Aufruf von *new* automatisch garantiert, daß die globale Funktion *::operator new( )* aufgerufen wird.

Bei der Definition eigener *new-* und *delete*-Operatoren muß folgendes beachtet werden:

* Der erste Parameter der Operator-Funktion *new* muß vom Typ *size_t* sein, ein implementationsabhängiger, integraler Typ, der in der Standard-Header-Datei <stddef.h> definiert ist. Dieser Parameter enthält bei Aufruf die Größe des Typs, für den der Operator definiert worden ist. Das Ergebnis der Funktion muß vom Typ *void** sein.

* Beim *delete*-Operator muß der erste Parameter vom Typ *void** sein, und es darf (genau) ein zweiter Parameter vom Typ *size_t* spezifiziert werden, welcher dann beim Aufruf die Größe des zu löschenden Objekts anzeigt; diese Größe wird ermittelt durch den Destruktor (falls er existiert) oder durch den (statischen) Typ des Zeigers, der gelöscht wird. Der Ergebnistyp der Operator-Funktion *delete* muß *void* sein, d.h. es kann kein Ergebnis zurückgegeben werden.

* Sowohl *new* als auch *delete* sind automatisch statische Member einer Klasse, selbst wenn sie nicht explizit als solche gekennzeichnet sind. Daraus folgt, daß sie keinen *this*-Zeiger besitzen und auch nicht als *virtual* deklariert werden können.

* Für eine Klasse kann nur ein einziger Operator *delete* deklariert werden, d.h. *delete* kann nicht weiter überladen werden.

* Sowohl *new* als auch *delete* werden vererbt, und für beide Operator-Funktionen gelten die üblichen Regeln für den Zugriffsschutz und den Gültigkeitsbereich.

Im wesentlichen ist somit folgende Deklaration erlaubt:

```
void*   <Klassenname> ::
        operator new(size_t <,Weitere optionale Parameter>);

void    <Klassenname>::
        operator delete(void* <,Optionaler Parameter vom Typ
                        size_t>);
```

Beispiel:

```
void *liste :: operator new (size_t groesse)
{
    /*
        Ist die (eigene) Freispeicherliste leer, so fordere
        neuen Speicherplatz durch Aufruf des vordefinierten
        new-Operators an und übergib einen Verweis auf
        dieses Objekt; andernfalls gib einen Verweis auf
        ein Element der Freispeicherliste zurück und
        entferne dieses Element aus der Freispeicherliste.
    */
    ...
}

void liste :: operator delete(void *p)
{
    /*
        Sortiere freigegebenes Listenelement in die
        Freispeicherliste ein.
    */

    ...
}
```

Durch das Überladen des *new*-Operators lassen sich allerdings nur Klassenobjekte dynamisch generieren und nicht Vektoren von Klassenobjekten. Für letzteren Fall muß der globale Operator *new* verwendet werden (dies gilt auch für *delete* im Falle des Löschens von Vektoren von Klassenobjekten).

Beispiel:

```
liste *li = new liste;
    // Aufruf der Operator-Funktion new der Klasse liste

liste *liv = new liste[100];
    // Aufruf der vordefinierten Operator-Funktion ::new
```

Durch Angabe des Scope-Operators kann auch der vordefinierte *new*-Operator benutzt werden.

Beispiel:

```
liste *li = ::new liste;
```

Analoges gilt für *delete*.

Hinweis:
In der C++ Version 1.2 wird das Überladen der Operatoren *new* und *delete* zur expliziten Freispeicherverwaltung noch nicht unterstützt. Erst ab Version 2.0 ist es möglich, daß eine Klasse durch das Überladen der Operatoren *new* und *delete* ihre eigene Freispeicherverwaltung realisiert.

Zu C++-Version 2.0 gibt es jedoch einige Unterschiede. So wurde in Version 2.0 verlangt, daß der erste Parameter von *operator new* sowie der zweite, optionale Parameter von *operator delete* vom Typ *long* ist (und nicht - wie jetzt - vom Typ *size_t*). Bei *delete* gab es weiterhin keine Beschränkung für den Ergebnistyp (jetzt *void*), obwohl es in der Praxis üblich war *void* zu verwenden.

In C++-Version 2.0 war also im wesentlichen folgende Deklaration erlaubt:

void* <Klassenname> :: operator new(long, <, Weitere optionale Parameter);

<Typ> <Klassenname> :: operator delete(void* <, Optionaler Parameter vom Typ long>);

10.3.6 Die Operatoren ++ und --

Der Inkrementoperator ++ und der Dekrementoperator -- können in C++ Version 3.0 sowohl als Präfix- als auch als Postfix-Operatoren überladen werden.

Beispiel:

```
class komplexe_zahl
{
    public:
        komplexe_zahl operator++();      // Präfix
        komplexe_zahl operator++(int);   // Postfix
    ...
    private:
        double re;
        double im;
};

komplexe_zahl komplexe_zahl :: operator++()
{
    re += 1;;
    return *this;
}

komplexe_zahl komplexe_zahl :: operator++(int i)
{
    komlexe_zahl hilf = *this;
    re += 1;
    return hilf;
}

...
komplexe_zahl a(1,2);
++a;            // Aufruf von a.operator++()
a++;            // Aufruf von a.operator++(0)
```

Wird die Präfix-Notation verwendet, so wird die *operator++*-Funktion ohne Parameter aufgerufen. Der Ausdruck *a++* wird dagegen umgesetzt in den Aufruf *a.operator++(0)*, so daß die *operator++*-Funktion mit einem Parameter vom Typ *int* aufgerufen wird. Der aktuelle Parameter hat hierbei immer den Wert 0. Die Unterschiede in den Parameterlisten dienen also nur dazu, zwischen Präfix- und Postfix-Notation zu unterscheiden.

Analoges gilt für den Dekrementoperator --.

Hinweis:
In C++ Version 2.0 wird noch keine Unterscheidung zwischen Präfix- und Postfix-Notation angeboten. Hier ist es nur möglich, eine *operator*-Funktion zu definieren, die sowohl bei Verwendung der Präfix- als auch Postfix-Notation aufgerufen wird.

10.4 Selbstdefinierte Typkonvertierung

10.4.1 Überladen von Konstruktoren

Betrachten wir rückblickend unser Beispiel vom Beginn des Kapitels 10. Durch das Überladen von Operatoren ist es uns ermöglicht worden, die Addition zweier komplexer Zahlen genauso zu behandeln wie die Addition vordefinierter Typen.

Beispiel:

```
komplexe_zahl   a(1, 2), b(3, 6);

komplexe_zahl   c = a + b;
```

Anwendungen der folgenden Art könnten in manchen Situation sinnvoll sein, sind jedoch in C++ ohne weiteres nicht möglich.

Beispiel:

```
komplexe_zahl a = komplexe_zahl(1.0, 3.1);

komplexe_zahl b = a + 2;
```

Der Versuch, *a* + *2* auszuführen, wenn *a* eine komplexe Zahl ist und *2* ein Integer-Wert, ist (vorsichtig ausgedrückt) gefährlich, falls kein adäquates Überladen der Operatoren definiert wurde. Dies wird offensichtlich, wenn man bedenkt, daß der Compiler natürlich nicht automatisch eine Typkonvertierung des Integer-Wertes 2 in Richtung des selbstdefinierten Typs der komplexen Zahlen vornehmen kann.

Implizite Typkonvertierung existiert in C++ standardmäßig nur für vordefinierte Typen.

Ideal wäre im obigen Beispiel eine automatische Konvertierung der Integerzahl 2, was aus den genannten Gründen jedoch nicht funktionieren kann.

Eine einfache und elegante Weise, dieses Problem zu umgehen, ist die geschickte Ausnutzung der Möglichkeit, bei der Definition von Klassen mehrere Konstruktoren angeben zu können. Dadurch ist es dann leicht möglich, sich eine Typkonversion selbst zu definieren.

Beispiel:

```
class komplexe_zahl
{
    public:

        komplexe_zahl (double r, double i)
        {
            re = r;
            im = i;
        }

        komplexe_zahl(int i)
        {
            re = i;
            im = 0;
        }

    private:

        double re, im;
};
```

Durch diese zweite Konstruktordefinition ist nun folgendes möglich.

Beispiel:

```
komplexe_zahl a = komplexe_zahl(1.0, 3.1);

komplexe_zahl b = a + komplexe_zahl(2);
            /*
                Ebenso erlaubt wäre:
                komplexe_zahl b = a + 2;
            */
```

komplexe_zahl(2) bewirkt hier, daß ein Objekt der Klasse *komplexe_zahl* gemäß der zweiten Konstruktordefinition erzeugt wird. Wenn der Operator + für die Addition zweier komplexer Zahlen definiert ist, ist obige Anweisung korrekt.

Weiteres Beispiel:

```
extern f(komplexe_zahl);

int      i;

...

f(i);     // i wird in eine komplexe Zahl konvertiert
```

Hierbei ist allerdings zu beachten, daß ein temporäres Objekt vom Typ *komplexe_zahl* erzeugt wird, welche der Funktion *f* als Argument übergeben wird. Nach Abarbeitung der Funktion existiert dieses temporäre Objekt nicht mehr.

Zusätzlich kann auch eine Standardkonvertierung mit der vom Programmierer definierten Konvertierung einhergehen.

Beispiel:

```
double d;

f(d);   /*
            Implizite Konvertierungen: double -> int ->
            komplexe_zahl, wobei die Konvertierung von
            double nach int die Standardkonvertierung ist.
        */
```

Allerdings wird die selbstdefinierte Typkonvertierung nur dann durchgeführt, wenn keine andere Konvertierung möglich ist.

Beispiel:

```
f(komplexe_zahl);

f(double);        //  Überladen von Funktionen!

int i;

...

f(i);             /*
                      Standardkonvertierung möglich, also
                      Aufruf von f(double).
                  */
```

Mit der Benutzung spezieller Konstruktoren sind wir somit in der Lage, eine Typkonvertierung hin zum Typ der Klasse vornehmen zu können. Wie sieht es dagegen mit der anderen Richtung aus? D.h. wie können wir eine Konvertierung einer komplexen Zahl beispielsweise zu einer Integerzahl vornehmen (auch wenn dies vom praktischen Standpunkt aus als irrelevant für komplexe Zahlen anzusehen ist)?

10.4.2 Konvertierungsfunktionen

Auch hier hilft uns das Überladen von Operatoren weiter, indem die Operatoren zur Konvertierung überladen werden. Weitergehend als beim eigentlichen Überladen von Operatoren, wo nur zum Sprachumfang gehörende vordefinierte Operatoren überladen werden dürfen, ist es sogar erlaubt, Konvertierungsfunktionen für selbstdefinierte Typen zu spezifizieren. Eine Konvertierungsfunktion hat die allgemeine Form

```
operator   <Typ>   ( );
```

Wesentlich dabei ist, daß eine Konvertierungsfunktion keinen Ergebnistyp angeben darf (Ergebnistyp ist der Name des Operators, also der Typname) und die Parameterliste leer sein muß. Ferner muß die Konvertierungsfunktion eine Memberfunktion sein. Als Typen sind Klassen, Enumerationen und *typedef*-Bezeichner nicht zugelassen. Konvertierungsfunktionen werden vererbt und können auch als virtuelle Funktionen deklariert werden.

Hinweis:
Da Konvertierungsfunktionen nur eine leere Parameterliste besitzen dürfen, können sie nicht überladen werden.

Beispiel:

```
class komplexe_zahl
{
    public:

        operator int( )
        {
            return re;
                /*  Standardkonvertierung von double nach
                    int bei Ergebnisrückgabe
                */
        }

    private:

        double re, im;
};
```

Das Ergebnis der Konvertierungsfunktion ist vom Typ *int*, und die *double*-Variable *re* wird somit implizit durch eine Standardkonvertierung nach *int* konvertiert.

Die Konvertierung kann jetzt direkt vom Programmierer angegeben werden.

Beispiel:

```
komplexe_zahl a =   komplexe_zahl(1, 3);

int i           =   int(a);

int j           =   (int) a;
```

wodurch jeweils die o.g. Konvertierungsfunktion aufgerufen wird. Eine implizite Konvertierung kann auch wie folgt vorgenommen werden.

Beispiel:

```
extern          f(int);

komplexe_zahl   a(1, 3);

...

f(a);    /*
              Implizite Typkonvertierung nach int mittels
              des selbstdefinierten Konvertierungsoperators
         */
```

Ist der formale Parameter obiger Funktion vom Typ *double*, so wird eine zusätzliche implizite Typkonvertierung von *int* nach *double* durchgeführt. Allerdings ist es nur erlaubt, daß innerhalb einer Folge impliziter Typkonvertierungen **maximal eine selbstdefinierte Typkonvertierung** auftreten darf! Ist es notwendig, zwei oder mehr selbstdefinierte Typkonvertierungen vorzunehmen, so wird dies vom Compiler als Fehler markiert.

Werden mehrere Konvertierungsoperatoren in einer Klasse definiert, so kann es notwendig sein, die Konvertierung explizit durchzuführen.

Beispiel:

```
class komplexe_zahl
{
    public:

        operator int( )
        {
            return re;
        }

        operator double( )
        {
            return re;
        }
```

```
    private:

    double re, im;
};

komplexe_zahl a =   komplexe_zahl(1,3);

double d        =   a;  //  Aufruf von operator double( )

long lo         =   a;  /*
                            Prinzipiell beide Konver-
                            tierungsoperatoren anwendbar.
                            ==> Fehler!
                        */
```

Im letzten Fall sind beide Konvertierungsoperatoren anwendbar, so daß der Compiler nicht in der Lage ist, zu entscheiden, welche Konvertierung vorgenommen werden soll. Daher muß in diesen Fällen der Mehrdeutigkeit (ambiguity) eine explizite Konvertierung angegeben werden.

Beispiel:

```
long lo = double(a);
```

Abschließend kann man folgendes festhalten:

Sicherlich kann das Überladen von Operatoren sehr nützlich sein. Allerdings sollte man aus den beschriebenen Gründen auch recht behutsam von dieser Möglichkeit Gebrauch machen. Obwohl automatisch verhindert wird, daß die Bedeutungen von Operatoren für vordefinierte Typen verändert werden können, ist es für selbstdefinierte Typen möglich, beispielsweise einen Operator + mit der Bedeutung von Minus zu definieren; dies ist der Lesbarkeit und dem Verständnis eines Programms aber offensichtlich eher abträglich.

Generell sollten Operator-Zeichen nur mit gleicher oder wenigstens ähnlicher Bedeutung verwendet werden. Ist dies nicht möglich, ist es vorteilhafter, einen Funktionsaufruf zu verwenden.

11 SCHABLONEN

Schablonen (Templates) stellen eine der wesentlichen Erweiterungen der AT&T C++-Version 3.0 bzgl. der vorhergehenden Version 2 dar. Wie der Name bereits andeutet, wird hierdurch eine Möglichkeit angeboten, mehrere Typen, welche eine stark ähnelnde Definition aufweisen, durch eine einzige textuelle Angabe zu beschreiben. Was dies genau bedeutet, wird in den nächsten beiden Unterkapiteln erläutert.

Die Beschreibung von Schablonen ist für Funktionen und für Klassen möglich.

11.1 Funktionsschablonen

Betrachten wir als Beispiel die einfache Funktion zur Berechnung des Minimums zweier Integerzahlen aus Kapitel 6:

```
int min(int a, int b)
{
    return (a < b) ? a : b;
}
```

Nehmen wir an, daß eine solche Minimumberechnung in unserem Programm häufiger benötigt wird, z.B. auch für *double*-Werte oder für Klassen, in denen ein Operator < definiert ist. Eine Minimumberechnung für solche Typen läßt sich beispielsweise mittels Funktionsüberladung realisieren, wobei allerdings die textuelle Definition dieser Funktionen notwendig ist.

Wünschenswert wäre hier die Vorgabe einer Schablone, die zwar den Funktionsrumpf festlegt, aber den Typ der Parameter offenläßt.

Beispiel:

```
Typ min(Typ a, Typ b)
{
    return (a < b) ? a : b;
}
```

wobei *Typ* für einen noch festzulegenden Typ steht. Würde die Funktion *min* jetzt z.B. mit zwei Objekten *LKW1* und *LKW2* vom Typ *landfahrzeug* als aktuelle Parameter aufgerufen, so wird anhand der Schablone deutlich, wie die zugehörige Funktion aussehen soll (was hier natürlich nur sinnvoll ist, wenn die Klasse *landfahrzeug* eine Version des Operators < anbietet).

In C++ läßt sich eine Schablone durch das Schlüsselwort **template** definieren. Hierbei wird vor der üblichen Definition der Funktion das Schlüsselwort *template*, zusammen mit der Angabe des oder der Parameter (in spitzen Klammern) über den die Funktion parametrisiert ist, angegeben. Also z.B.:

```
template <class Typ_Name>
    // Nachfolgend die uebliche Funktionsdefinition
Typ_Name min(Typ_Name a, Typ_Name b)
{
    return (a < b) ? a : b;
}
```

Das Schlüsselwort *class* zeigt in diesem Zusammenhang an, daß *Typ-Name* für einen noch zu spezifizierenden Typ steht.

Mit der Definition dieser Schablone wird allerdings noch keine Funktion *min* definiert. Eine Definition der Funktion mit konkreter Typangabe wird vom Compiler erst dann angelegt, wenn innerhalb des Programms ein Aufruf der Funktion erfolgt. Der Typ der Funktion wird hierbei durch die Typen der aktuellen Parameter bestimmt. So legt der Compiler beim Erkennen des Aufrufs

```
double r,s;
double t = min(r,s);      // Aufruf der Funktion min
```

eine Definition der Funktion *min* für *double*-Werte an. Hierbei wird in der Schablone der Funktion *min, Typ_Name* textuell durch *double* ersetzt. Solche Funktionen, die anhand einer Schablone definiert werden, werden **Schablonenfunktionen** genannt.

Allgemein werden Funktionsschablonen wie folgt definiert:

```
template <class T1, ..., class Tn>
Ergebnistyp funktions_name (T1 par_1, ..., Tn par_n)
{
    ...      // Funktionsrumpf
}
```

Eine Deklaration einer Funktionsschablone wird ähnlich der Definition vorgenommen. Nach Angabe des Schlüsselwortes *template* und der Parameter in spitzen Klammern, folgt der Funktionsprototyp.

```
template <class T1, ..., class Tn>
Ergebnistyp funktions_name (T1, ..., Tn);
```

Bei der Benutzung von Funktionsschablonen müssen folgende Bedingungen beachtet werden:

a) Es darf nur genau eine Schablonen-Definition für eine Funktion existieren. Diese Definition muß global sein.

b) Alle Parameter (in spitzen Klammern) der Schablonen-Definition müssen mindestens einmal in der Parameterliste der Funktion verwendet werden.

Beispiel:

```
template <class S, class T, class U>
S f(T, U, U);      // Fehler: Parameter S nicht in
                   // der Parameterliste
```

c) Bei Funktionsaufruf muß die Zuordnung der Typen der aktuellen Parameter zu den Typangaben der Schablone eindeutig sein; eine Konvertierung wird nicht vorgenommen.

Beispiel:

```
template <class T>
T min(T, T);

unsigned int  i;
int           j, k;
double        r;

k = min(i, j);     /*
                      Fehler: unsigned int und int sind
                      unterschiedliche Typen, die
                      Schablonen-Deklaration von min
                      fordert gleiche Typen
                    */

k = min((int) i, j);      // OK: explizite Typangabe

r = min((int) i, j);       /*
                              OK: Rückgabeparameter wird
                              nicht berücksichtigt,
                              siehe f)
                            */
```

d) Die Bezeichner der Parameter der Schablonen-Deklaration müssen nicht notwendig mit denen der Definition übereinstimmen.

Beispiel:

```
template <class T>
T min(T, T);          // Deklaration
```

```
template <class S>  // Definition
S min(S a, S b)
{
    return (a < b) ? a : b;
}
```

e) Funktionsschablonen dürfen auch weitere Parameter konkreter Typen besitzen. Bei Funktionsaufruf muß ebenfalls eine exakte Übereinstimmung vorliegen (vgl. c)).

Beispiel:

```
template <class S, class T>
S f( int, S, double,  T );            // Deklaration

int                  j;
float                q;
double               r;
landfahrzeug         fahrrad, LKW;
wasserfahrzeug       boot;

fahrrad = f(j, LKW, r, boot);         //  OK

fahrrad = f(j, LKW, r, fahrrad);      /*
                                        OK: Parameter S
                                        und T bezeichnen
                                        denselben Typ
                                      */

fahrrad = f(j, LKW, q, boot);         /*
                                        Fehler: q vom
                                        Typ float und
                                        nicht vom Typ
                                        double
                                      */

fahrrad = f(LKW, boot, j, q);         /*
                                        Fehler: keine
                                        Übereinstimmung
                                      */

j = f(j, LKW, r, boot);     /*
                              Gleiche Funktion, wie beim
                              ersten Aufruf; Anweisung
                              OK,falls Konvertierung von
                              landfahrzeug nach int
                              definiert. Man beachte, daß
                              der Ergebnistyp nicht zur
                              Bestimmung der Funktion
                              herangezogen wird, vgl. f)
                            */
```

f) Bei Aufruf der Funktion werden nur die aktuellen Parameter zur Bestimmung der konkreten Schablonenfunktion herangezogen, der Ergebnistyp wird nicht berücksichtigt.

Beispiel:

```
int     i,j;
double  k;

template <class S>
S min(S, S);

i = min(i,j); // Funktion int min(int,int)
k = min(i,j); /*
                Gleiche Funktion; implizite
                Konvertierung von int nach double
                bei Zuweisung
              */
```

g) Funktionsschablonen können mit den Schlüsselwörtern *extern*, *inline* und *static* deklariert/definiert werden, wobei die Angabe dieser Worte nach der *template*-Angabe erfolgt, z.B.:

```
template <class S>
    // Gefolgt von der ueblichen Funktionsdeklaration
inline S min(S, S);
```

h) Beim Überladen von Funktionsschablonen müssen sich, wie beim Überladen von Funktionen üblich, die einzelnen Definitionen bezüglich der Typen oder der Anzahl der Argumente unterscheiden.

Beispiel:

```
template <class S>
S func(S a, double b)
{
    ...
}

template <class S>
S func(double a, S b)    // OK: andere Stellung der
{                        // Parameter
    ...
}

template <class S>
S func(S* a, double b)   // OK: verschiedene Typen
{
    ...
}
```

```
template <class S>
double func(S a, double b)
{
    ...
}                          /*
                              Fehler: Ergebnistyp wird
                              beim Funktionsüberladen
                              nicht berücksichtigt;
                              kollidiert mit erster
                              Definition
                            */
```

Wie wir gesehen haben, ermöglichen Funktionsschablonen die Definition einer prinzipiell unbeschränkten Anzahl von Funktionen. Wird ein weiterer Funktionsaufruf (mit anderen Parametertypen) im Programm nachträglich eingefügt, so ist eine zusätzliche Definition der entsprechenden Funktion nicht mehr notwendig. Für einige Spezialfälle kann allerdings die Schablone unpassend sein, da sie nicht die gewünschte Wirkung erzielt.

Beispiel:

```
char  *str1, *str2;
...
str1 = min(str1 , str2);
```

In diesem Fall werden durch die *min*-Funktion die Adressen der Zeiger *str1* und *str2* verglichen. Wünschenswert wäre hier sicherlich ein Vergleich der beiden Objekte (Strings), auf die diese Zeiger verweisen, wobei als Vergleichskriterium die lexikographische Ordnung zugrundegelegt werden sollte. Dem Programmierer muß somit die Möglichkeit gegeben werden, eine spezielle Version der Funktion *min* zu definieren, falls die Aufrufparameter vom Typ *char** sind. Dies kann durch die direkte Angabe der gewünschten Funktion *min* für diese Typen erreicht werden, z.B.

```
#include <string.h>

char* min(char* a, char* b);
{
    return (strcmp(a,b) < 0) ? a : b;
}

char *s, *t;
...
s = min(s , t); // Aufruf der oben definierten Funktion
```

Liegt eine spezielle Definition einer Funktion vor, so besitzt diese Vorrang vor der Definition der Schablonenfunktion. Allgemein wird die Bestimmung der aufzurufenden Funktion folgendermaßen vorgenommen:

- Zuerst wird untersucht, ob eine konkrete (in üblicher Form vorliegende) Deklaration bzw. Definition der entsprechenden Funktion vorhanden ist.

Dies wird anhand der Typen der aktuellen Parameter bestimmt, wobei eine exakte Übereinstimmung mit den Typen der formalen Parameter vorliegen muß.

- Liegt keine derartige Funktion vor, so wird eine Funktionsdefinition anhand der Schablonen-Definition vorgenommen, sofern eine exakte Typübereinstimmung zwischen aktuellen Aufrufparametern und Parametern der Funktionsschablonen vorliegt (siehe oben).

- Kann die Definition der Funktion auch anhand der Schablone (unter Beachtung der strengen Typübereinstimmung) nicht vorgenommen werden, so wird untersucht, ob mittels impliziter Typkonvertierung der aktuellen Aufrufparameter eine konkrete (bereits deklarierte) Funktion in Frage kommt.

Beispiele:

```
template <class S>                   // Funktionsschablone
S func(S , S)

char*  func (char* , char*);         // Spezielle Funktion

double func(double , double);        // Weitere spezielle
                                     // Funktion

char    *str1, *str2;
int     i,j;
double  d;

str1 = func(str1, str2);          // Aufruf von
                                  // char*  func(char* , char*)

i = func(i,j);                    // Aufruf von int func(int,int)
                                  // gemäß Schablonen-Definition

d = func(i,j);                    // Aufruf von int func(int,int)

d = func( (double) i, (double) j);
                                  // Aufruf von
                                  // double func(double,double)

i = func(d,j);                    // Aufruf von
                                  // double func(double,double)
```

Beim letzten Aufruf von *func* wird die angegebene Funktion aus folgenden Gründen aufgerufen. Die Untersuchung, ob eine spezielle Funktion für diesen Aufruf vorliegt, verläuft zunächst ergebnislos, da die aktuellen Parameter vom Typ *double* und *int* sind und somit keine exakte Typübereinstimmung mit den speziellen Funktionen vorliegt. Die Definition der Funktion kann auch nicht anhand der Schablone bestimmt werden, da die Typen der Aufrufparameter unterschiedlich sind. Somit wird zuletzt überprüft, ob die

Definition einer speziellen Funktion bekannt ist, so daß durch implizite Typkonvertierung die dem Aufruf entsprechende Funktion eindeutig (!) festgelegt werden kann.

Der Leser beachte, daß die Zuordnung des Aufrufs zu einer Funktions-deklaration/definition immer eindeutig sein muß; dies gilt ebenfalls für Funktionsschablonen.

Beispiel:

```
template <class S>
S func(S a, double b)
{
    ...
}

template <class S>
S func(double a, S b)      // OK: andere Schablonen-Definition
{
    ...
}

char    c;
double  d, e;

c = func(c, d);         // OK: Aufruf von
                        // char func(char,double)

d = func(d, e);         // Fehler: Mehrdeutigkeit. Welche
                        // Schablonen-Definition ist gemeint?
```

Hinweise:
Eine Schablonen-Deklaration/Definition deklariert/definiert noch keine Funktion. Die Deklaration/ Definition der Funktion wird erst dann vom Compiler(!) vorgenommen, wenn ein entsprechender Aufruf vorliegt. Dies ist z.B. bei Verwendung von static-Variablen innerhalb der Funktion zu berücksichtigen. Schablonen dienen damit im wesentlichen nur der Ersparnis von Schreibarbeit.

In der gegenwärtigen AT&T C++-Version 3.0 ist die strenge Typübereinstimmung bzgl. der Typen der aktuellen Aufrufparameter mit den Parametern der Schablonen-Definition etwas abgeschwächt worden. So wird beispielsweise ein konstanter Datentyp (z.B. *const int*) mit dem entsprechenden Datentyp (z.B. *int*) als übereinstimmend betrachtet. Also

```
template <class S>
S func(S , S);

const int       i = 3;
int             j = 4;

j = func(i,j);       // OK
```

Eine weitere Abschwächung der strengen Typübereinstimmung liegt bei Klassenschablonen in Verbindung mit abgeleiteten Klassen vor (siehe auch nächstes Unterkapitel). Um objektorientierte Programmierung auch für Klassenschablonen zu unterstützen, darf eine

Funktionsschablone mit einem Objekt einer abgeleiteten Klasse aufgerufen werden, obwohl der formale Parameter vom Typ einer Basis-Klasse ist.

Beispiel:

```
template <class Typ>                    // Klassenschablone
class basis
{ ... };

template <class Typ>                    // weitere Klassenschablone
class abgeleitet : public basis<Typ>
{ ... };


template <class Typ>                    // Funktionsschablone
int   f( basis<Typ>);

abgeleitet<double> i;

f(i);       // OK, in der AT&T C++ Version 3.0; Fehler in der aktuellen
            // ANSI C++ Spezifikation, da i nicht vom Typ basis<double>.
```

11.2 Klassenschablonen

Analog der Definition von Schablonen für Funktionen dienen Klassenschablonen zur Beschreibung von Schablonen für Klassen. Betrachten wir hierzu das Beispiel der Klasse *c_stack* aus Kapitel 8:

```
class c_stack
{
    public :
        c_stack(int g)              // Konstruktor
        {
            top = stack = new Typ [ groesse=g ];
        }

        ~c_stack( )                 // Destruktor
        {
            delete stack;
        }

        void push(char c)           // push
        {
            *top++ = c;
        }

        char pop( )                 // pop
        {
            return *--top;
        }
```

```
        private:
            int     groesse;
            char    *top;
            char    *stack;
    };
```

Falls wir in unserem Programm auch Stapel-Klassen für *int*- oder *double*-Werte benötigen, müssen wir die entsprechenden Klassendefinitionen (z.B. *i_stack* und *d_stack*) zusätzlich angeben. Die Definitionen werden allerdings sehr ähnlich aussehen und sich i.a. nur im Typ der Stapelelemente unterscheiden. Auch hier wäre es wünschenswert, daß man die Definition dieser Klassen durch eine Schablone beschreiben kann. Dies ist für Klassen ebenfalls durch eine Schablonen-Definition möglich. Hierbei werden nach der Angabe des Schlüsselwortes **template** die Parameter der Klasse in spitzen Klammern genannt, gefolgt von der üblichen Klassendefinition. Also

```
    template <class Typ>
        // gefolgt von der ueblichen Klassendefinition
    class stack
    {
        public :
            stack(int g)                        // Konstruktor
            {
                top = stack = new Typ [ groesse=g ];
            }

            ~stack( )                           // Destruktor
            {
                delete stack;
            }

            void push(Typ c)
            {
                *top++ = c;
            }

            Typ pop( );

        private:
            int     groesse;
            Typ     *top;
            Typ     *stack;
    };
```

Hierbei gibt *Typ* den Typ der Elemente des Stapels an. Die Deklaration einer solchen Klasse hat folgendes Aussehen

```
    template <class Typ>    // Schablonen-Deklaration
    class stack;
```

Der Name der Klasse einer solchen Schablonen-Definition ist **stack<Typ>**. Dies ist beispielweise wichtig für die Definition von Memberfunktionen außerhalb der Klassenschablone zur Angabe des Gültigkeitsbereiches. Da Memberfunktionen einer Klassenschablone wiederum nur Schablonen für konkrete Memberfunktionen sind, müssen solche Funktionen als Funktionsschablonen gekennzeichnet werden, z.B.

```
template <class Typ>
Typ   stack<Typ> :: pop( ) // Angabe des
{                          // Gültigkeitsbereiches
    return *--top;
}
```

Dieser Name der Klassenschablone muß auch bei Verwendung von Stapeln als Parameter einer Funktion angegeben werden.

```
template <class Typ>
int func (stack<Typ>  st)
{
    ...
}
```

Anmerkung:
Der Name *stack<Typ>* kann nur in weiteren Klassen- oder Funktionsschablonen verwendet werden, da er sich nur auf die Schablone bezieht und nicht auf einen konkreten Typ, dessen Angabe beispielweise bei der Definition einer "normalen" Funktion notwendig ist.

Um ein Klassenobjekt zu definieren oder Funktionen zu definieren, muß für den Parameter *Typ* der Schablonen-Definition ein konkreter Typ angegeben werden.

Beispiel:

```
stack<int>   si;                 // Integer-Stapel

int func1 (stack<double> st)
{
    ...
}                                /*
                                   Funktionsdefinition;
                                   stack<double> bezeichnet
                                   einen konkreten Typ
                                 */
```

Tritt die Bezeichnung einer Klassenschablone in Verbindung mit einem Typ auf, so legt der Compiler die entsprechende Klassendefinition im globalen Gültigkeitsbereich des Programms an. Hierbei wird der Parameter *Typ* textuell durch den konkreten Typnamen ersetzt. Eine solche, durch eine Schablone definierte Klasse wird **Schablonenklasse** genannt.

Zusätzlich zur Parametrisierung über Typen kann eine Klassenschablone auch weitere Parameter konkreter Typen besitzen. Die Größe des Stapels wird in unserem obigen Beispiel bei Aufruf des Konstruktors festgelegt. Eine andere Möglichkeit wäre die Angabe seiner Größe direkt bei der Klassendefinition. Hierzu kann ein weiterer Parameter in die Schablonen-Definition aufgenommen werden.

Beispiel:

```
template <class Typ, int g>
class stack
{
    public :
        stack() // Konstruktor
        {
            top = stack = new Typ [ groesse=g ];
        }
   ...
};
```

Hinweis:
Bei Funktionsschablonen ist eine derartige Parametrisierung nicht möglich.

Der Name der Klasse dieser Schablonen-Definition ist allerdings weiterhin *stack<Typ>* und die Schablonen-Definition der Memberfunktion *pop* wird daher genauso vorgenommen wie zuvor. Da die Namen der Klassenschablone gleich sind, darf folgerichtig auch nur eine dieser Schablonen-Definitionen angegeben werden.

Bei Definition von Klassenobjekten muß jetzt dagegen für solche Parameter ein Ausdruck angegeben werden, der zum Kompilierungszeitpunkt ausgewertet werden kann und dessen Typ exakt mit dem Typ in der Schablonen-Definition übereinstimmt.

```
stack<int, 100>          si;    // si vom Typ stack<int>

stack<double, 11*3+4>    sd;    // sd vom Typ stack<double>

stack<int, 133U>         sj;
                              /*
                                Fehler: keine exakte
                                Typübereinstimmung
                                (unsigned int ≠ int)
                              */
```

```
stack<char, min(4,7)>    sc;
                                 /*
                                   Fehler: Auswertung des
                                   Ausdrucks min(4,7) zum
                                   Kompilierungszeitpunkt
                                   nicht moeglich, da
                                   Funktionsaufruf
                                 */

int func1 (stack<double> st)     // Typangabe OK
{
     ...
}
```

Wie wir bereits bei der Betrachtung von Funktionsschablonen bemerkten, kann der Fall eintreten, daß die Schablone für die meisten Anwendungen ausreicht, für bestimmte Typen allerdings eine spezielle Version benötigt wird. Bei Stapeln für Zeigertypen, wie Textkonstanten (Strings), könnten wir beispielsweise fordern, daß der zugehörige Eintrag im Stapel explizit gelöscht wird. Dies läßt sich durch die zusätzliche Angabe einer speziellen Memberfunktion im Kontext des Typs *char** erreichen, z.B.

```
char*  stack<char*> :: pop( )
{
     char* s = --top;
     top     = NULL;
     return s;
}
```

Für alle Objekte vom Typ *stack<char*>* wird diese spezielle Funktion *pop* verwendet, die anderen Memberfunktionen sind weiterhin durch die Schablone bestimmt.

Wie man leicht bemerkt, reicht diese spezielle Version der Funktion *pop* allein nicht aus, um Zeigertypen korrekt zu behandeln. So müßte beispielsweise bei der *push*-Operation für Textkonstanten die jeweilige Textkonstante kopiert und nicht nur die Adresse zugewiesen werden. Ferner sollte dann der Destruktor die einzelnen Elemente des Stacks explizit löschen. Wir benötigen also eine spezielle Version der Schablonen-Definition für den Typ *char**:

```
class stack<char*>
{
     public :
          stack(int g)                    // Konstruktor
          {
               top = stack = new (char*) [ groesse=g ];
          }

          ~stack( );                      // Destruktor
```

```
            void  push(char*);

            char* pop( );

        private:
            int   groesse;
            char* *top;
            char* *stack;
    };

    stack<char*> :: ~stack()
    {
        for (int i = 0; i < groesse; i++)
            delete stack[i];
        delete stack;
    }

    void stack<char*> :: push(char* str)
    {
        *top    =   new char[strlen(str) + 1];
        strcpy(top++, c);
    }

    void stack<char*> :: pop()
    {
        char* s = --top;
        top     = 0;                        // Oder top = NULL;
        return s;
    }
```

Tritt der Typ *stack<char*>* innerhalb des Programms auf, so wird vom Compiler die obige Klassendefinition verwendet und keine Klassendefinition gemäß der Schablonen-Definition angelegt.

Die Definition einer speziellen Version der Klassenschablone für bestimmte Typen darf erst nach der Schablonen-Definition auftreten. Ferner existiert kein Zusammenhang zwischen der speziellen Klassendefinition und der Schablonen-Definition. Hätten wir also keine Funktion *push* in der Definition der Klasse *stack<char*>* aufgeführt, so wäre eine solche Operation für Objekte vom Typ *stack<char*>* nicht verfügbar.

Mit diesen Erläuterungen zu Schablonen sollte der Leser in der Lage sein, alle Möglichkeiten der Sprache C++, die für Klassen bzw. Funktionen existieren, auch auf Schablonen-Definitionen zu übertragen. Man muß hierzu nur beachten, daß *templates* Schablonen für Klassen sind und keine Klassendefinitionen im üblichen Sinne. Im folgenden wollen wir dies anhand von drei Themenkreisen aufzeigen: Friends einer Klasse, statische Member und abgeleitete Klassen.

11.2.1 Friends

Bei Benutzung von Klassenschablonen ergeben sich zusätzliche Möglichkeiten zur Deklaration von Friends.

Einerseits können, wie gewohnt, Funktionen und Klassen als Friends von Klassenschablonen deklariert werden.

Beispiel:

```
template <class Typ>
class stack
{
    friend class landfahrzeug;
    friend double f(void);
    ...
};
```

Die Klasse *landfahrzeug* und die Funktion *f* sind Friends aller Klassen, die durch die Schablone definiert werden.

Andererseits können auch Klassenschablonen als Friends deklariert werden.

Beispiel:

```
template <class Typ>
class stack
{
    friend class S<Typ>;
          /*
            Die Schablonenklasse S<Typ> ist Friend der
            Schablonenklasse stack<Typ>, wobei die
            konkreten Typen für den Parameter Typ
            übereinstimmen.
          */

    friend stack<Typ>  min(stack<Typ>, stack<Typ>);
          /*
            Die Schablonenfunktion min ist eine Friend-
            Funktion der Schablonenklasse stack<Typ>,
            wobei die konkreten Typen für den Parameter
            Typ übereinstimmen, d.h. die Funktion
            stack<int> min(stack<int>, stack<int>) ist
            z.B. kein Friend der Klasse stack<double>.
          */
```

```
        template <class Typ_x>
        friend class R;
              /*
                Alle Schablonenklassen R<Typ_x> sind Friends
                der Schablonenklasse stack<Typ>, d.h. z.B. die
                Klasse R<int> ist Friend der Klasse
                stack<float>.
              */

        template <class Typ_x>
        friend Typ_x  min(Typ_x, Typ_x);
              /*
                Alle min - Funktionen sind Friends der
                Schablonenklasse stack<Typ>, also ist z.B.
                int min(int, int) Friend der Klasse
                stack<double>.
              */

      ...
  };
```

11.2.2 Statische Member

Statische Member einer Klassenschablone werden mittels einer entsprechenden Syntax angesprochen. Nehmen wir hierzu an, daß die aktuelle Elementanzahl der Stapel eines Typs festgehalten werden soll. Die Schablonen-Definition wird daher erweitert zu

```
template <class Typ>
class stack
{
   public:
        static int anz_elemente;
        ...
        void push (Typ c)
        {
            *top++ = c;
            anz_elemente++;
        }

        Typ pop()
        {
            anz_elemente--;
            return *--top;
        }
    ...
};
```

Das statische Member *anz_elemente* kann folgendermaßen verwendet werden:

```
template <class S>
int  stack<S> :: anz_elemente = 0;
          /*
            Initialisierung als Schablonen-Definition; für
            jede neue Klassendefinition gemäß der
            Schablonen-Definition von stack<Typ> wird
            anz_elemente initialisiert. Man beachte, daß
            diese Anweisung als Schablone definiert ist. Es
            lassen sich auch spezielle Versionen angeben.
          */

int  stack<char*> :: anz_elemente = -1;
          /*
            anz_elemente wird bei Stapeln für Textkon-
            stanten mit -1 initialisiert; die Anweisung der
            Schablone wird nicht verwendet.
          */

int  i  =  stack<int> :: anz_elemente;

int  j  =  stack :: anz_elemente;
            // Fehler: Typangabe falsch.
```

11.2.3 Parametrisierte Basisklassen und Typdefinitionen

Klassenschablonen dürfen auch parametrisierte Basisklassen besitzen.

Beispiel:

```
template <class Typ>
class  A  :  public B<Typ>
{
    ...
};
```

Ferner dürfen Klassenschablonen Typdefinitionen enthalten.

Beispiel:

```
template <class Typ>
class A
{
    enum zahlen {Null, Eins};
    ...
};
```

Eine Schachtelung von Schablonen-Definitionen ist dagegen nicht erlaubt.

Beispiel:

```
template <class S>
class A
{
     template <class T>         /*
                                  Fehler: Schachtelung von
                                  Template-Definitionen.
                                */
     class B
     {
          ...
     };
     ...
};
```

12 EIN-/AUSGABE

12.1 Unformatierte Ein-/Ausgabe

Zum Abschluß noch einige Bemerkungen zur Ein- und Ausgabe in C++. Wie bereits ganz am Anfang kennengelernt, bezeichnen

```
cin >> ...    bzw.    cout << ...
```

Möglichkeiten zur unformatierten Ein- und Ausgabe von Werten fundamentaler Typen. *cin* und *cout* bezeichnet man als **Ströme**, die standardmäßig auf die Standard-Eingabe bzw. Standard-Ausgabe gelegt sind. << und >> sind Operatoren, deren Wirkungsweisen festgelegt sind durch als öffentlich deklarierte Member zweier in *<iostream.h>* versteckter Klassen:

```
class ostream
{   ...
    public :
        ostream&    operator<<(char*);
        ostream&    operator<<(char);
        ostream&    operator<<(int);
        ostream&    operator<<(long);
        ostream&    operator<<(double);
        ostream&    put(char);
    ...
};

class istream
{   ...
    public :
        istream&    operator>>(char*);
        istream&    operator>>(char&);
        istream&    operator>>(short&);
        istream&    operator>>(int&);
        istream&    operator>>(long&);
        istream&    operator>>(float&);
        istream&    operator>>(double&);
        istream&    get(char&);            // Zeichen
        istream&    get(char*,int,int='\n');
                                           // Textkonstante
        ...
};
```

Anmerkungen:
In der AT&T Version 1.2 waren die Definitionen dieser Klassen in der stream-Bibliothek *<stream.h>* plaziert. Allerdings müssen Programme, die für ältere C++-Versionen geschrieben wurden, nicht abgeändert werden, da die Funktionen aufwärtskompatibel sind. Sogar die

#include <stream.h>-Anweisung muß nicht geändert werden, da sie ein Synonym für die entsprechende Einbindung der *iostream.h*-Datei ist.

Der Operator << der Klasse *ostream* für Objekte vom Typ *char** gibt den Inhalt der Textkonstanten aus, analog liest der Operator >> der Klasse *istream* eine Textkonstante ein. Um die Ausgabe der Adresse von Textkonstanten zu erreichen, muß eine explizite Typkonvertierung nach *void** vorgenommen werden.

Ferner gibt es noch die vordefinierte Klasse *iostream*, welche sowohl zur Ein- als auch zur Ausgabe genutzt werden kann (bidirektionale Ein-/Ausgabe). Sie ist eine von den Klassen *istream* und *ostream* abgeleitete Klasse.

Anmerkung:
Zusätzlich zu diesen Klassen gibt es noch Klassen, die direkt auf einer Datei die jeweiligen Operationen durchführen; dies sind die Klassen *ifstream* zum Lesen der Eingabe von einer Datei, *ofstream* zum Schreiben der Ausgabe auf eine Datei und *fstream*, welche bidirektionale Ein-/Ausgaben auf einer Datei ermöglicht (vgl. später). Weitere Klassen sind *istrstream* und *ostrstream*, welche die Anwendung der Operatoren auf Zeichen(Character)-Vektoren zulassen. Diese Klassen stehen nach Einbinden der Datei *strstream.h* zur Verfügung.

Die Klassen *ifstream, ofstream, fstream, istrstream* und *ostrstream* sind von den entsprechenden Klassen *istream, ostream* bzw. *iostream* abgeleitet.

Die Operationen dieser Klassen sind natürlich nur für fundamentale Typen definiert; für selbstdefinierte Typen wie Klassen und Structures müssen die Ein- und Ausgabe-Operationen mit Hilfe des Überladens von Operatoren selbst festgelegt werden. Für unsere Klasse komplexer Zahlen kann dies etwa wie folgt aussehen:

```
class komplexe_zahl
{
    friend ostream& operator<<(ostream&,komplexe_zahl&);
    friend komplexe_zahl
                operator+(komplexe_zahl,komplexe_zahl);
    ...
    public:
        komplexe_zahl (double r = 0, double i = 0)
        {
            re = r;
            im = i;
        }
    private:
        double re, im;
};

ostream& operator<<(ostream& o, komplexe_zahl& c)
{
    o << "(" << c.re << "," << c.im << ")";
    return o;
}
```

Ebenso ließe sich auch eine entsprechende Eingabe von komplexen Zahlen mittels des Überladens von Operatoren definieren.

Wichtig beim Überladen der Ein- und Ausgabeoperatoren >> und << ist die Ergebnisrückgabe des jeweiligen Klassenobjektes der Klasse *istream* bzw. *ostream*. Das Überladen dieser Operatoren sollte also im wesentlichen folgende Form besitzen (hier am Beispiel der Ausgabe):

```
ostream&  operator<<(ostream& o, Klasse& k)
{
    o << ...     // Ausgabeanweisungen für die Klasse
    return o;    // Rückgabe des Objektes der Klasse
                 // ostream!
}
```

Erst durch die Rückgabe des Objektes *o* wird eine mehrfach verkettete Ausgabeanweisung wie z.B.

```
cout << i << j;
```

möglich, da dies den folgenden Funktionsaufrufen entspricht

```
(  cout.operator<< (i)  ).operator<< (j);
```

Anmerkung:
Da der erste Operand des Operators << nicht ein formaler Parameter vom Typ der Klasse (z.B. *komplexe_zahl*) ist, muß beim Überladen von Operatoren, der Operator << als Friend-Funktion und nicht als Member-Funktion deklariert werden (vgl. Kap. 10.2).

Für die Klassenschablone eines Stapels (vgl. Kap. 11.2) läßt sich ebenfalls ein Ausgabeoperator << definieren. Hierzu muß allerdings die Operator-Funktion als Schablone gekennzeichnet werden.

```
template <class Typ>
class stack;               //  Vorwaertsdeklaration

template <class Typ>
ostream& operator<<(ostream& o, stack<Typ> st)
{
    if (st.stack == st.top) return 0;
    Typ* z = st.top;
    while (z != st.stack)
        o << *--z;
    o << *z;               /*
                               Beachte: Ausgabe mittels
                               Operator << muss fuer den Typ
                               Typ definiert sein.
                           */
    return o;
}

...
```

```
template <class Typ>
class stack
{
    friend ostream& operator<<(ostream&, stack<Typ>);
    ...
};
```

Die oben skizzierten Klassen *istream* und *ostream* bieten durch die Operatoren >> und << bereits einige Möglichkeiten zur Ein-/Ausgabe von Objekten standardmäßig vordefinierter Typen an. Hierbei sind einige Konventionen getroffen worden, die zwar nicht immer, aber für den normalen Gebrauch recht nützlich sind. So werden z.B. bei der Eingabe bestimmte Zeichen grundsätzlich überlesen. Dies gilt beispielsweise für Leerzeichen (blanks), Tabulatorzeichen (tabs) und Zeichen zur Kennzeichnung einer neuen Zeile (newlines).

Anmerkung:
Diese Zeichen werden oft unter dem Begriff "white space characters" zusammengefaßt.

Besitzt die Eingabe z.B. die Form

```
a bc
```

so besitzen die Variablen

```
char    a,b,c;
```

nach Ausführung von

```
cin >> a >> b >> c;
```

die Werte 'a', 'b' bzw. 'c'.

Beim Einlesen von Textkonstanten mittels des in *istream* definierten *operator>>(char*)* werden die o.g. 'white space characters' als Trennsymbol interpretiert. Besitzt die Eingabe die Form

```
"Dies ist ein String"
```

so gilt nach Ausführung der Sequenz

```
char s[20];
cin >> s;
```

daß *s* den Inhalt *"Dies\0* besitzt. Man beachte hier die Endemarkierung *\0* für eine Textkonstante, die in die Wahl der Größe von *s* mit einbezogen werden muß.

Will man solche Konventionen umgehen, so kann man weitere (Member-) Funktionen der Klassen *istream* und *ostream* oder Manipulatoren, welche in der Datei *iomanip.h* deklariert sind, nutzen, von denen wir einige im folgenden kurz vorstellen werden.

- **setw(int):**
  Diese Funktion ist nützlich bei der Eingabe von Textkonstanten, wenn eine Obergrenze für die Größe der Textkonstanten nicht angegeben werden kann und ein Overflow vermieden werden soll. So ließe sich ein Overflow der Eingabe einer Textkonstanten mittels cin >> s; (vgl. oben) so vermeiden:

  ```
  cin >> setw(20) >> s;
  ```

  Ist die eingegebene Textkonstante größer als 19 Zeichen (Endemarkierung beachten!), so wird die Textkonstante aufgeteilt in einen Anfang, der 19 Zeichen umfaßt und den Rest der Textkonstanten. Dieser 19 Zeichen umfassende Anfang mit der zusätzlichen Endemarkierung (also insgesamt 20 Zeichen) wird dann mittels >> der Variablen *s* "zugewiesen". Beim erneuten Einlesen wird der Rest der Textkonstante bzw. weitere 19 Zeichen der Textkonstante eingelesen.

- **get(char& ch) bzw. get( ):**
  Beide lesen jeweils ein Zeichen vom Standardeingabestrom. Hierbei werden auch Sonderzeichen beachtet, wie z.B. 'white space characters'.

  ```
  char ch;
  while ( cin.get(ch) ) ...
                          // In ch steht das gelesene Zeichen
  ```

  get(char& ch) liefert als Ergebnis das Klassenobjekt, durch welches die get-Funktion aufgerufen wurde, zurück. Beim Lesen der EOF(End-of-File)-Markierung liefert *get(char& ch)* den Wert Null (false). Die Funktion *get( )* liefert als Ergebnis das gelesene Zeichen, wobei dieses Zeichen auch die EOF-Markierung sein kann.

  ```
  int ch;
          // int als Typ gewählt, da EOF bei manchen
          // Compilern den Wert -1 besitzt
  while ( (ch = cin.get( ) ) != EOF)
  ...
  ```

- **getline(char *vek, int grenze, char begrenzer = '\n'):**
  getline liest vom Eingabestrom einen ganzen Block von Zeichen, welcher als Textkonstante in den Vektor, auf den *vek* zeigt, geschrieben wird (samt der Endemarkierung '\0' für Textkonstanten). Die Größe des Blockes ist *grenze*-1, oder es wird vorher die EOF-Markierung gelesen

(welche dann nicht Bestandteil der Textkonstanten ist), oder es wird zuvor der Begrenzer *begrenzer* gelesen, so daß die Textkonstante nur die bis dahin gelesenen Zeichen enthält. Der voreingestellte Wert für den Begrenzer ist die 'newline'-Markierung.

- **gcount( )**:
  liefert die Anzahl der gelesenen Zeichen, des letzten *getline*-Aufrufes. Diese Anzahl entspricht der Anzahl der relevanten Zeichen in der Textkonstanten *vek* (ohne Endemarkierung; vgl. *getline*).

- **read(char *vek, int groesse)**:
  liest genau die durch *groesse* angegebene Anzahl an Bytes vom Eingabestrom und schreibt diese kontinuierlich in den Speicherbereich, auf den *vek* zeigt. Ein nachfolgender Aufruf von *gcount* liefert die Anzahl der gelesenen Bytes.

- **putback(char ch)**:
  setzt den Inhalt von *ch* an den Anfang des Eingabestromes, so daß *ch* z.B. als nächstes Zeichen gelesen werden könnte.

- **put(char ch)**:
  schreibt das Zeichen auf den Ausgabestrom. Das Ergebnis der *put*-Funktion ist das Klassenobjekt, durch welches die Funktion aufgerufen wurde.

  ```
  cout.put('\n').put('\n');      // 2 Zeilenvorschübe
  ```

- **write(const char *vek, int groesse)**:
  schreibt aus dem Vektor *vek* die angegebene Anzahl (*groesse*) an Zeichen auf den Ausgabestrom. Das Ergebnis der *write*-Funktion ist das Klassenobjekt, durch welches die Funktion aufgerufen wurde.

Im allgemeinen wird die Ausgabe mittels *cout* << ... gepuffert, d.h. sie erfolgt nicht sofort. Dies kann durch Anwendung von **Manipulatoren** vermieden werden. Durch das Wort **flush** läßt sich die sofortige Ausgabe des Pufferinhaltes erreichen.

```
cout    << "Bitte geben Sie ein Zeichen ein: "
        << flush;
```

Als Kurzform für *"\n" << flush* existiert das Wort **endl**. Somit ist

```
cout << "Eingabe: " << "\n" << flush;
```

äquivalent zu

```
cout << "Eingabe: " << endl;
```

Neben den schon bekannten Strömen *cin* und *cout* existieren noch zwei weitere vordefinierte Standardströme. Dies sind:

cerr, der den ungepufferten Fehlerausgabestrom bezeichnet, und ***clog***, welcher mit dem gepufferten Fehlerausgabestrom assoziiert ist. Beide können genauso behandelt werden wie *cin* und *cout*.

<< wird also für die unformatierte Ausgabe verwendet, d.h ein Programmierer ist für die saubere Ausgabe selbst verantwortlich (z.B. für das Benutzen von "\n" für den Zeilenvorschub am Ende einer Zeile oder für die linksbündige Ausgabe einer Integerzahl, etc.).

12.2 Formatierte Ausgabe

C++ bietet auch die Möglichkeit der formatierten Ausgabe mit Hilfe der ***form***-Funktion (vergleichbar mit der ***printf***-Funktion in C). Eine formatierte Textkonstante besteht dabei aus zwei Arten von Objekten: reine Zeichen, die einfach auf den Ausgabe-Strom kopiert werden, und Konvertierungs-Spezifikationen, von denen jede die konvertierte Ausgabe des nächsten Parameters bewirkt. Jede gewünschte Konvertierung beginnt mit einem %. Als Beispiel:

```
cout << form("Im Hörsaal sitzen %d Studenten und %d \
              Studentinnen; der\nHörsaal ist somit zu %f \
              %% ausgelastet.",anz_der_maenner,
              anz_der_frauen, ausgelastet);
```

Das erste %d bewirkt, daß der erste Parameter der Funktion (*int*) in dezimaler Notation ausgegeben wird, ebenso das zweite %d für den zweiten Parameter; %f bewirkt, daß das folgende Argument (*float*) in dezimaler Notation der Art [-] xxx.xxx ausgegeben wird, und %% sorgt dafür, daß das Zeichen % selbst gedruckt wird. Mit

```
anz_der_maenner      = 60;
anz_der_frauen       = 30;
ausgelastet          = 25.1;
```

würde demnach folgendes ausgedruckt werden:

Im Hörsaal sitzen 60 Studenten und 30 Studentinnen; der
Hörsaal ist somit zu 25.100 % ausgelastet.

Die Menge der möglichen Konvertierungs-Spezifikationen ist ziemlich groß. Hier die wichtigsten in abgekürzter Form.

Nach % kann stehen:

n steht für einen optionalen Integer-Wert und gibt die gewünschte Länge des Zahlenfeldes an; hat der konvertierte Wert weniger Zeichen als angegeben, wird mit Blanks aufgefüllt,

% bewirkt die Ausgabe des %-Zeichens,

d ein Integer-Wert wird in dezimaler Notation ausgegeben,

o ein Integer-Wert wird in oktaler Notation ausgegeben,

x ein Integer-Wert wird in hexadezimaler Notation ausgegeben,

f ein Float- oder Double-Wert wird in dezimaler Notation der Art [-] xxxxxx.xxx ausgegeben,

e ein Float- oder Double-Wert wird in dezimaler Notation der Art [-] x.xxxxxxe±xx ausgegeben,

c Zeichen wird ausgegeben,

s Textkonstante wird ausgegeben.

Beispiele:

```
cout << form("%s", "Gilda");      // Ausgabe: Gilda
cout << form("%e", 2.78);         // Ausgabe: 2.780000e+01
cout << form("%.1e", 2.78);       // Ausgabe: 2.7e+01
cout << form("%d %o %x"", 17, 17, 17);
                                  // Ausgabe:17 21 11
```

Die Benutzung von *form* ist jedoch unsicher, da eine Typüberprüfung nicht durchgeführt wird. So könnte etwa ein *%s*, wenn es auf ein Zeichen angewendet wird, unvorhersehbare Ausgaben erzeugen.

Weitere vordefinierte Funktionen, die man bei der Ausgabe nutzen kann, sind:

```
char *oct(long, int = 0)     // Oktale Repräsentation
char *dec(long, int = 0)     // Dezimale Repräsentation
char *hex(long, int = 0)     // Hexadez. Repräsentation
char *chr(int,  int = 0)     // Zeichen
char *str(char*,int = 0)     // Textkonstanten
```

Der zweite (optionale) Parameter spezifiziert die Anzahl von zu verwendenden Zeichen-Positionen.

In <*ctype.h*> sind noch weitere wichtige Funktionen zur Eingabe-Behandlung enthalten (Auszug):

```
int isalpha(char) // 'a', ... , 'z', 'A', ..., 'Z'
int isupper(char) // 'A', ..., 'Z'
int islower(char) // 'a', ... , 'z'
int isdigit(char) // '0', ..., '9'
int isspace(char) // ' ', '\t', return, newline, formfeed
int iscntrl(char) // Kontrollzeichen (ASCII 0...31 und 127)
int isalnum(char) // isalpha und isdigit
```

All dies sind "Boolesche" Funktionen, die ein Zeichen auf die Zugehörigkeit zu einem bestimmten Bereich überprüfen. Liegt das Zeichen nicht im zugehörigen Bereich, wird eine 0 zurückgegeben (false), sonst ein Wert ungleich 0 (true).

Eine weitere Möglichkeit, die Ausgabe zu beeinflussen, ist durch die Änderung des internen Zustandes der Objekte der Klassen *istream*, *ostream* bzw. *iostream* gegeben. Jedes Objekt dieser Klassen besitzt einige Flags bzw. Variablen zur Ausgabesteuerung, die z.B. angeben, ob Zahlen als dezimale, oktale oder hexadezimale Zahlen interpretiert oder mit welcher Genauigkeit die Zahlen ausgegeben werden sollen.

Die Ausgabe von Zahlen im hexadezimalen Format kann z.B. so vorgenommen werden:

```
int i = 16;
cout << hex << i;
```

welches als Ausgabe 10 liefert.

Die Angabe von *hex* ändert den internen Zustand des Objektes *cout*, so daß alle weiteren Zahlenausgaben im hexadezimalen Format erfolgen. Mittels

```
cout << dec;
```

kann wieder das dezimale Format eingestellt werden oder durch

```
cout << oct;
```

die oktale Darstellung.

Analog zur Ausgabe ist auch die Eingabe für die jeweiligen Formate möglich. So wird durch

```
int i;
cin >> hex >> i;
```

die Eingabe als Hexadezimalzahl interpretiert und der entsprechende Wert der Variablen *i* zugewiesen. Auch hier gilt, analog zur Ausgabe, daß alle weiteren Eingaben als hexadezimal angenommen werden, da durch "*cin >> hex*" der interne Zustand des Objektes *cin* geändert wurde.

Die Anzahl der auszugebenden Nachkommastellen einer Zahl läßt sich mit der *precision*-Funktion, welche eine Member-Funktion der Klasse *ostream* ist, festlegen. Z.B.

```
cout.precision(3);
double d = 2.2360679;
cout << d;
```

liefert die Ausgabe 2.236.

Wird die *precision*-Funktion ohne Parameter aufgerufen, so wird die derzeitige Genauigkeit als Ergebnis zurückgegeben. Setzen wir obiges Beispiel fort, so erhalten wir nach

```
int genauigkeit = cout.precision( );
cout << genauigkeit;
```

die Ausgabe 3.

Anmerkung:
Der interne Zustand der Objekte der Klassen *istream, ostream* bzw. *iostream* läßt sich auch direkt über die beiden Member-Funktionen

```
setf(long);
setf(long, long);
```

manipulieren.

Es gibt noch weitere Besonderheiten, die jedoch nicht weiter behandelt werden sollen. Mit den hier angegebenen Hilfsmitteln läßt sich bereits ein Großteil von Anwendungen problemlos abdecken.

12.3 Dateioperationen

Ebenso wie in anderen höheren Programmiersprachen, existieren auch in C++ Operatoren zur Manipulation von Dateien (≈ Files). Um diese Operatoren zur Verfügung zu haben, muß zusätzlich zur Datei *iostream.h* die Datei **fstream.h** eingebunden werden. Wie bereits am Anfang dieses Kapitels angesprochen, existieren in dieser Datei die Definitionen folgender von *istream*, *ostream* bzw. *iostream* abgeleiteter Klassen:

ifstream enthält Operatoren zum Lesen einer Datei,

ofstream enthält Operatoren zur Ausgabe auf eine Datei,

fstream enthält Operatoren, welche sowohl die Ausgabe auf als auch das Lesen von einer Datei ermöglichen.

Anmerkung:
In der Version 1.2 werden Dateioperationen durch Operationen einer Structure *filebuf*, die in *stream.h* deklariert ist, zur Verfügung gestellt. Die Art der Dateimanipulation erfolgt dabei ähnlich der Version 2.x und der Version 3.0.

Definiert man ein Klassenobjekt einer dieser drei o.g. Klassen, so kann man dieses direkt durch Aufruf eines speziellen Konstruktors mit einer physikalischen Datei assoziieren oder dies erst später vornehmen, mittels der ***open***-Funktion. Z.B.

```
ofstream datei1("Dateiname", ios :: out);
```

oder

```
ofstream datei1;
datei1.open("Dateiname", ios :: out);
```

Der in Anführungszeichen stehende physikalische Dateiname wird hierdurch mit dem logischen Namen *datei1* assoziiert. Alle Operationen, die auf *datei1* ausgeführt werden, werden somit entsprechend auf der physikalischen Datei *Dateiname* ausgeführt. Der zweite Parameter des Konstruktoraufrufs bzw. der *open*-Funktion gibt den Modus an, in welchem die Datei bearbeitet werden darf. Es existieren drei Modi:

ios :: in lesender Zugriff
ios :: out schreibender Zugriff
ios :: app anhängender Zugriff ('append')

Anmerkungen:
ios ist eine Aufzählung (Enumeration).

Wird eine Datei im append-Modus geöffnet, so wird der Schreib/Lesekopf an das Dateiende gesetzt.

Befindet sich der Schreib/Lesekopf am Dateiende, werden keine weiteren Ein/Ausgabe-Operationen durchgeführt. Um weitere Operationen auf dieser Datei vornehmen zu können, müssen einige Status-Flags mittels der Member-Funktion *clear* gelöscht werden, z.B.

```
ofstream dat("Datei_Name", ios :: app);
dat.clear();                    // Weitere Ausgaben auf Datei_Name möglich
```

Das Öffnen einer nicht existierenden Datei zum Schreiben bewirkt das Anlegen einer neuen Datei mit dem angegebenen Dateinamen. Existiert die Datei dagegen, so wird sie überschrieben.

Für Objekte der Klasse *ifstream* ist nur der lesende Zugriff, für Objekte der Klasse *ofstream* sind die Zugriffsarten schreibend und anhängend und für Objekte der Klasse *fstream* zusätzlich auch der lesende Zugriff erlaubt.

Die Angabe mehrerer Zugriffsarten wird mittels des "bitweise Oder"-Operators vorgenommen.

Beispiel:

```
fstream ein_ausgabe("Dateiname",ios::in | ios::app);
```

Ein geöffnete Datei kann durch ***close*** wieder geschlossen werden.

```
datei1.close( );
```

Da die Klassen zur Dateimanipulation von den Klassen *istream*, *ostream* bzw. *iostream* abgeleitet sind, stehen somit alle Funktionen und Operationen dieser Klassen auch zur Manipulation der Klassenobjekte vom Typ *ifstream*, *ofstream* bzw. *fstream* zur Verfügung.

Beispiel:

```
datei1 << "Ergebnisausgabe: \n";
datei1.put('a');
```

Zusätzlich werden in o.g. Klassen einige wichtige Memberfunktionen angeboten. Dies sind:

- **tellg( ):**
  liefert die "aktuelle Position des Lese/Schreibkopfes" der Datei. Das Ergebnis ist vom Typ *long*.

- **seekg(long, seek_dir d = ios :: beg),**
  seekp(long, seek_dir d = ios :: beg):
  setzen den "Lese/Schreibkopf" an eine bestimmte Position innerhalb der Datei, z.B. an eine Position, die vorher durch Aufruf von *tellg( )* ermittelt wurde. *seek_dir* ist eine Aufzählung, die folgende Elemente enthält:

ios :: beg	Anfang der Datei
ios :: cur	derzeitige Position in der Datei
ios :: end	Ende der Datei

So setzt

```
datei1.seekg(+50, ios :: cur);
```

den "Lese/Schreibkopf" 50 Bytes weiter.

- **eof( )**:
  Abfrage auf das Ende der Datei. Es ist *eof( )* ≠ 0, falls das Ende der Datei erreicht worden ist, andernfalls liefert der Aufruf der Funktion einen Wert gleich 0.

```
while (!datei1.eof( ) ) ...
```

  Anmerkung:
  Das Lesen von einer Datei kann auch ohne explizite Abfrage der EOF-Markierung vorgenommen werden. Z.B. liest

```
while (cin >> ch) ...
```

  die Eingabe zeichenweise und bricht nach Lesen der EOF-Markierung ab. Dies liegt daran, daß in der Klasse ein Konvertierungsoperator existiert, der den Wert 0 nach Lesen der EOF-Markierung liefert.

- **bad( )**:
  Abfrage auf unerlaubte Operation. *bad* liefert einen Wert ≠ 0 (true), falls eine solche Operation, z.B. weiteres Lesen nach der EOF-Markierung, durchgeführt wurde.

- **fail( )**:
  liefert einen Wert ≠ 0 (true), falls eine Operation nicht durchgeführt werden konnte oder falls *bad* true liefert.

```
ifstream datel("Dateiname", ios::in);
if ( datei1.fail( ) ) ...
                    /*
                        Die Datei mit Namen "Dateiname"
                        konnte nicht geöffnet werden, da
                        z.B. nicht vorhanden.
                    */
```

- **good( )**:
  liefert einen Wert ≠ 0 (true), falls keine der Funktionen *eof, bad, fail* einen Wert ≠ 0 liefert. Ferner ist in diesen Klassen der Operator ! überladen, und zwar entspricht seine Wirkungsweise der *fail*-Funktion. Also ist

```
!datei1
```

  äquivalent zu

```
datei1.fail( )
```

Allerdings reichen obige Funktionen noch nicht aus, um auch folgenden Fall zu behandeln. Wird z.B. ein *ofstream*-Objekt kreiert, aber noch nicht mit einer Datei assoziiert, so liefert die Funktion *good* für dieses Objekt einen Wert ≠ 0 (true).

```
ofstream dat;
int i = dat.good( );      // i ≠ 0
```

Der Test, ob die Datei geöffnet ist, also *dat* bereits mit einem physikalischen Namen assoziiert wurde, muß hier durch Zugriff auf interne Daten des Stream-Objektes vorgenommen werden. Dieser Zugriff wird mittels der Memberfunktion *rdbuf* realisiert. Der Test sieht wie folgt aus:

```
if (dat.rdbuf( ) -> is_open != 0)
{
    // Datei bereits geöffnet
    dat << "Ergebnisausgabe: \n";
    ...
}
```

Zum Abschluß noch ein Beispiel, wie eine Datei kopiert werden kann. Die Datei *infile* wird gelesen und zeichenweise in die Datei *outfile* kopiert.

```
#include <iostream.h>
#include <fstream.h>

ifstream dat1;
ofstream dat2;

main( )
{
    dat1.open("infile", ios::in);
    if (!dat1)
    {
        cerr << "Datei infile existiert nicht! \n";
        exit(1);
    }
    else
    {           // Datei infile existiert
        dat2.open("outfile", ios::out);
                /*
                    Existiert die Datei outfile, so wird sie
                    überschrieben, ansonsten wird eine neue
                    Datei unter diesem Namen angelegt.
                */

        char ch;
```

```
        while (! dat1.eof( ))
        {
          dat1.get(ch);
          dat2.put(ch);
        }
        cout << "Kopiervorgang beendet! \n";
    }
}
```

Um nicht nur Dateien mit fest vorgegebenen Namen kopieren zu können, kann man auch die Funktion *main* mit Parametern aufrufen, wenn wir unser Programm wie folgt modifizieren:

```
#include <iostream.h>
#include <fstream.h>

ifstream dat1;
ofstream dat2;

main(int argc, char *argv[ ])

/* Beim Aufruf eines Programms wird nur die Funktion main
   aufgerufen. Dabei werden zwei Parameter übergeben,
   üblicherweise argc und argv genannt. argc gibt die Anzahl
   der Parameter und argv die jeweiligen Parameter an. Der
   erste Parameter ist der Programmname selbst (somit ist
   argc immer >=1), die weiteren Parameter sind hier die
   beiden Dateinamen.
*/
{
   switch (argc)
   {
    case 3 :
        dat1.open(argv[1], ios::in);
        if ( ! dat1.fail( ) )
        {
                // Datei existiert
            dat2.open(argv[2], ios::out);
                /*
                   Existiert die Datei, so wird sie
                   überschrieben, ansonsten wird eine neue
                   Datei unter diesem Namen angelegt.
                */

            char  ch;

            while ( dat1.get(ch) )
                dat2.put(ch);

            cout << "Kopiervorgang beendet! \n";
        }
```

```
            else
            {
                cerr << "Datei " << argv[1]
                     << " existiert nicht! \n";
                exit(1);
            }
            break;

            default: cerr << "Falsche Anzahl von Parametern\n";
            exit(1);
        }
    }
```

Angenommen, unser Programm wird fehlerfrei kompiliert und wir nennen es *copy*. Dann wird durch

```
copy adressen tabelle
```

die Eingabedatei *adressen* nach *tabelle* kopiert. *argc* hat in diesem Fall den Wert 3, denn es gibt 3 Parameter (einschließlich des Programmnamens *copy* selbst) und *argv[ ]* besitzt folgende Werte:

argv[0] = "copy"
argv[1] = "adressen"
argv[2] = "tabelle"

Die Verwendung von *argc* und *argv* ist in vielen Fällen sehr sinnvoll, da hierdurch beim Programmaufruf direkt Werte für den Programmlauf angegeben werden können, ohne sie im Programm selbst abfragen zu müssen. Fast alle unter Unix laufenden Systemroutinen arbeiten nach diesem Prinzip, denn sie sind selbst in C geschrieben.

Hinweis:
Die hier vorgestellten Ein-/Ausgabemöglichkeiten sind Bestandteil der C++ Version 3.0. In der ANSI C++-Spezifikation sind sie allerdings derzeit noch nicht aufgenommen worden.

13 AUSNAHMEN

Ausnahmen (Exceptions) werden durch die derzeitige AT&T C++ Version 3.0 noch nicht unterstützt. Sie sind dagegen als sprachliche Erweiterung von C++ in die ANSI C++ Spezifikation aufgenommen worden und es existieren bereits Compiler, die diese Form der Erweiterung unterstützen. Da sich die folgende Beschreibung nach der ANSI C++ Spezifikation richtet, ist es möglich, daß spätere Implementierungen im Detail leicht von der hier vorgestellten Form der Ausnahmebehandlung abweichen. Dem Leser soll hier vielmehr die Grundidee vermittelt werden.

Unter Ausnahmen werden Programmsituationen verstanden, die erst zur Laufzeit des Programmes auftreten und nicht dem gewünschten Normalfall entsprechen. Typische Beispiele sind die Division durch Null oder die Überschreitung von Vektorgrenzen.

In unserem Stapel aus Kapitel 11 liegt beispielsweise eine Ausnahme vor, wenn die Funktion *pop* für einen leeren Stapel oder die Funktion *push* für einen Stapel ohne freie Kapazität aufgerufen werden. Diesen Möglichkeiten hatten wir bisher noch keine Beachtung geschenkt.

Wird eine Ausnahmesituation erkannt, so läßt sich mittels eines sog. **throw**-Ausdrucks ein entsprechender Handler (**catch**-Funktion) zur Ausnahmebehandlung aufrufen. Man sagt auch, daß die *catch*-Funktion die Ausnahme abfängt. Handler sind mit einem *try*-Block verbunden, um so zu kennzeichnen, welche *throw*-Ausdrücke mit welchen Handlern (*catch*-Funktionen) korrespondieren. Am Beispiel der *pop*-Funktion des Zeichen-Stapels *c_stack* (vgl. Kapitel 8 und 11) wollen wir dies verdeutlichen.

```
char c_stack :: pop()
{
    try
    {
        if (top == stack)
            throw "Fehler: pop-Aufruf fuer leeren Stack";
        return  *--top;
    }

    catch (char* str)
    {
        cerr << str;
        exit(1);
    }
}
```

Der *throw*-Ausdruck ähnelt einem *return*-Ausdruck in einer Funktion. Nach dem Schlüsselwort *throw* wird ein Ausdruck angegeben, der durch seinen Typ festlegt, welche *catch*-Funktion aufgerufen wird. Die Angabe der *catch*-Funktion erfolgt direkt im Anschluß an den *try*-Block.

Es können auch mehrere *catch*-Funktionen angegeben werden. Sollen z.B. im Stack nur bestimmte Zeichen, z.B. Großbuchstaben, aufgenommen werden, so läßt sich dies durch Modifikation der *push*-Funktion realisieren.

```
void bereichspruefung(char c)
{
    if ( (c < 'A') || (c > 'Z') )
        throw c;
}

void c_stack :: push(char c)
{
    try
    {
        bereichspruefung(c);
        if ( (top - stack) >= groesse)
            throw "Fehler: push-Aufruf fuer vollen Stack";
        *top++ = c;
    }

    catch (char c)
    {
        cerr << c << " kein Großbuchstabe";
        exit(1);
    }

    catch (char* str)
    {
        cerr << str;
        exit(1);
    }
}
```

Wird die *throw*-Anweisung innerhalb der Funktion *bereichspruefung* ausgeführt, so wird die erste *catch*-Funktion aufgerufen, da nach dem Schlüsselwort *throw* ein Ausdruck vom Typ *char* folgt.

Wie das obige Beispiel deutlich macht, erfolgt die Zuordnung des *throw*-Ausdrucks zur *catch*-Funktion dynamisch, d.h. wird während des Programmablaufs ein *throw*-Ausdruck ausgewertet, so wird nach der zugehörigen *catch*-Funktion gesucht, die dem *try*-Block folgt, in dem diese Auswertung vorgenommen wurde.

Innerhalb eines *try*-Blockes können auch weitere *try*-Blöcke auftreten bzw. Funktionen aufgerufen werden, die *try*-Blöcke enthalten. Kann der *throw*-Ausdruck nicht einer *catch*-Funktion zugeordnet werden, so wird die Suche nach einer passenden *catch*-Funktion im nächsten umfassenden *try*-Block forgesetzt u.s.w. Existiert keine zugehörige *catch*-Funktion, so wird die vordefinierte Funktion *terminate* aufgerufen.

Hinweis:
Gemäß der Voreinstellung (Default) ruft die Funktion *terminate* die Funktion *abort* auf. Mittels der Funktion *set_terminate* kann eine andere Funktion angegeben werden, die durch *terminate* aufgerufen werden soll. Hierzu muß ein Zeiger auf diese Funktion übergeben werden.

```
typedef void (*Zf) ();
Zf set_terminate(Zf);
```

Als Ergebnis liefert *set_terminate* einen Zeiger auf die zuvor mittels *set_terminate* gesetzte Funktion.

Bei der Zuordnung eines *throw*-Ausdrucks zu einer *catch*-Funktion muß keine exakte Typübereinstimmung zwischen dem Ausdruck, der dem Schlüsselwort *throw* folgt, und dem formalen Parameter der *catch*-Funktion vorliegen. Sofern möglich wird eine implizite Typkonvertierung vorgenommen. Ferner kann ein *throw*-Ausdruck mit einem Objekt einer abgeleiteten Klasse auch durch eine *catch*-Funktion "abgefangen werden", deren formaler Parameter vom Typ einer Basisklasse ist (vgl. Kap. 8). Die Suche nach der zugehörigen *catch*-Funktion erfolgt in der Reihenfolge der Definitionen der *catch*-Funktionen.

Beispiel:

```
try
{
  ...
}

catch (void* s)
{
  ...
}

catch (char* s)
{
  ...
}
```

In diesem Fall wird die zweite *catch*-Funktion nie aufgerufen, da alle Zeiger vom Typ *char** implizit in den Typ *void** konvertiert werden. Somit fängt die erste *catch*-Funktion alle Ausnahmen ab, die durch Zeiger aufgerufen werden.

Beispiel:

```
try
{
  ...
}
catch ( ... )                  // Faengt alle Ausnahmen ab
{
  ...
}

catch (int i)                  // Wird nie aufgerufen
{
  ...
}
```

Um einen Überblick über mögliche Ausnahme-Situationen zu erhalten, die bei Abarbeitung einer Funktion aufgeworfen werden können, kann eine Liste der Ausnahmefälle angegeben werden.

```
void c_stack :: push( char c )  throw(char, char*);
/*
   Es ist gesichert, daß bei Abarbeitung der Funktion push
   nur Ausnahmen vom Typ char und char* mittels eines throw-
   Ausdruckes aufgeworfen werden koennen; waere die throw-
   Liste leer, so waere gesichert, daß keine Ausnahme
   aufgeworfen wird.
*/
```

Diese Liste der Ausnahmen ist allerdings nicht Bestandteil des Funktionsprototyps.

Beispiel:

```
void f()  throw(char*);
void f();                  // Zweite Deklaration der Funktion f
```

Wird bei Abarbeitung der Funktion eine Ausnahme aufgeworfen, die nicht in der *throw*-Liste der Funktion eingetragen ist, wird die spezielle Funktion *unexpected* aufgerufen.

Hinweis:
Gemäß der Voreinstellung (Default) ruft *unexpected* die Funktion *terminate* auf. Um den Aufruf einer anderen Funktion zu erreichen, kann diese mittels *set_unexpected* gesetzt werden:

```
typedef void (*Zf)  ();
Zf set_unexpected(Zf);
```

Als Ergebnis liefert *set_unexpected* einen Zeiger auf die zuvor mittels *set_unexpected* gesetzte Funktion.

14 AUFGABEN

Hinweise zur Bearbeitung der Aufgaben:

Die Aufgabenreihenfolge entspricht dem Inhalt dieses Buches. Leser, denen sowohl C als auch C++ nicht geläufig sind, sollten daher die Aufgaben in der aufgeführten Reihenfolge bearbeiten. Als Hilfestellung werden hinter jeder Aufgabe die vorausgesetzten Kapitel in Klammern angegeben. Die zugehörigen Musterlösungen in Kapitel 15 sollten sinnvollerweise erst nach eigenen Versuchen konsultiert werden. Ferner liegen auf der beiliegenden Diskette die Musterlösungen für 3 Compiler vor:

- Borland C++ Compiler Vers. 3.0 (für den PC-Bereich)
- GNU C++ Compiler ab Vers. 1.35.1 (für den UNIX-Bereich)
- Sun C++ Compiler Vers. 2.1 (ebenfalls für den UNIX-Bereich)

Aufgabe 1: (vorausgesetzt wird Kapitel 2)

Schreiben Sie ein Programm, welches den Satz "Mein erstes C++- Programm" auf den Bildschirm ausgibt.

Aufgabe 2: (2, 3)

Schreiben Sie ein Programm, welches Fahrenheit in Celsius umrechnet und umgekehrt. Die Eingabe soll dabei interaktiv wahlweise in Celsius oder Fahrenheit erfolgen können (etwa durch Angabe eines weiteren Zeichens zur Kennzeichnung der gewünschten Umrechnungsart).

Es gilt: <Celsius> = 5/9 * (<Fahrenheit> - 32).

Aufgabe 3: (2 bis 4)

Schreiben Sie ein Programm, welches ein Zeichen (Character) interaktiv einliest und per expliziter Typkonvertierung den entsprechenden Integer-Wert ausgibt.

Aufgabe 4: (2 bis 4)

Schreiben Sie ein Programm, welches einen Vektor mit 10 Integer-Elementen interaktiv elementweise einliest und dann wieder ausgibt.

Aufgabe 5: (2 bis 4)

Schreiben Sie ein Programm, welches die Größe (in Bytes) folgender fundamentaler Typen und Zeiger berechnet und ausgibt:

char, short int, int, long int, float, double, unsigned char, unsigned short int, unsigned int, unsigned long int, char*, short int*, int*, long int*, float*, double*.

(Hinweis : Funktion sizeof(...)).

Aufgabe 6: (2 bis 4 und 12)

Schreiben Sie ein Programm, welches die Integer-, Oktal- und Hexadezimal-Darstellung aller druckbaren Zeichen ausgibt. Liegt EBCDIC- oder ASCII-Kodierung vor?

(Hinweis: Verwenden Sie die Manipulatoren *hex, oct, dec*)

Aufgabe 7: (2 bis 4)

Schreiben Sie ein Programm, welches mit Hilfe einer Matrix die Namen der Monate eines Jahres und die Anzahl der Tage jedes Monats für 1992 einliest (oder belegt) und wieder ausgibt.

Aufgabe 8: (2 bis 5)

Schreiben Sie ein Programm, welches die Länge eines Vektors von Zeichen (String) berechnet (ohne Zuhilfenahme von Standardfunktionen).

Aufgabe 9: (2 bis 5)

Schreiben Sie ein Programm, welches einen String in einen anderen kopiert.

Aufgabe 10: (2 bis 5)

Schreiben Sie ein Programm, welches zwei Strings auf exakte Gleichheit überprüft.

Aufgabe 11: (2 bis 5)

Schreiben Sie ein Programm, welches zwei Strings konkateniert, d.h aneinanderhängt.

Aufgabe 12: (2 bis 5)

Schreiben Sie ein Programm, welches einen String in umgekehrter Reihenfolge wieder ausgibt.

Aufgabe 13: (2 bis 6)

Definieren Sie einen Typ "Matrix von Integern" mit konstanter Anzahl von Spalten und Zeilen. Implementieren Sie folgende Funktionen auf dieser Matrix (und testen Sie ihr Programm mit einer beliebigen Belegung der Matrizen):

a) Addition zweier Matrizen

b) Multiplikation einer Matrix mit einem Skalar

c) Multiplikation einer Matrix mit einem Vektor (die Anzahl der Vektorelemente muß gleich der Anzahl der Spalten der Matrix sein; das Ergebnis ist ein Vektor, dessen Anzahl von Elementen gleich der Anzahl der Zeilen der Matrix ist!).

Aufgabe 14: (2 bis 6)

Schreiben Sie ein Programm, welches einen Vektor von Zeichen (String), in dem die Ziffern ´0´ bis ´9´ und die Vorzeichen ´+´ und ´-´ auftreten dürfen, in eine Integerzahl umwandelt und umgekehrt.

Aufgabe 15: (2 bis 6, 12, Anhang)

Schreiben Sie ein Programm, welches einen String solange einliest, bis ein ´?´ eingegeben wird, und anschließend die Länge des Strings ausgibt.

Aufgabe 16: (2 bis 6)

Setzen Sie die korrekte Klammerung, für folgende Ausdrücke, gemäß der im Anhang in der Operatorentabelle angegebenen Prioritäten und unter Berücksichtigung der Links- bzw. Rechtsassoziativität der Operatoren:

1) a = b + c * d << 2 & 8
2) a & 077 != 3
3) a == b || a == c && c < 5
4) c = x != 0
5) 0 <= i < 7
6) f(1,2) + 3
7) a = - 1 + + b -- - 5
8) a = b = c = 0
9) a[4] [2] *= * b ? c : * d * 2
10) a - b, c = d
11) *p++
12) *--p
13) ++a--
14) (int*) p -> m
15) *p.m
16) *a[i]

Aufgabe 17: (2 bis 6)

Schreiben Sie ein Codierungs-Programm, welches von *cin* liest und die kodierten Zeichen nach *cout* schreibt. Benutzen Sie das folgende einfache Kodierungsschema:

Die kodierte Form eines Zeichens c ist c^key[i] (d.h. bitweises exor), wobei *key* ein String ist, der vom Benutzer eingegeben wird. Die Zeichen in *key* sollen in zyklischer Weise verwendet werden, bis die gesamte Eingabe gelesen ist. Das wiederholte Kodieren eines bereits kodierten Textes produziert den Originaltext. Wird kein *key* angegeben, soll auch keine Kodierung durchgeführt werden.

Aufgabe 18: (2 bis 6)

Schreiben Sie folgende *while*-Anweisung in eine äquivalente *for*-Anweisung um:

```
int     i, quest_count;
char    ch;
i = quest_count = 0;
while (i < max_length)
{
    cin >> ch;
    if (ch == '?') quest_count++;
    i++;
}
```

Aufgabe 19: (2 bis 6)

Integrieren Sie die Aufgaben 8-12 zur String-Behandlung in ein einziges Programm, nun unter Verwendung von Funktionen für jede einzelne Operation. Rufen Sie jede Funktion mindestens einmal im Hauptprogramm auf.

Aufgabe 20: (2 bis 6)

Schreiben Sie eine Funktion, die die Werte zweier Integer-Variablen vertauscht. Benutzen Sie einmal *int** und einmal *int&* als Parametertyp.

Aufgabe 21: (2 bis 7)

Schreiben Sie ein Programm, welches eine Liste von Monaten des Jahres anlegt und in jedem Listenelement den Namen des Monats und die Anzahl seiner Tage einträgt und anschließend wieder ausgibt (vgl. mit Aufgabe 7).

Aufgabe 22: (2 bis 7)

Definieren Sie die Datenstruktur eines "Binärbaumknotens" mit Hilfe von *struct* und implementieren Sie folgende Funktionen für Binärbäume (und testen Sie ihr Programm mit einer beliebigen Belegung des Baums):

Preorder - Durchlauf

Inorder - Durchlauf

Postorder - Durchlauf

Aufgabe 23: (2 bis 7)

Definieren Sie eine Structure "*stack-element*", die einen Inhalt besitzt (vom Typ *char*) und einen Verweis auf das nächste Stapel-Element. Implementieren Sie dann die üblichen Stapel-Operatoren:

top	-	liefert den Inhalt des obersten Stapel-Elementes.
push	-	legt ein Element (oben) auf dem Stapel ab.
pop	-	entnimmt dem Stapel das oberste Element.

Aufgabe 24: (2 bis 8)

Definieren Sie eine Klasse *matrix*, wobei die Matrix aus einer konstanten Anzahl von Zeilen und Spalten besteht und ein Element der Matrix vom Typ double ist. Die Anzahl der Zeilen soll der Anzahl der Spalten entsprechen (quadratische Matrizen). Die Elemente der Matrix sollen nur durch folgende Prozeduren zugreifbar sein:

double get_mat(int i, int j):	liefert das unter *(i,j)* eingetragene Element.
void put_mat(int i, int j, double contents):	trägt den Wert von *contents* unter *(i,j)* ein.

Implementieren Sie dann folgende Funktionen:

- Addition zweier Matrizen
- Multiplikation zweier Matrizen
- Determinante einer Matrix.

Aufgabe 25: (2 bis 8)

Definieren Sie eine Klasse *Histogramm*, welche als Datenelemente die linke und die rechte Grenze eines Intervalls natürlicher Zahlen enthält. Die Intervallgrenzen sollen interaktiv eingegeben werden können und sollen als Parameter für den Konstruktor der Klassenobjekte spezifiziert werden. Der Konstruktor soll festlegen, daß das Intervall höchstens 50 Zahlen - beginnend ab der linken Intervallgrenze - umfassen soll.

Definieren sie dann eine Member-Funktion, die die Anzahl der durch a (a = 1, ..., 5) ganzzahlig teilbaren Zahlen in diesem Intervall bestimmt und das Ergebnis als Histogramm ausdruckt, d.h. für die jeweiligen Anzahlen, der durch a teilbaren Zahlen, wird ein Histogrammbalken ausgegeben; die Histogrammbalkenlänge entspricht der ermittelten Anzahl teilbarer Zahlen. Achten Sie bei der interaktiven Eingabe der Intervallgrenzen auf mögliche Einschränkungen (z.B.: nur positive Zahlen, untere Intervallgrenze muß kleiner gleich der oberen sein, etc.).

Aufgabe 26: (2 bis 9)

Definieren Sie eine Klassenhierarchie der Art *Angestellter, Manager, Direktor, Praesident.*

Angestellter besitze als Member *name*, *gehalt*, *alter* und einen Verweis auf den nächsten Angestellten.

Manager besitze zusätzlich einen Verweis auf eine Liste von Namen "untergebener" Angestellter.

Direktor besitze weiterhin zusätzlich einen Member *geleitete_abteilung* und einen Verweis auf eine Liste von Namen "untergebener" Manager.

Praesident schließlich besitze zusätzlich einen Verweis auf eine Liste von Namen "untergebener" Direktoren und einen Member namens *schweizer_bankkontonr.*

Erzeugen Sie 4 Angestellte, 2 Manager, 2 Direktoren und 1 Präsident mit der folgenden "Untergebenen"-Hierarchie:

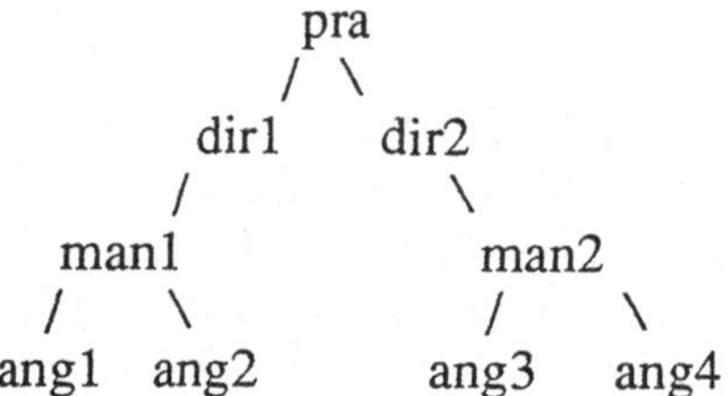

und belegen Sie die Member mit sinnvollen Werten.

Implementieren Sie dann eine Funktion *print*, die die Daten eines jeden Angestellten ausdruckt und dabei auch festhält, welche Funktion die jeweiligen Angestellten ausüben und welche "Untergebenen" sie besitzen (Man beachte, daß auch Manager, Direktoren und Präsidenten Angestellte sind).

Aufgabe 27: (2 bis 10)

Entwerfen Sie eine Klasse, welche das Konzept einer Menge, wie in Kapitel 8 beschrieben, realisiert. Verwenden Sie als zugrundeliegende Datenstruktur eine einfach verkettete, unsortierte Liste.

Statten Sie die Klasse mit entsprechenden Konstruktoren und Destruktor aus und definieren Sie einen entsprechenden Konstruktor, so daß eine Initialisierung durch Zuweisung möglich ist.

Überladen Sie ferner den Zuweisungsoperator für eine solche Klasse *menge*. Implementieren Sie die in Kapitel 8 angegebenen Operatoren auf Mengen:

- Vereinigung zweier Mengen,
- Durchschnitt zweier Mengen,
- Test auf Gleichheit zweier Mengen,
- Einfügen eines Objektes in eine Menge,
- Löschen eines Objektes aus einer Menge,
- Test auf Zugehörigkeit eines Objektes zu einer Menge.

Als Elemente der Menge sollen nur natürliche Zahlen auftreten, d.h. Integerzahlen > 0. Wenden Sie ferner die Möglichkeit des Überladens von Operatoren an, um folgende Operationen darzustellen:

Vereinigung durch	+
Durchschnitt durch	/
Gleichheit durch	==

Aufgabe 28: (2 bis 9)

Implementieren Sie die Klassenhierarchie der Fahrzeuge aus Kapitel 9.2 (verwenden Sie dabei sinnvolle Member für die verschiedenen Klassentypen). Definieren Sie die Klasse *fahrzeug* als virtuelle Basisklasse. Definieren Sie weiterhin eine virtuelle Funktion *ausgabe* für alle Klassentypen, und kennzeichnen Sie die Funktion in *fahrzeug* als pur.

Aufgabe 29: (2 bis 9)

Definieren Sie für die Klasse *fahrzeug* aus Kapitel 9 eine virtuelle Funktion *print* zur Ausgabe von Fahrzeug-Daten. Ändern Sie hierzu die Klassendefinition von *fahrzeug* und reichern Sie diese um zusätzliche Member zwecks Ausgabe an.

Definieren Sie ebenfalls eine Ausgabefunktion *print* für die Klassen *landfahrzeug*, *wasserfahrzeug* und *amphibienfahrzeug*.

Welches Problem tritt bei Ausgabe von Objekten des Typs *amphibienfahrzeug* auf? Versuchen Sie eine Lösung für dieses Problem zu implementieren.

Aufgabe 30: (2 bis 12)

Entwerfen Sie eine Klassenschablone für die Klasse *menge* aus Aufgabe 27, so daß Elemente eines beliebigen Typs verwendet werden können. Welche Voraussetzungen muß der Typ der Elemente erfüllen?

Aufgabe 31: (2 bis 6 + 13)

Schreiben Sie ein Programm, welches die Lösungen einer quadratischen Gleichung $ax^2 + bx + c = 0$ bestimmt. Nehmen Sie eine entsprechende Ausnahmebehandlung vor.

15 MUSTERLÖSUNGEN

Dieses Kapitel enthält zu jeder in Kapitel 14 gestellten Aufgabe mindestens einen Lösungsvorschlag. Sinnvollerweise sollten diese Musterlösungen jedoch erst nach eigenen Lösungsversuchen überprüft werden. Gleichzeitig bieten diese Lösungen dank ihrer Ausführlichkeit auch ein wichtiges und schnelles Nachschlagewerk für Probleme praktischer Art. Sämtliche Lösungen sind nicht unbedingt im Hinblick auf Effizienz entworfen worden, sondern orientieren sich am fortschreitenden Wissensstand gemäß dem im Hauptteil dieses Buches dargestellten Stoff. So sind etwa zur Lösung der ersten Aufgaben nur Kenntnisse der vorderen Kapitel notwendig. Welche Kapitel zur Bearbeitung der einzelnen Aufgaben vorausgesetzt werden, wird bei der Aufgabenstellung (s. Kap. 14) angegeben.

Die hier aufgeführten Musterlösungen sind für den AT&T C++ Compiler Version 3.0 angegeben. Auf der beiliegenden Diskette findet der Leser die Musterlösungen für 3 gängige C++-Compiler:

- Borland C++ Compiler Vers. 3.0 (für den PC-Bereich)
- GNU C++ Compiler ab Vers. 1.35.1 (für den UNIX-Bereich)
- Sun C++ Compiler Vers. 2.1 (ebenfalls für den UNIX-Bereich)

Lösung für Aufgabe 1

```
/* %%%%%%%%%%%%%%%%%%%%%%%%%%%%%%%%%%%%%%%%%%%%%%%%
    Name (des Programms/Moduls):    Mein erstes C++-Programm

    Autor(en):                      Bause/Tölle

    Datum:                          01.03.1992

    Beschreibung:                   Ausgabe des Strings "Mein erstes C++-Programm"
  %%%%%%%%%%%%%%%%%%%%%%%%%%%%%%%%%%%%%%%%%%%%%%%% */

#include <iostream.h>

void main( void )
{
    cout << "Mein erstes C++-Programm\n";
}
```

Lösung für Aufgabe 2

```
/* %%%%%%%%%%%%%%%%%%%%%%%%%%%%%%%%%%%%%%%%%%%%%%%%%%%%%
        Name (des Programms/Moduls):        Temperaturumrechnung

        Autor(en):                          Bause/Tölle

        Datum:                              01.03.1992

        Beschreibung:                       Die Eingabe wird von Fahrenheit in Celsius
                                            umgerechnet oder umgekehrt. Die Art der Um-
                                            rechnung wird durch einen der eingegebenen
                                            Zahl folgenden Buchstaben gekennzeichnet.
   %%%%%%%%%%%%%%%%%%%%%%%%%%%%%%%%%%%%%%%%%%%%%%%%%%%%%% */

#include <iostream.h>


const float factor      = 9.0/5.0;
char  character         = 0;
int fehler              = 0;
float x                 = 0, fahrenheit = 0, celsius = 0;


void main( void )
{
        cout  << "Bitte geben Sie eine Ganze Zahl in folgender Form ein :\n "
              << "\nZahl Umwandlungsversion (f fuer Celsius    --> Fahrenheit"
              << "\n                         (c fuer Fahrenheit --> Celsius)";
        cout  << "\n\nEingabe Zahl         --> ";
        cin   >> x;
        cout  << "\n\nUmwandlungsversion --> ";
        cin   >> character;
        cout  << "\n";

        if (character == 'f')
        {
              fahrenheit  = (factor * x) + 32;
              celsius     = x;
        }
        else
        if (character == 'c')
        {
              celsius     = (x - 32) / factor;
              fahrenheit  = x;
        }
        else
        {
              fehler = 1;
              cout << "Falsche Eingabe!!\n\n";
        }
        if (fehler == 0)
        cout << celsius << " Grad Celsius = " << fahrenheit << " Grad Fahrenheit\n";
}
```

Lösung für Aufgabe 3

```
/* %%%%%%%%%%%%%%%%%%%%%%%%%%%%%%%%%%%%%%%%%%%%%%%%%%%%%%%%%%%%%%%%
	Name (des Programms/Moduls):	Typkonvertierung

	Autor(en):	Bause/Tölle

	Datum:	01.03.1992

	Beschreibung:	Dieses Programm liest ein Zeichen
		interaktiv ein und gibt es anschließend per
		expliziter Typkonvertierung wieder aus.
%%%%%%%%%%%%%%%%%%%%%%%%%%%%%%%%%%%%%%%%%%%%%%%%%%%%%%%%%%%%%%%%%% */

#include <iostream.h>


void main( void )
{
	char a  = 0;
	cout  << "Explizite Typkonvertierung\n\n";
	cout  << "Geben Sie ein Zeichen ein  --> ";
	cin    >> a;
	cout  << "\nUmwandlung in Integerzahl ergibt: " <<  (int) a  << " \n";
}
```

Lösung für Aufgabe 4

```
/* %%%%%%%%%%%%%%%%%%%%%%%%%%%%%%%%%%%%%%%%%%%%%%%%%%%%%%%%%%%%%%%%
	Name (des Programms/Moduls):	Integer-Vektor1

	Autor(en):	Bause/Tölle

	Datum:	01.03.1992

	Beschreibung:	Dieses Programm liest einen Vektor mit 10
		Integer-Elementen interaktiv elementweise ein und
		gibt ihn anschließend wieder aus.
%%%%%%%%%%%%%%%%%%%%%%%%%%%%%%%%%%%%%%%%%%%%%%%%%%%%%%%%%%%%%%%%%% */

#include <iostream.h>

int   vektor[10];
int   i = 0;
```

```
void main( void )
{
	cout << "Geben sie einen Vektor elementweise ein \n";
	while (i <= 9)
	{
		cin >> vektor[i];
		i++;
	}
	i = 0;
	while (i <= 9)
	{
		cout << " " << vektor[i];
		i++;
	}
	cout << " \n";
}
```

Lösung für Aufgabe 4 (zweiter Lösungsvorschlag)

```
/* %%%%%%%%%%%%%%%%%%%%%%%%%%%%%%%%%%%%%%%%%%%%%%%%%%%%%%%%%
	Name (des Programms/Moduls):	Integer-Vektor2

	Autor(en):	Bause/Tölle

	Datum:	01.03.1992

	Beschreibung:	Dieses Programm liest einen Vektor mit 10
			Integer-Elementen interaktiv elementweise ein und
			gibt ihn anschließend wieder aus.
 %%%%%%%%%%%%%%%%%%%%%%%%%%%%%%%%%%%%%%%%%%%%%%%%%%%%%%%%% */

#include <iostream.h>


int	vektor[10];
int	i = 0;

void main( void )
{
	cout << "Geben sie einen Vektor elementweise ein \n";
	for (i = 0; i < 10; i++)
		cin	>> vektor[i];
	for (i = 0; i < 10; i++)
		cout	<< " " << vektor[i];
	cout << "\n";
}
```

Lösung für Aufgabe 5

```
/* %%%%%%%%%%%%%%%%%%%%%%%%%%%%%%%%%%%%%%%%%%%%%%%%%%%%%
	Name (des Programms/Moduls):	Größe fundamentaler Typen

	Autor(en):			Bause/Tölle

	Datum:				01.03.1992

	Beschreibung:			Dieses Programm druckt die Größen aller
					fundamentalen Typen und Zeiger mittels der
					Funktion sizeof aus.
 %%%%%%%%%%%%%%%%%%%%%%%%%%%%%%%%%%%%%%%%%%%%%%%%%%%%% */

#include <iostream.h>


void main( void )
{
	cout << "Groesse der fundamentalen Typen und Zeiger : \n\n";
	cout << "char			: "	<< sizeof(char)			<< "\n";
	cout << "short			: "	<< sizeof(short)		<< "\n";
	cout << "int			: "	<< sizeof(int)			<< "\n";
	cout << "long			: "	<< sizeof(long)			<< "\n";
	cout << "float			: "	<< sizeof(float)		<< "\n";
	cout << "double			: "	<< sizeof(double)		<< "\n";
	cout << "unsigned char		: "	<< sizeof(unsigned char)	<< "\n";
	cout << "unsigned short		: "	<< sizeof(unsigned short)	<< "\n";
	cout << "unsigned long		: "	<< sizeof(unsigned long)	<< "\n";
	cout << "character pointer	: "	<< sizeof(char*)		<< "\n";
	cout << "short int pointer	: "	<< sizeof(short*)		<< "\n";
	cout << "integer pointer		: "	<< sizeof(int*)			<< "\n";
	cout << "long int pointer	: "	<< sizeof(long*)		<< "\n";
	cout << "float pointer		: "	<< sizeof(float*)		<< "\n";
	cout << "double pointer		: "	<< sizeof(double*)		<< "\n";
}
```

Lösung für Aufgabe 6

```
/* %%%%%%%%%%%%%%%%%%%%%%%%%%%%%%%%%%%%%%%%%%%%%%%%%%%%%
	Name (des Programms/Moduls):	Verschiedene Darstellungen druckbarer Zeichen

	Autor(en):			Bause/Tölle

	Datum:				01.03.1992

	Beschreibung:			Dieses Programm gibt die Integer-, Oktal- und
					Hexadezimaldarstellung aller druckbaren Zeichen
					aus (ASCII-Code).
%%%%%%%%%%%%%%%%%%%%%%%%%%%%%%%%%%%%%%%%%%%%%%%%%%%%%% */

#include <iostream.h>
```

```
void main( void )
{
      int count;
      cout << "Character  Integer  Oktal  Hexadezimal   ";
      cout << "Character  Integer  Oktal  Hexadezimal\n\n";

      for ( count = 33; count < 80; count++)
      {
            cout  << char(count)  << "        "   << count           << "    ";

            cout  << oct          << count        << "         "     << hex
                  << count        << "         ";

            cout  << dec          << char(count + 48)                << "       "
                  << count + 48   << "      " ;

            cout  << oct          << count + 48   << "         "     << hex
                  << count + 48   << "\n";
      }
}
```

Lösung für Aufgabe 7

```
/* %%%%%%%%%%%%%%%%%%%%%%%%%%%%%%%%%%%%%%%%%%%%%%%%%%%%%
      Name (des Programms/Moduls):      Anzahl der Tage pro Monat, Version 1

      Autor(en):                        Bause/Tölle

      Datum:                            01.03.1992

      Beschreibung:                     Dieses Programm belegt eine Matrix mit den
                                        Namen der Monate und der Anzahl der Tage
                                        für 1992.
%%%%%%%%%%%%%%%%%%%%%%%%%%%%%%%%%%%%%%%%%%%%%%%%%%%%% */

#include <iostream.h>


char months_and_days[2][12][10]
   = {      "Januar", "Februar ", "Maerz",  "April", "Mai", "Juni", "Juli", "August",
            "September", "Oktober", "November", "Dezember",
            "31", "29", "31", "30", "31", "30", "31", "31", "30", "31", "30", "31"

      };


void main ( void )
{
      cout << "Monate     Tage       1992\n\n";
      for ( int i = 0; i < 12; i++)
            cout << months_and_days[0][i] << " : " << months_and_days[1][i] << "\n";
}
```

Lösung für Aufgabe 8

```
/* %%%%%%%%%%%%%%%%%%%%%%%%%%%%%%%%%%%%%%%%%%%%%%%%%%%%%%%%%%%%%%%%%%%%%%%%
	Name (des Programms/Moduls):	Stringlaenge

	Autor(en):			Bause/Tölle

	Datum:				01.03.1992

	Beschreibung:			Dieses Programm ermittelt die Laenge eines
					Strings.
  %%%%%%%%%%%%%%%%%%%%%%%%%%%%%%%%%%%%%%%%%%%%%%%%%%%%%%%%%%%%%%%%%%%%%%%% */

#include <iostream.h>

char	string[100];
int	count	= 0;
char*	p	= &string[0];

void main( void )
{
	cout		<< "Bitte String eingeben --> ";
	cin		>> string;
	while (*p++)	count++;
	cout		<< "\nLaenge des Strings	--> " << count << "\n";
}
```

Lösung für Aufgabe 9

```
/* %%%%%%%%%%%%%%%%%%%%%%%%%%%%%%%%%%%%%%%%%%%%%%%%%%%%%%%%%%%%%%%%%%%%%%%%
	Name (des Programms/Moduls):	String kopieren

	Autor(en):			Bause/Tölle

	Datum:				01.03.1992

	Beschreibung:			Dieses Programm kopiert einen String in einen
					anderen.
  %%%%%%%%%%%%%%%%%%%%%%%%%%%%%%%%%%%%%%%%%%%%%%%%%%%%%%%%%%%%%%%%%%%%%%%% */

#include <iostream.h>

 char string1[100]		, string2[100];
 char *p1 = &string1[0]		, *p2 = &string2[0];

void main( void )
{
	cout		<< "Bitte String eingeben --> ";
	cin		>> string1;
	while (*p1)	*p2++ = *p1++;
	*p2 = '\0';
	cout		<< "Inhalt des zweiten Strings	--> " << string2 << "\n";
}
```

Lösung für Aufgabe 10

```
/* %%%%%%%%%%%%%%%%%%%%%%%%%%%%%%%%%%%%%%%%%%%%%%%%%%%%%%%%%%%
	Name (des Programms/Moduls):	Stringvergleich

	Autor(en):	Bause/Tölle

	Datum:	01.03.1992

	Beschreibung:	Dieses Programm vergleicht zwei Strings.
  %%%%%%%%%%%%%%%%%%%%%%%%%%%%%%%%%%%%%%%%%%%%%%%%%%%%%%%%%%%% */

#include <iostream.h>

char string1[100]	, string2[100];
char *p1 = &string1[0]	, *p2 = &string2[0];

void main( void )
{
	cout << "Bitte String1 eingeben	--> ";
	cin >> string1;
	cout << "\nBitte String2 eingeben	--> ";
	cin >> string2;

	while (*p1 == *p2)
	{
		if (*p1 == '\0') break;
		p1++;
		p2++;
	}
	if (*p2 || *p1)	cout << "\nDie Strings sind verschieden!\n";
	else	cout << "\nDie Strings sind identisch!\n";
}
```

Lösung für Aufgabe 11

```
/* %%%%%%%%%%%%%%%%%%%%%%%%%%%%%%%%%%%%%%%%%%%%%%%%%%%%%%%%%%%
	Name (des Programms/Moduls):	Stringkonkatenation

	Autor(en):	Bause/Tölle

	Datum:	01.03.1992

	Beschreibung:	Dieses Programm konkateniert zwei Strings.
  %%%%%%%%%%%%%%%%%%%%%%%%%%%%%%%%%%%%%%%%%%%%%%%%%%%%%%%%%%%% */

#include <iostream.h>

 char string1[100]	, string2[100]	, string3[200];
 char *p1 = &string1[0]	, *p2 = &string2[0]	, *p3 = &string3[0];
```

```
void main( void )
{
    cout << "Bitte String1 eingeben        --> ";
    cin  >> string1;
    cout << "\nBitte String2 eingeben        --> ";
    cin  >> string2;
    while (*p1)  *p3++ = *p1++;
    while (*p2)  *p3++ = *p2++;
    *p3 = '\0';
    cout << "\nKonkatenation der Strings ist --> " << string3 << "\n";
}
```

Lösung für Aufgabe 12

```
/* %%%%%%%%%%%%%%%%%%%%%%%%%%%%%%%%%%%%%%%%%%%%%%%%%%%%%%%%%%%%%%%
    Name (des Programms/Moduls):    Stringspiegelung

    Autor(en):                      Bause/Tölle

    Datum:                          01.03.1992

    Beschreibung:                   Dieses Programm spiegelt die Zeichen eines
                                    Strings.
 %%%%%%%%%%%%%%%%%%%%%%%%%%%%%%%%%%%%%%%%%%%%%%%%%%%%%%%%%%%%%%% */

#include <iostream.h>


char string1[100]                , string2[100];
char *p1        = &string1[0]    , *p2 = &string2[0];
char *lauf      = &string1[0];

void main( void )
{
    cout        << "Bitte String eingeben     --> ";
    cin         >> string1;
    while (*lauf)  lauf++;
    lauf--;
    while (lauf >= p1) *p2++ = *lauf--;
    /*  Vergleich von Zeigern sinnvoll, wenn gesichert ist, daß beide Zeiger auf
        denselben Vektor verweisen. */
    *p2 = '\0';
    cout        << "Spiegelung des Strings    --> " << string2 << "\n";
}
```

Lösung für Aufgabe 13

```
/* %%%%%%%%%%%%%%%%%%%%%%%%%%%%%%%%%%%%%%%%%%%%%%%%%%%%
	Name (des Programms/Moduls):	Matrix

	Autor(en):	Bause/Tölle

	Datum:	01.03.1992

	Beschreibung:	Dieses Programm fuehrt folgende Operationen auf
		Matrizen mit konstanter Anzahl von Zeilen und
		Spalten durch :
			- Addition zweier Matrizen
			- Multiplikation einer Matrix mit einem Skalar
			- Multiplikation einer Matrix mit einem Vektor
%%%%%%%%%%%%%%%%%%%%%%%%%%%%%%%%%%%%%%%%%%%%%%%%%%%% */

#include <iostream.h>


const int rows	= 5;
const int cols	= 4;

//	Man beachte, dass der Bereich der Matrix folgender ist:	[0..4] x [0..3]
typedef int	matrix[rows][cols];
typedef int	vector_cols[cols];
typedef int	vector_rows[rows];

matrix		inp1, inp2, out;
vector_cols	v_inp;
vector_rows	v_out;
int		scalar = 10;

void add_two_matrices(matrix inp1, matrix inp2, matrix outp)
{
	for (int i=0; i < rows; i++)
		for (int j=0; j < cols; j++) outp[i][j] = inp1[i][j] + inp2[i][j];
}

void mult_matrix_with_scalar(matrix inp, matrix out, int factor)
{
	for (int i=0; i < rows; i++)
		for (int j=0; j < cols; j++) out[i][j] = factor * inp[i][j];
}

void mult_matrix_with_vector(matrix inpm, vector_cols inpv, vector_rows outv)
{
	for (int i=0; i < rows; i++)
	{
		outv[i] = 0;
		for (int j=0; j < cols; j++) outv[i] = inpv[j] * inpm[i][j] + outv[i];
	}
}
```

```
// Funktion zum Ausdrucken einer Matrix
void print_matrix(matrix m)
{
    cout << "\n";
    for (int i=0; i < rows; i++)
    {
        for (int j=0; j < cols; j++)     cout << m[i][j] << " \t";
        cout << "\n";
    }
    cout << "\n";
}

// Funktion zum Ausdrucken eines Vektors
void print_vector(int* v, int dim)
{
    cout << "\n";
    for (int i=0; i < dim; i++)     cout << v[i] << " \t";
    cout << "\n\n";
}


void main( void )
{
    // Initialisierung der Matrizen
    for (int i=0; i < rows; i++)
    {
        for (int j=0; j < cols; j++)
        {
            inp1[i][j]  = i+j;
            inp2[i][j]  = i*j;
            out[i][j]   = 0;
        }
    }

    // Initialisierung der Vektoren
    for (int j=0; j < cols; j++)
    {
        v_inp[j]    = j;
        v_out[j]    = 0;
    }

    // Test
    cout  << "\nEingabematrizen: \n";
    print_matrix(inp1);
    print_matrix(inp2);
    add_two_matrices(inp1, inp2, out);
    cout  << "\nSumme der Matrizen: \n";
    print_matrix(out);

    cout  << "\n\n\n\nEingabematrix: \n";
    print_matrix(inp1);
    cout  << "\nmultipliziert mit dem Skalar " << scalar << " ergibt: \n";
    mult_matrix_with_scalar(inp1, out, scalar);
    print_matrix(out);

    cout  << "\n\n\n\nEingabematrix: \n";
    print_matrix(inp2);
```

```
        cout  << "\nmultipliziert mit dem Vektor \n";
        print_vector(v_inp, cols);
        cout << "\nergibt\n";
        mult_matrix_with_vector(inp2, v_inp, v_out);
        print_vector(v_out, rows);
}
```

Lösung für Aufgabe 14

```
/* %%%%%%%%%%%%%%%%%%%%%%%%%%%%%%%%%%%%%%%%%%%%%%%%%%%%%%%%%%
        Name (des Programms/Moduls):        String<->Integer

        Autor(en):                          Bause/Tölle

        Datum:                              01.03.1992

        Beschreibung:                       Dieses Programm wandelt einen String, in dem
                                            die Ziffern '0' bis '9' und die Vorzeichen '+'
                                            und '-' auftreten duerfen, in eine Integerzahl um
                                            und umgekehrt.
   %%%%%%%%%%%%%%%%%%%%%%%%%%%%%%%%%%%%%%%%%%%%%%%%%%%%%%%%%% */

#include <iostream.h>

char  string[80];
int   wert;

int str_to_int (char *string)
{
        int sign = 1, wert = 0;

        if  ((*string == '+') || (*string == '-'))
        {
                if (*string == '-') sign = -1;
                string++;
        }
        while ((*string >= '0') && (*string <= '9'))
        {
                wert   *= 10;
                wert   += (*string - '0');
                string ++;
        }
        return (sign * wert);
}

void int_to_str ( int wert, char* string)
{
        int ziffer;
        char hilf[80], *p, *anfang;
        p               = &hilf[0];
        anfang          = p;
```

```
        if (wert < 0)
        {
                wert            = -wert;
                *string++       = '-';
        }
        if (!wert)
        {
                *string++       = '0';
                *string         = 0;
                return;
        }
        /*      Der String p nimmt die Zeichen zuerst in umgekehrter Reihenfolge
                auf. Danach werden sie umgekehrt nach s kopiert.  */

        while (wert)
        {
                ziffer          = wert % 10;
                wert            /= 10;
                *p++            = ziffer + '0';
        }

        while (p != anfang)        *string++ = *--p;
        *string         = 0;
        return;
}

void main( void )
{
        cout            << "Bitte String eingeben --> ";
        cin             >> string;
        cout            << "\nIntegerzahl lautet : " << str_to_int(string) << "\n\n";
        cout            << "Bitte Zahl eingeben   --> ";
        cin             >> wert;
        int_to_str(wert, string);
        cout            << "\nString lautet     : " << string << "\n";
}
```

Lösung für Aufgabe 15

```
/* %%%%%%%%%%%%%%%%%%%%%%%%%%%%%%%%%%%%%%%%%%%%%%%%%%%%%%%
        Name (des Programms/Moduls):    ?-Stop

        Autor(en):                      Bause/Tölle

        Datum:                          01.03.1992

        Beschreibung:                   Dieses Programm liest solange Zeichen ein bis
                                        ein Fragezeichen eingegeben wird. Anschliessend
                                        wird die Anzahl der eingegebenen Zeichen
                                        ausgegeben.
   %%%%%%%%%%%%%%%%%%%%%%%%%%%%%%%%%%%%%%%%%%%%%%%%%%%%%%% */

#include <iostream.h>
```

```
extern "C" system(char*);
                                        /*
                                           Deklaration der C-Funktion system.
                                           system ermöglicht das direkte
                                           Ausführen von Betriebssystemkommandos.
                                        */

void main( void )
{
        char* zeichen      = new char[2];
        zeichen[0]         = '\0';
        int   zaehler      = 0;

        cout  << "\nGeben Sie einen String ein.\n";
        cout  << "Abbruchbedingung: Eingabe eines '?' ! \n" << "Eingabe    : ";

        system("stty cbreak");
                    // Alle Eingaben werden direkt an read weitergeleitet
                    // Die Eingabe eines Returns ist nicht noetig.

        do
        {
                cin.read(zeichen, 1);
                zaehler++;
        }
        while (zeichen != '?');
        system("stty -cbreak");
        cout  << "\nDer String besitzt die Laenge:  " << (zaehler - 1) << "\n";
}
```

Lösung für Aufgabe 16

```
1)      a = ((( b + (c * d )) << 2 ) & 8 )
2)      a & ( 077 != 3 )
3)      ( a == b ) || (( a == c ) && ( c < 5 ))
4)      c = ( x != 0 )
5)      ( 0 <= i ) < 7
/*   Wegen Linksassoziativitaet binaerer Operatoren gleicher Prioritaet */

6)      ( f(1,2) ) + 3

7)      a = ((( -1 ) + ( + (b--)) - 5)
/*   Bei einigen Compilern kann es passieren, dass das unaere Plus (bei (+(b--)) nicht
     implementiert ist. Trotzdem ist dieser Ausdruck korrekt. Verwendet man ein unaeres
     Minus (also -b--), so laesst sich die Korrektheit des Ausdrucks im allgemeinen mit allen
     Compilern ueberpruefen.
*/

8)      a = ( b = ( c = 0 ))
9)      ( a[4][2] ) *= (( *b ) ? (c) : (( *d ) * 2 ))
10)     ( a - b ) , ( c = d )
11)     *( p++ )
12)     *( --p )
```

13) ++a--
/* ist immer ein Compiler-Fehler, egal ob man und wie man klammert. Dies liegt daran, dass sich beispielsweise bei ++(a--) das ++ auf einen Ausdruck bezieht und nicht auf eine Speicherzelle (kein *lvalue*). Ein ++ auf einen Ausdruck kann man aber nicht ausfuehren.
*/
14) (int*) (p -> m)
15) *(p.m)
16) *(a[i])

Lösung für Aufgabe 17

```
/* %%%%%%%%%%%%%%%%%%%%%%%%%%%%%%%%%%%%%%%%%%%%%%%%%%%%%%%%
   Name (des Programms/Moduls):     Stringkodierung

   Autor(en):                       Bause/Tölle

   Datum:                           01.03.1992

   Beschreibung:                    Dieses Programm kodiert Strings. Die Basis (das
                                    Schluesselwort) fuer die Kodierung ist der String
                                    key, und der zu kodierende String ist der String
                                    normal. Eine bitweise exor-Funktion wird auf den
                                    Zeichen beider Strings ausgefuehrt, wobei key in
                                    einer zyklischen Weise verwendet wird, bis alle
                                    Zeichen von normal gelesen worden sind.
                                    Dekodierung wird einfach durch wiederholte
                                    Kodierung des bereits kodierten Textes mit
                                    gleichem Schluesselwort key ausgeführt.
                                    Kombinationen von Buchstaben, die in etwa die
                                    gleiche Position im ASCII-Code haben,
                                    produzieren haeufig nicht darstellbare Zeichen!
 %%%%%%%%%%%%%%%%%%%%%%%%%%%%%%%%%%%%%%%%%%%%%%%%%%%%%%%% */

#include <iostream.h>
#include <string.h>

char        keys[100];
char        normal[100];
char*       hlp[100];

char* encrypt(char* normal, char* key, int length)
{
      int i          = 0;
      int z          = 0;
      char* help  = new char[100];
      while (normal[i] != '\0')
      {
            if ( z == length) z = 0;
            help[i] = (normal[i]^key[z]);
            z++;
            i++;
      }
```

```
        help[i] = '\0';
        return help;
}

void main( void )
{
        cout  << "                    KODIERUNGS-PROGRAM !!\n\n\n";
        cout  << "Vorsicht: Kombinationen von Buchstaben, die in etwa die\n";
        cout  << "gleiche Position im ASCII-Code haben, fuehren haeufig zu\n";
        cout  << "nicht darstellbaren Zeichen!!\n\n";
        cout  << "Geben Sie einen String als Schluesselwort fuer die \n";
        cout  << "Kodierung ein \n(Maximum ist 99 Buchstaben): \n\n" << "--> ";
        cin   >> keys;
        cout  << "\nGeben Sie einen String, den Sie kodieren wollen\n";
        cout  << "(Maximum ist 99 Buchstaben)  : \n\n" << "--> ";
        cin   >> normal;
        cout  << "\nDer kodierte String lautet : "
              << encrypt(normal, keys, strlen(keys)) << "\n";
        cout  << "\nDer dekodierte String lautet : "
              << encrypt(encrypt(normal,keys,strlen(keys)),keys,strlen(keys))
              << "\n";
}
```

Lösung für Aufgabe 18

```
/* %%%%%%%%%%%%%%%%%%%%%%%%%%%%%%%%%%%%%%%%%%%%%%%%%%%%%%%%%%%%%%%%%%%%%%%%%%%%%%%%
        Name (des Programms/Moduls):        for-while

        Autor(en):                          Bause/Tölle

        Datum:                              01.03.1992

        Beschreibung:                       Dieses Programm enthaelt aequivalente for- und
                                            while-Anweisungen.
   %%%%%%%%%%%%%%%%%%%%%%%%%%%%%%%%%%%%%%%%%%%%%%%%%%%%%%%%%%%%%%%%%%%%%%%%%%%%%%%% */

#include <iostream.h>


void main ( void )
{
        char ch;
        int quest_count    = 0, max_length = 10, i;

        for (i = 0; i < max_length; i++)  // for-Anweisung
        {
              cin >> ch;
              if (ch == '?') quest_count++;
        }
        cout          << "Anzahl der ?'s in dem input string der "
                      << "Laenge " << max_length << ": "      << quest_count << "\n";
```

```
        quest_count        = 0;   // aequivalente while-Anweisung
        i                  = 0;

        while (i < max_length)
        {
              cin >> ch;
              if (ch == '?') quest_count++;
              i++;
        }
        cout          << "Anzahl der ?'s in dem input string der "
                      << "Laenge" << max_length << ": "  << quest_count << "\n";
}
```

Lösung für Aufgabe 19

```
/* %%%%%%%%%%%%%%%%%%%%%%%%%%%%%%%%%%%%%%%%%%%%%%%%%%%%%%%%%%
      Name (des Programms/Moduls):     Stringbearbeitung

      Autor(en):                       Bause/Tölle

      Datum:                           01.03.1992

      Beschreibung:                    Dieses Programm
                                          - zaehlt die Laenge eines Strings mit Funktion
                                            countstring
                                          - kopiert einen String in einen anderen mit
                                            Funktion copystring
                                          - vergleicht zwei Strings mit Funktion
                                            comparestrings
                                          - konkateniert zwei Strings mit Funktion cat
                                          - spiegelt die Zeichen eines String mit
                                            Funktion rev
                                       Vgl. Aufgaben 8 - 12.
  %%%%%%%%%%%%%%%%%%%%%%%%%%%%%%%%%%%%%%%%%%%%%%%%%%%%%%%%%% */

#include <iostream.h>


char string1[100]           , string2[100];
char *p1 = &string1[0]      , *p2 = &string2[0];

void countstring(char *string1)
{
      char *p1      = &string1[0];
      int count     = 0;
      while (*p1++) count++;
      cout          << "\nLaenge von String1              --> " << count << "\n";
}

void copystring(char *string1)
{
      char string2[100];
      char *p1 = &string1[0], *p2 = &string2[0];
      while (*p1) *p2++ = *p1++;
```

```
        *p2 = '\0';
        cout   << "\nInhalt des kopierten Strings    --> " << string2 << "\n";
}

void comparestrings(char *string1, char *string2)
{
        char *p1 = &string1[0], *p2 = &string2[0];
        while (*p1 == *p2)
        {
                if (*p1 == '\0') break;
                p1++;
                p2++;
        }
        if (*p2 || *p1)     cout << "\nString1 und String2 sind verschieden!\n";
        else                cout << "\nString1 und String2 sind identisch!\n";
}

void cat(char *string1, char *string2)
{
        char string3[200];
        char *p1 = &string1[0], *p2 = &string2[0], *p3 = &string3[0];
        while (*p1) *p3++ = *p1++;
        while (*p2) *p3++ = *p2++;
        *p3 = '\0';
        cout   << "\nKonkatenation von String1 und String2";
        cout   << "\nergibt                          --> " << string3 << "\n";
}

void rev(char *string1)
{       char string2[100];
        char *p1 = &string1[0], *p2 = &string2[0];
        char *lauf;
        lauf = &string1[0];
        while (*lauf)  lauf++;
        lauf--;
        while (lauf >= p1)  *p2++ = *lauf--;
        *p2 = '\0';
        cout   << "\nSpiegelung von String1          --> " << string2 << "\n";
}

void main( void )
{
        cout   << "Bitte String1 eingeben          --> ";
        cin    >> string1;
        cout   << "\nBitte String2 eingeben          --> ";
        cin    >> string2;
        countstring(string1);
        copystring(string1);
        comparestrings(string1, string2);
        cat(string1, string2);
        rev(string1);
}
```

Lösung für Aufgabe 20

```
/* %%%%%%%%%%%%%%%%%%%%%%%%%%%%%%%%%%%%%%%%%%%%%%%%%%%%%%%%%%%%%%%%%%
	Name (des Programms/Moduls):	vertausche1

	Autor(en):			Bause/Tölle

	Datum:				01.03.1992

	Beschreibung:			Dieses Programm vertauscht den Inhalt zweier
					Integer-Variablen. Einmal wird int* und einmal
					int& als Parametertyp verwendet.
%%%%%%%%%%%%%%%%%%%%%%%%%%%%%%%%%%%%%%%%%%%%%%%%%%%%%%%%%%%%%%%%%% */

#include <iostream.h>


int wert1, wert2;

void swap1(int* a, int* b)
{
	int help;
	help	= *a;
	*a	= *b;
	*b	= help;
}

void swap2(int& a, int& b)
{
	int help;
	help	= a;
	a	= b;
	b	= help;
}

void main( void )
{
	cout	<< "\n1. Wert --> : ";
	cin	>> wert1;
	cout	<< "2. Wert --> : ";
	cin	>> wert2;
	swap1(&wert1, &wert2);
	cout	<< "\nVertauschte Werte : \n";
	cout	<< "1. Wert : " << wert1 << "  2. Wert : " << wert2 << "\n\n";
	swap2(wert1, wert2);
	cout	<< "\nNochmal vertauschte Werte : \n";
	cout	<< "1. Wert : " << wert1 << "  2. Wert : " << wert2 << "\n\n";
}
```

Lösung für Aufgabe 20 (zweiter Lösungsvorschlag)

```
/* %%%%%%%%%%%%%%%%%%%%%%%%%%%%%%%%%%%%%%%%%%%%%%%%%%%%%%%%%%%%
        Name (des Programms/Moduls):    vertausche2

        Autor(en):                      Bause/Tölle

        Datum:                          01.03.1992

        Beschreibung:                   Dieses Programm vertauscht den Inhalt zweier
                                        Integer-Variablen. Einmal wird int* und einmal
                                        int& als Parametertyp verwendet. Eine
                                        Hilfsvariable zum Vertauschen wird hier nicht
                                        benoetigt.
%%%%%%%%%%%%%%%%%%%%%%%%%%%%%%%%%%%%%%%%%%%%%%%%%%%%%%%%%%%% */

#include <iostream.h>


int wert1, wert2;

void swap1(int* a, int* b)
{
        *a ^= *b ^= *a, *b ^= *a;
}

void swap2(int& a, int& b)
{
        a ^= b ^= a, b ^= a;
}

void main( void )
{
        cout  << "\n1. Wert --> : ";
        cin   >> wert1;
        cout  << "2. Wert --> : ";
        cin   >> wert2;
        swap1(&wert1, &wert2);
        cout  << "\nVertauschte Werte : \n";
        cout  << "1. Wert : " << wert1 << "  2. Wert : " << wert2 << "\n\n";
        swap2(wert1, wert2);
        cout  << "\nNochmal vertauschte Werte : \n";
        cout  << "1. Wert : " << wert1 << "  2. Wert : " << wert2 << "\n\n";
}
```

Lösung für Aufgabe 21

```
/* %%%%%%%%%%%%%%%%%%%%%%%%%%%%%%%%%%%%%%%%%%%%%%%%%%%%%%%%%%%%%
        Name (des Programms/Moduls):    Anzahl der Tage pro Monat, Version 2

        Autor(en):                      Bause/Tölle

        Datum:                          01.03.1992

        Beschreibung:                   Dieses Programm legt eine Liste von Monaten des
                                        Jahres 1992 an, wobei jedes Listenelement den
                                        Monatsnamen und die Anzahl der Tage des
                                        Monats enthaelt.
%%%%%%%%%%%%%%%%%%%%%%%%%%%%%%%%%%%%%%%%%%%%%%%%%%%%%%%%%%%%%%% */

#include <iostream.h>


struct month_and_number_of_days
{
        char*           month;
        int             day;
        month_and_number_of_days*       next;
};

month_and_number_of_days*     main_pointer;
month_and_number_of_days*     run;

void main ( void )
{
        main_pointer = new month_and_number_of_days;
        run = main_pointer;         run->month = "Januar     ";  run->day = 31;
        run->next = new month_and_number_of_days;
        run = run->next;            run->month = "Februar    ";  run->day = 29;
        run->next = new month_and_number_of_days;
        run = run->next;            run->month = "Maerz      ";  run->day = 31;
        run->next = new month_and_number_of_days;
        run = run->next;            run->month = "April      ";  run->day = 30;
        run->next = new month_and_number_of_days;
        run = run->next;            run->month = "Mai        ";  run->day = 31;
        run->next = new month_and_number_of_days;
        run = run->next;            run->month = "Juni       ";  run->day = 30;
        run->next = new month_and_number_of_days;
        run = run->next;            run->month = "Juli       ";  run->day = 31;
        run->next = new month_and_number_of_days;
        run = run->next;            run->month = "August     ";  run->day = 31;
        run->next = new month_and_number_of_days;
        run = run->next;            run->month = "September  ";  run->day = 30;
        run->next = new month_and_number_of_days;
        run = run->next;            run->month = "Oktober    ";  run->day = 31;
        run->next = new month_and_number_of_days;
        run = run->next;            run->month = "November   ";  run->day = 30;
        run->next = new month_and_number_of_days;
        run = run->next;            run->month = "Dezember   ";  run->day = 31;
        run->next = 0;              //Endemarkierung der Liste
```

```
    run = main_pointer;

    cout << "Monat      Tage      1992\n\n";

    while (run)
    {
        cout << run->month << " : " << run->day << "\n";
        run = run->next;
    }
}
```

Lösung für Aufgabe 22

```
/* %%%%%%%%%%%%%%%%%%%%%%%%%%%%%%%%%%%%%%%%%%%%%%%%%%%%%%%%%%
    Name (des Programms/Moduls):    Binärbaum

    Autor(en):                      Bause/Tölle

    Datum:                          01.03.1992

    Beschreibung:                   Dieses Programm definiert die Structure eines
                                    Baumknotens und fuehrt folgende Traversions-
                                    operationen auf einem speziell dafuer definierten
                                    Baum aus:
                                        - preorder
                                        - inorder
                                        - postorder
%%%%%%%%%%%%%%%%%%%%%%%%%%%%%%%%%%%%%%%%%%%%%%%%%%%%%%%%%% */

#include <iostream.h>


struct tnode
{
    int         contents;
    tnode*      left;
    tnode*      right;
};

tnode* create( )
{
    /*  Diese Funktion kreiert ein neues Element vom Typ tnode und initialisiert es    */
    tnode* t;
    t               = new tnode;
    t->contents     = 0;
        // Initialisierung zweier Zeiger auf 'NULL'
    t->left         = 0;
    t->right        = 0;
        // Uebergabe eines Zeigers auf das kreierte Objekt
    return t;
}
```

```
void print_node(tnode* pointer)
{
    if (pointer) cout << "\nInhalt des Knotens ist  " << pointer->contents;
}

void preorder(tnode* pointer)
{
    if (pointer)
    {
        print_node(pointer);
        preorder(pointer->left);
        preorder(pointer->right);
    }
}

void inorder(tnode* pointer)
{
    if (pointer)
    {
        inorder(pointer->left);
        print_node(pointer);
        inorder(pointer->right);
    }
}

void postorder(tnode* pointer)
{
    if (pointer)
    {
        postorder(pointer->left);
        postorder(pointer->right);
        print_node(pointer);
    }
}

void main( void )
{
    tnode* root;    // Definition der Wurzel
    tnode* run;     // Hilfszeiger

    /* Der folgende binaere Baum von Integern wird erzeugt:

                 1
                / \
               2   3
              / \   \
             4   5   6
            /
           7
          / \
         8   9
    */

    root = create( );
    root->contents = 1;
```

```
    // Kreieren des linken Unterbaums
    root->left = create( );      run = root->left;             run->contents = 2;
    run->left = create( );       run->right = create( );       run->right->contents = 5;
    run = run->left;             run->contents = 4;            run->left = create( );
    run = run->left;             run->contents = 7;            run->left = create( );
    run->right = create( );      run->left->contents = 8;      run->right->contents = 9;

    // Kreieren des rechten Unterbaums
    root->right = create( );     run = root->right;            run->contents = 3;
    run->right = create( );      run->right->contents = 6;

    cout << "preorder: " << "\n";
    preorder(root);
    cout << "\n\n\n";
    cout << "inorder: " << "\n";
    inorder(root);
    cout << "\n\n\n";
    cout << "postorder: " << "\n";
    postorder(root);
    cout << "\n\n\n";
}
```

Lösung für Aufgabe 23

```
/* %%%%%%%%%%%%%%%%%%%%%%%%%%%%%%%%%%%%%%%%%%%%%%%
    Name (des Programms/Moduls):     Stack

    Autor(en):                       Bause/Tölle

    Datum:                           01.03.1992

    Beschreibung:                    Dieses Programm definiert die Structure eines
                                     Stack-Objekts und fuehrt die bekannten
                                     Funktionen push und pop durch. In der Funktion
                                     main kann der Benutzer eine beliebige Anzahl von
                                     Zeichen eingeben, die auf den Stack gelegt und
                                     spaeter wieder vom Stack genommen werden.
%%%%%%%%%%%%%%%%%%%%%%%%%%%%%%%%%%%%%%%%%%%%%%% */

#include <iostream.h>


struct stack_object
{
    char contents;
    stack_object* next;
};

stack_object* stack;
```

```
/*	Die Funktion create erzeugt ein neues Stack-Element und initialisiert seine Member.	*/
stack_object* create( )
{
	stack_object* s;
	s = new stack_object;
	s->contents	= ' ';
	s->next		= 0;
	return s;
}

void print_stack_object(stack_object* pointer)
{
	if (pointer) cout << "\nInhalt ist  " << pointer->contents << "\n";
}

/*
	Die Funktion top liefert einen Zeiger auf das oberste Stack-Element ohne es vom Stack zu
	loeschen.
*/
stack_object* top(stack_object* st)
{
	return st;
}

void push(stack_object*& stack, char cont)
// call by reference
{
	stack_object* s;
	s		= create( );
	s->contents	= cont;
	s->next		= stack;
	stack		= s;
}

void pop(stack_object*& stack)
// call by reference
{
	stack_object* s;
	s		= stack;
	stack		= stack->next;
	s->next		= 0;
	delete s;
}
```

```
void main( void )
{
	char inp;
	cout  << "Geben Sie bitte Zeichen (Characters) ein (0=Ende) \n";
	cin    >> inp;
	while (inp != '0')
	{
		push(stack,inp);
		cin >> inp;
	}

	// Ausgabe und Loeschen des Stacks
	while (stack)
	{
		print_stack_object(top(stack));
		pop(stack);
	}
}
```

Lösung für Aufgabe 24

```
/* %%%%%%%%%%%%%%%%%%%%%%%%%%%%%%%%%%%%%%%%%%%%%%%%%%%%%%%%%%%%%%%%%%%%%%
	Name (des Programms/Moduls):	Klasse Matrix

	Autor(en):			Bause/Tölle

	Datum:				01.03.1992

	Beschreibung:			Dieses Programm definiert eine Klasse Matrix
					mit konstanter und gleicher Anzahl von Zeilen
					und Spalten und besitzt folgende oeffentliche
					Operationen:
						- Zugriff auf ein Matrix-Element
						- Eintrag eines Matrix-Elements
					Weiterhin werden folgende Funktionen auf
					Matrizen implementiert
						- Addition zweier Matrizen
						- Multiplikation zweier Matrizen
						- Berechnung der Determinante einer
						  Matrix
%%%%%%%%%%%%%%%%%%%%%%%%%%%%%%%%%%%%%%%%%%%%%%%%%%%%%%%%%%%%%%%%%%%%%%% */

#include <iostream.h>


const int rows_and_cols = 3;
typedef double mat[rows_and_cols][rows_and_cols];

class matrix
{
	// Definition der Klasse Matrix
	private:
		mat		m;

	public:
	// oeffentliche Funktionen
		double	get_mat(int, int);
		void	put_mat(int, int, double);
};

double matrix :: get_mat(int i, int j)
{
	return m[i][j];
}

void matrix :: put_mat(int i, int j, double contents)
{
	m[i][j] = contents;
}
```

```
void print_matrix(matrix m)
{
	cout << "\n";
	for (int i=0; i < rows_and_cols; i++)
	{
	  for (int j=0; j < rows_and_cols; j++)
		cout << m.get_mat(i, j) << " \t";
	  cout << "\n";
	}
}

matrix add(matrix inp1, matrix inp2)
{
	matrix		outp;
	for (int i = 0; i < rows_and_cols; i++)
	  for (int j = 0; j < rows_and_cols; j++)
		outp.put_mat(i, j, (inp1.get_mat(i,j) + inp2.get_mat(i, j)));
	return outp;
}

matrix mul(matrix inp1, matrix inp2)
{
	matrix		outp;
	int		i,j;

	// Initialisierung von outp
	for (i = 0; i < rows_and_cols; i++)
		for (j = 0; j < rows_and_cols; j++)  outp.put_mat(i, j, 0);

	// Berechnung des Produktes
	for (i = 0; i < rows_and_cols; i++)
		for (j = 0; j < rows_and_cols; j++)
			for (int k = 0; k < rows_and_cols; k++)
				outp.put_mat(i, j, (outp.get_mat(i, j) + inp1.get_mat(i, k)
							*inp2.get_mat(k, j)));
	return outp;
}

double det(matrix inp)
	/*
		call by value !!
		Der folgende Algorithmus wird verwendet, um die Determinante einer
		quadratischen Matrix zu berechnen. Die Eingabematrix wird durch eine
		Kombination von elementaren Matrixoperationen (Addition zweier Zeilen
		und Multiplikation einer Zeile mit einem Skalar) auf Dreiecksform gebracht.
		Die Determinante ist dann das Produkt der Hauptdiagonal-Elemente der so
		transformierten Matrix.
	*/
{
	int row = 0, col = 0, i, k, l;
	double out, pivot, mem;

	while (row < (rows_and_cols-1))
	{
		if (col >= rows_and_cols) break;
		i = row;
		while ((i < rows_and_cols) && (inp.get_mat(i, col) == 0)) i++;
```

```
            if (i >= rows_and_cols)   break;
            // Vertausche Zeilen, falls noetig
            if (i != row)
            {
                  for (k = 0; k < rows_and_cols; k++)
                  {
                        mem = inp.get_mat(row, k);
                        inp.put_mat(row, k, inp.get_mat(i, k));
                        inp.put_mat(i, k, mem);
                  }
            }

            // Matrixtransformation, so dass jedes Element unterhalb der
            // Zeile 'row' mit Spaltenindex < 'col' Null ist
            pivot = inp.get_mat(row, col);
            for (l = (row+1); l < rows_and_cols; l++)
            {
                  double factor = inp.get_mat(l, col) / pivot * -1;
                  for (k = col; k < rows_and_cols; k++)
                  {
                        // Multiplikation der Zeile 'l' mit dem Skalar 'pivot' und
                        // Addition der Zeile 'row' mit der Zeile 'l'
                        inp.put_mat(l, k, (factor * inp.get_mat(row, k) + inp.get_mat(l, k)));
                  }
            }
            row++;
            col++;
      }

      out = 1;
      for (k = 0; k < rows_and_cols; k++) out = out * inp.get_mat(k, k);
      return out;
      /*
            Man beachte, dass der Parameter inp durch call by value uebergeben
            wurde  und somit die Transformationen der Matrix inp in der
            Funktion det  nicht den Wert des aktuellen Parameters aendern!
      */
}

void main( void )
{
      matrix        inp1, inp2;

      // Initialisierung der Matrizen

      for (int i = 0; i < rows_and_cols; i++)
            for (int j = 0; j < rows_and_cols; j++)
            {
                  inp1.put_mat(i, j, i*j*j+1);
                  inp2.put_mat(i, j, i+j+1);
            }

      cout << "\nEingabematrizen: \n";
      print_matrix(inp1);
      print_matrix(inp2);
      cout << "\nSumme der Matrizen: \n";
      print_matrix(add(inp1, inp2));
```

```
        cout << "\n\n\n";
        cout << "\nMatrix: \n";
        print_matrix(inp1);
        cout << "\n multipliziert mit \n";
        print_matrix(inp2);
        cout << "\n ergibt \n";
        print_matrix(mul(inp1, inp2));

        cout << "\n\n\n";
        cout << "\nDeterminante der Eingabematrix: \n";
        print_matrix(inp1);
        cout << "\n ergibt ";
        cout << det(inp1) << "\n";;
}
```

Lösung für Aufgabe 25

```
/* %%%%%%%%%%%%%%%%%%%%%%%%%%%%%%%%%%%%%%%%%%%%%%%%%%%%%
        Name (des Programms/Moduls):        Histogramm

        Autor(en):                          Bause/Tölle

        Datum:                              01.03.1992

        Beschreibung:                       Dieses Programm druckt die Anzahl von Zahlen
                                            in einem Intervall von Integern als Histogramm.
                                            Genauer: Die Anzahl der Zahlen, die durch 1,
                                            2, 3, 4, 5 ganzzahlig teilbar sind, werden
                                            zeilenweise ausgegeben. Das Intervall, welches
                                            mittels linker und rechter Grenze angebenen
                                            wird, wird als Argument fuer den Konstruktor
                                            der Klasse histogramm benutzt. Es wird
                                            ueberprueft, ob das Intervall mehr als 50 Zahlen
                                            beinhaltet. Falls dies der Fall ist, so wird das
                                            Intervall automatisch auf 50 Zahlen begrenzt,
                                            beginnend mit der linken Grenze.
   %%%%%%%%%%%%%%%%%%%%%%%%%%%%%%%%%%%%%%%%%%%%%%%%%%%%%% */

#include <iostream.h>

class histogramm
{
        private:
                int     left, right;

        public :
                histogramm(int l, int r)
                {
                        left = l;
                        ((r - l < 50) ? (right = r) : (right = (left + 49)));
                }

                void print_hist();
};
```

```
void histogramm :: print_hist()
{
	int z;

	cout << "\nIntervallgrenzen sind : [" << left << "," << right << "]";
	z = right - left + 1;
	cout << "\n\nAnz. der durch 1 teilbaren Zahlen : ";
	for (int i = 0; i < z; i++)   cout << "X";

	z = (right/2) - ((left - 1)/2);
	cout << "\n\nAnz. der durch 2 teilbaren Zahlen : ";
	for (int j = 0; j < z; j++)   cout << "X";

	z = (right/3) - ((left - 1)/3);
	cout << "\n\nAnz. der durch 3 teilbaren Zahlen : ";
	for (int k = 0; k < z; k++)   cout << "X";

	z = (right/4) - ((left - 1)/4);
	cout << "\n\nAnz. der durch 4 teilbaren Zahlen : ";
	for (int l = 0; l < z; l++)   cout << "X";

	z = (right/5) - ((left - 1)/5);
	cout << "\n\nAnz. der durch 5 teilbaren Zahlen : ";
	for (int m = 0; m < z; m++)   cout << "X";
	cout << "\n\n";
}

void main( void )
{
	int lower    = 1;
	int upper    = 1;
	cout << "\n\n          HISTOGRAMM-PROGRAMM\n\n";
	cout << "Durch Eingabe von 0 fuer die untere Grenze\n";
	cout << "koennen Sie das Programm beenden!\n\n";

	while (lower)
	{
		cout  << "Bitte geben Sie die untere Grenze an --> ";
		cin   >> lower;

		if (lower <= 0)  break;
		cout  << "\n";
		cout  << "Bitte geben Sie die obere Grenze an --> ";
		cin   >> upper;
		if (upper <= 0)  break;

		if (upper < lower)
		{
			cout << "\nFehler : Obere Grenze kleiner als untere Grenze!!\n\n";
			break;
		}

		histogramm his(lower, upper);
		his.print_hist();
		cout << "\n\n\n";
	}
}
```

Lösung für Aufgabe 26

```
/* %%%%%%%%%%%%%%%%%%%%%%%%%%%%%%%%%%%%%%%%%%%%%
      Name (des Programms/Moduls):     Angestellten1

      Autor(en):                       Bause/Tölle

      Datum:                           01.03.1992

      Beschreibung:                    Dieses Programm definiert eine Klassen-
                                       hierarchie der folgenden Art: Angestellter,
                                       Manager, Direktor und Praesident.

                                       Ein Manager verwaltet einige Angestellte, ein
                                       Direktor einige Manager und ein Praesident
                                       einige Direktoren. Diese Personen werden in
                                       Inkarnationen der Structure names gespeichert
                                       und jeder Manager, Direktor und Praesident hat
                                       einen Zeiger auf die von ihnen verwalteten
                                       Personen.

                                       Vier Elemente der Klasse employee, zwei der
                                       Klasse manager, zwei der Klasse director und
                                       ein Element der Klasse president werden
                                       erzeugt und in eine Liste von Angestellten
                                       eingetragen.

                                       Die Funktion print wird als Friend-Funktion
                                       der Klasse employee definiert und druckt die
                                       verschiedenen Informationsinhalte der
                                       jeweiligen Klassen einschliesslich der
                                       verwalteten Personen aus.

                                       Die Hierarchie (betreffend der verwalteten
                                       Personen) ist:

                                                     pre
                                                     / \
                                                 dir1   dir2
                                                 /         \
                                             man1           man2
                                             /  \           /  \
                                         emp1  emp2     emp3  emp4

                                       Die Liste der Angestellten sieht wie folgt aus :

                                       emp1, emp2, emp3, emp4, man1, man2,
                                       dir1, dir2, pre

                                       Zum Drucken der Informationen werden
                                       Typfelder benutzt.
                                       Eine andere Loesungsmoeglichkeit waeren
                                       virtuelle Funktionen.
%%%%%%%%%%%%%%%%%%%%%%%%%%%%%%%%%%%%%%%%%%%%%% */

#include <iostream.h>
```

```
int p_print = 0, d_print = 0, m_print = 0, e_print = 0;
// Variablen zur Kennzeichnung, ob Textueberschrift bereits ausgegeben worden ist.

enum empl_type { E, M, D, P};

struct names
{
	char*		na;
	names*		succ;
	names(char* nam) { na = nam;  succ = 0; }
};

class employee
{
	private:
		empl_type	e_type;
		char*		name;
		short		age;
		long		salary;

		friend void	print(employee*);

	public :
		employee*	next;

		employee(empl_type t, char* n, short a, long s) // Konstruktor
		{
			e_type	=	t;
			name	=	n;
			age	=	a;
			salary	=	s;
		}
};

class manager : public employee
{
	public :
		names*	group;

		manager(empl_type t, char* n, short a, long s) : employee(t, n, a, s)
		{
			group	=	0;
		}
};

class director : public manager
{
	public :
		short	directed_department;
		names*	man_managed;

		director(empl_type t, char* n, short a, long s) : manager(t, n, a, s)
		{
			directed_department	=	0;
			man_managed		=	0;
		}
};
```

```
class president : public director
{
	public :
		names*		direct;
		long		swiss_bank_account_no;

		president(empl_type t, char* n, short a, long s) : director(t, n, a, s)
		{
			direct				=	0;
			swiss_bank_account_no	=	0;
		}
};

void print(employee* run)
{
	names*	h;
	switch (run -> e_type)
	{
	   case P :
		if (p_print == 0)
		{
			cout << "\nPraesidenten sind : \n\n";
			p_print = 1;
		}
		cout	<< run -> name << "    " << run -> age << "    " << run -> salary << "    ";
		president* p = (president*) run;
		cout	<< "Schweizer Bankkontonr. : "  << p -> swiss_bank_account_no
			<< "\n" << "Verwaltete Direktoren  : ";

		h = p -> direct;
		while (h)
		{
			cout << h -> na  << ", ";
			h = h -> succ;
		}
		cout << "\n";
		break;

	   case D :
		if (d_print == 0)
		{
			cout << "\nDirektoren sind : \n\n";
			d_print = 1;
		}
		cout	<< run -> name << "    " << run -> age << "    " << run -> salary << "    ";
		director* d = (director*) run;
		cout	<< "Abteilung  : " << d -> directed_department << "\n"
			<< "Verwaltete Manager : ";

		h = d -> man_managed;
		while (h)
		{
			cout << h -> na  << ", ";
			h = h -> succ;
		}
		cout << "\n\n";
		break;
```

```
        case M :
           if (m_print == 0)
           {
                 cout << "\n\nManager sind : \n\n";
                 m_print = 1;
           }

           cout << run -> name << "    " << run -> age << "    " << run -> salary << "\n";
           manager* m = (manager*) run;
           cout << "Verwaltete Angestellte : ";

           h = m -> group;
           while (h)
           {
                 cout << h -> na  << ", ";
                 h = h -> succ;
           }
           cout << "\n\n";
           break;

        case E :
           if (e_print == 0)
           {
                 cout << "\n\nAngestellte sind : \n\n";
                 e_print = 1;
           }
           cout << run -> name << "    " << run -> age << "    " << run -> salary << "\n";
           break;
     }
}

void main( void )
{
     employee* test;

     employee  emp1(E, "Peter", 26, 40000), emp2(E, "Uschi", 45, 38000),
               emp3(E, "Willi", 18, 22000), emp4(E, "Carla", 39, 78000);
     names     e1("Peter"), e2("Uschi"), e3("Willi"), e4("Carla"),
               m1("Klaus"), m2("Bruno"), d1("Tommi"), d2("Berta"), p1("Hansi");

      manager   man1(M, "Klaus", 42, 110000);
      manager   man2(M, "Bruno", 47, 132000);
      man1.group                 = &e1;
      man1.group -> succ         = &e2;
      man2.group                 = &e3;
      man2.group -> succ         = &e4;

      director   dir1(D, "Tommi", 55, 210000);
      dir1.directed_department   = 1;
      dir1.man_managed           = &m1;
      director   dir2(D, "Berta", 54, 230000);
      dir2.directed_department   = 2;
      dir2.man_managed           = &m2;

      president  pre(P, "Hansi", 58, 360000);
      pre.swiss_bank_account_no = 789432145;
      pre.direct                 = &d1;
```

```
    pre.direct -> succ          = &d2;

    emp1.next  = &emp2;    emp2.next  = &emp3;    emp3.next   = &emp4;
    emp4.next  = &man1;    man1.next  = &man2;    man2.next   = &dir1;
    dir1.next  = &dir2;    dir2.next  = &pre;     pre.next    = 0;

    cout << "Die Hierarchie ist : ";
    test = &emp1;
    for (; test; test = test -> next) print(test);
}
```

Lösung für Aufgabe 26 (zweiter Lösungsvorschlag)

```
/* %%%%%%%%%%%%%%%%%%%%%%%%%%%%%%%%%%%%%%%%%%%%%%%%%%%%%%%%
    Name (des Programms/Moduls):    Angestellten2

    Autor(en):                      Bause/Tölle

    Datum:                          01.03.1992

    Beschreibung:
                                    Dieses Programm definiert eine
                                    Klassenhierarchie der folgenden Art :
                                    Angestellter, Manager, Direktor und Praesident.

                                    Ein Manager verwaltet einige Angestellte , ein
                                    Direktor einige Manager und ein Praesident
                                    einige Direktoren. Jeder Manager, Direktor und
                                    Praesident hat einen Zeiger auf die von ihnen
                                    verwalteten Personen.

                                    Vier Elemente der Klasse employee, zwei der
                                    Klassemanager, zwei der Klasse director und
                                    ein Element der Klasse president werden
                                    erzeugt und in eine Liste von Angestellten
                                    eingetragen.

                                    Die Funktion print wird als virtuelle Funktion
                                    der Klasse employee definiert und druckt die
                                    verschiedenen Informationsinhalte der
                                    jeweiligen Klassen einschliesslich der
                                    verwalteten Personen aus.

                                    Die Hierarchie (betreffend der verwalteten
                                    Personen) ist:
```

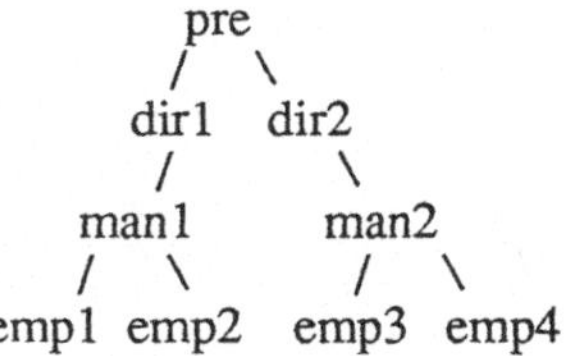

```
                                            Die Liste der Angestellten sieht wie folgt aus :

                                            emp1, emp2, emp3, emp4, man1, man2, dir1,
                                            dir2, pre
%%%%%%%%%%%%%%%%%%%%%%%%%%%%%%%%%%%%%%%%%%%%%%%%%% */

#include <iostream.h>


int p_print = 0, d_print = 0, m_print = 0, e_print = 0;


struct names
{
	char*		na;
	names*		succ;
	names( char* nam) { na = nam;  succ = 0; }
};


class employee
{
	public :
	char*		name;
	short		age;
	long		salary;
	employee*	next;

	virtual void print(employee*);		// Deklaration einer virtuellen Funktion

	employee(char* n, short a, long s)  // Konstruktor
	{
		name		= n;
		age		= a;
		salary		= s;
	}
};


class manager : public employee
{
	public :
	names*		group;
	void		print(employee*);

	manager(char* n, short a, long s) : employee(n, a, s)
	// Definition des Konstruktors mit Parametern fuer den Konstruktor der Basisklasse
	{
		group = 0;
	}
};
```

```
class director : public manager
{
        public :
        short          directed_department;
        names*         man_managed;
        void           print(employee*);

        director(char* n, short a, long s) : manager(n, a, s)
        {
                directed_department   =   0;
                man_managed           =   0;
        }
};

class president : public director
{
        public :
        names*         direct;
        long           swiss_bank_account_no;
        void           print(employee*);

        president(char* n, short a, long s) : director(n, a, s)
        {
                direct                   =     0;
                swiss_bank_account_no    =     0;
        }
};

void president::print(employee* run)
{
        if (p_print == 0)
        {
                cout << "\nPraesidenten sind: \n\n";
                p_print = 1;
        }

        cout << run -> name << "   " << run -> age << "   " << run -> salary << "   ";

        president* p = (president*) run;
        cout   << "Schweizer Bankkontonr. : "  << p -> swiss_bank_account_no
               << "\n" << "Verwaltete Direktoren  : ";

        names*  h = p -> direct;
        while (h)
        {
                cout << h -> na  << ", ";
                h = h -> succ;
        }

        cout << "\n";
}
```

```
void director :: print(employee* run)
{
	if (d_print == 0)
	{
		cout << "\nDirektoren sind : \n\n";
		d_print = 1;
	}

	cout  << run -> name << "    " << run -> age << "    " << run -> salary << "    ";
	director* d = (director*) run;
	cout  << "Abteilung  : " << d -> directed_department << "\n"
		<< "Verwaltete Manager : ";

	names*  h = d -> man_managed;
	while (h)
	{
		cout << h -> na  << ", ";
		h = h -> succ;
	}

	cout << "\n\n";
}

void manager :: print(employee* run)
{
	if (m_print == 0)
	{
		cout << "\n\nManager sind : \n\n";
		m_print = 1;
	}

	cout << run -> name << "    " << run -> age << "    " << run -> salary << "\n";
	manager* m = (manager*) run;
	cout << "Verwaltete Angestellte : ";

	names*  h = m -> group;
	while (h)
	{
		cout << h -> na  << ", ";
		h = h -> succ;
	}

	cout << "\n\n";
}

void employee :: print(employee* run)
{
	if (e_print == 0)
	{
		cout << "\n\nAngestellte sind : \n\n";
		e_print = 1;
	}

	cout << run -> name << "    " << run -> age << "    " << run -> salary << "\n";
}
```

```
void main( void )
{
	employee* test;
	employee  emp1("Peter", 26, 40000), emp2("Uschi", 45, 38000),
	          emp3("Willi", 18, 22000), emp4("Carla", 39, 78000);

	names     e1("Peter"), e2("Uschi"), e3("Willi"), e4("Carla"),
	          m1("Klaus"), m2("Bruno"), d1("Tommi"), d2("Berta"), p1("Hansi");

	manager man1("Klaus", 42, 110000);
	manager man2("Bruno", 47, 132000);
	man1.group               = &e1;
	man1.group -> succ       = &e2;
	man2.group               = &e3;
	man2.group -> succ       = &e4;

	director dir1("Tommi", 55, 210000);
	dir1.directed_department = 1;
	dir1.man_managed         = &m1;
	director dir2("Berta", 54, 230000);
	dir2.directed_department = 2;
	dir2.man_managed         = &m2;

	president pre("Hansi", 58, 360000);
	pre.swiss_bank_account_no = 789432145;
	pre.direct               = &d1;
	pre.direct -> succ       = &d2;

	emp1.next  = &emp2;   emp2.next  = &emp3;     emp3.next = &emp4;
	emp4.next  = &man1;   man1.next  = &man2;     man2.next = &dir1;
	dir1.next  = &dir2;   dir2.next  = &pre;      pre.next  = 0;

	cout << "Die Hierarchie ist : ";
	test = &emp1;
	for (; test; test = test -> next) test->print(test);
}
```

Lösung für Aufgabe 27

```
/* %%%%%%%%%%%%%%%%%%%%%%%%%%%%%%%%%%%%%%%%%%%%%%%%%%%%%%%%%%%%%%%%%%%%%%%%%%
	Name (des Programms/Moduls):	Realisierung der Klasse menge aus Kapitel 8

	Autor(en):			Bause/Tölle

	Datum:				01.03.1992

	Beschreibung:			Dieses Modul enthält die Definition der Klasse
					menge aus Kapitel 8, samt der wichtigsten
					Konstruktoren und Operatoren. Als
					Datenstruktur wird hier eine einfach verkettete,
					unsortierte Liste verwendet. Ferner wurde bei
					der Implementation der Operationen mehr
					Gewicht auf eine kurze und verständliche
					Lösung gelegt, als auf effiziente Algorithmen.
 %%%%%%%%%%%%%%%%%%%%%%%%%%%%%%%%%%%%%%%%%%%%%%%%%%%%%%%%%%%%%%%%%%%%%%%%%% */
```

```
#include <iostream.h>

class menge;    //Vorwaertsdeklaration

class elem
{
    friend class menge;
    public:
        elem(int i, elem* s)
        {
            inhalt  = i;
            suc     = s;
        }
        ~elem(void)
        {
            suc = 0;
        }
    private:
        int     inhalt;
        elem*   suc;
};

class menge
{
    friend menge    operator+(menge&, menge&);
    friend menge    operator/(menge&, menge&);
    friend int      operator==(menge&, menge&);

    public:
        menge( );
        menge(const menge&);
        ~menge( );
        menge&      operator=(const menge&);
        void        einfuegen(int);
        void        loeschen(int);
        int         in(int);
    private:
        int         operator() ( );     // Iterator, Hilfsfunktion daher private
        int         iter;       // kennzeichnet den Beginn einer Iteration
        elem        *objekte, *iterator;
};

menge operator+(menge& m1, menge& m2)
{
    menge m;        // m ist eine leere Menge
    for (int i = m1() ; i > 0; i = m1() )
        m.einfuegen(i);
    for (i = m2() ; i > 0; i = m2() )
        m.einfuegen(i);
    return m;   // Beachte: Ergebnisrueckgabe so moeglich, da ein Konstruktor vom Typ
                // X::X(const X&) existiert.
}
```

```
menge operator/(menge& m1, menge& m2)
{
        menge m;
        for (int i = m1() ; i > 0; i = m1() )
                if ( m2.in(i) )
                        m.einfuegen(i);
        return m;
}

int operator==(menge& m1, menge& m2)
{
        for (int i = m1() ; i > 0; i = m1() )
                if (!m2.in(i)) return 0;
        for (i = m2() ; i > 0; i = m2() )
                if (!m1.in(i)) return 0;
        return 1;
}

menge::menge( )
{
        objekte     = 0;        // objekte-Zeiger auf NULL entspricht der leeren Menge
        iterator    = 0;
        iter        = 0;
}

menge::menge(const menge& m)
{
        objekte     = 0;
        iterator    = 0;
        iter        = 0;
        *this       = m;        // Beachte: Zuweisungsoperator ist overloaded
}

menge::~menge( )
{
        elem* p;
        for (; objekte; objekte = p)
        {
                p = objekte->suc;
                delete objekte;
        }
        iterator  = 0;
        iter      = 0;
}

int menge::operator() ()
{
        if (!objekte) return -1;
        if (!iter)
        {
                iterator = objekte;
                iter = 1;               // Beginn der Iteration
        }
        if (iter == 1)
        {
                int i = iterator->inhalt;
                iterator = iterator->suc;
```

```
		if (!iterator)	iter = -1;
		return i;
	}
	if (iter == -1)
	{
		iter = 0;
		return -1;
	}
}

menge& menge::operator=(const menge& m)
{
	elem* p;
	for (; objekte; objekte = p)
	{
		p = objekte->suc;
		delete objekte;
	}
	iterator = 0;
	iter	= 0;

	p = m.objekte;
	for (; p;  p = p->suc)  einfuegen(p->inhalt);
	return *this;
}

void menge::einfuegen(int i)
{
	if (i <= 0)
	{
		cerr << "Bereichsfehler\n";
		exit(1);
	}
	if (objekte)
	{
		if ( !in(i) )
		{
			elem* p = new elem(i, objekte);
			objekte  = p;	// unsortierte Liste
		}
	}
	else	objekte = new elem(i, 0);
}

void menge::loeschen(int i)
{
	if (objekte)
	if ( in(i) )			// diese Abfrage erhoeht die Laufzeit!
	{
		if (objekte->inhalt == i)
		{
			elem* p = objekte;
			objekte  = objekte->suc;
			delete p;
		}
		elem* p1 = objekte;
		elem* p2 = objekte->suc;
```

```
            while (p1->suc->inhalt != i)
            {
                p1 = p1->suc;
                if (p2) p2 = p2->suc;
            }
        p1->suc = p2->suc;
        delete p2;
        }
}

int menge::in(int i)
{
        for (elem* p = objekte; p ; p = p->suc)
            if (p->inhalt == i) return 1;
        return 0;
}

void main( void )
{
        // Test
        menge m;
        for (int i = 1 ; i < 20 ; i++)
            m.einfuegen(i);
        menge m1;
        for ( i = 10 ; i < 30 ; i++)
            m1.einfuegen(i);

        menge m2  = (m / m1);
        menge m3  = m + m1;
        int ng    = (m == m1);
        int g     = (m == (((m/m1)/m2)+m));

        for (i = 1; i < 100; i++)
            if (m.in(i)) cout << "in der Menge m: " << i << "\n";
        for (i = 1; i < 100; i++)
            if (m1.in(i)) cout << "in der Menge m1: " << i << "\n";
        for (i = 1; i < 100; i++)
            if (m2.in(i)) cout << "in der Menge m2: " << i << "\n";
        for (i = 1; i < 100; i++)
            if (m3.in(i)) cout << "in der Menge m3: " << i << "\n";
        cout << form("ng ist %d und g ist %d \n",ng,g);
}
```

Lösung für Aufgabe 28

```
/* %%%%%%%%%%%%%%%%%%%%%%%%%%%%%%%%%%%%%%%%%%%%%%%%%%%%
	Name (des Programms/Moduls):		Klassenhierarchie

	Autor(en):				Bause/Tölle

	Datum:					01.03.1992

	Beschreibung:				Dieses Programm definiert eine
						Klassenhierarchie von Fahrzeugen. Die
						Superklasse fahrzeug wird dabei als virtuelle
						Basisklasse definiert. Weiterhin wird eine
						virtuelle Funktion ausgabe fuer alle Klassen
						definiert und in fahrzeug als pur gekenn-
						zeichnet. Da diese Aufgabe im Prinzip nur eine
						Zusammenfassung verschiedener kleiner
						Beispiele im gesamten Kapitel 9 ist, wird sie an
						dieser Stelle nur angedeutet.
%%%%%%%%%%%%%%%%%%%%%%%%%%%%%%%%%%%%%%%%%%%%%%%%%%%% */

#include <iostream.h>

class fahrzeug
{
	public:
		...
		virtual void ausgabe( ) = 0;
		/*
			Beachte : Durch die Definition von ausgabe als pur, kann kein Objekt vom
			Typ fahrzeug erzeugt werden; es duerfen jedoch Klassen abgeleitet werden.
		*/
	protected:
		...
	private:
		...
};

class landfahrzeug : virtual public fahrzeug
{
	public:
		...
		void ausgabe( );
	/*
		Beachte: Der Name, der Returntyp und die Signatur muessen bei virtuellen
		Funktionen exakt uebereinstimmen
	*/
	protected:
		...
	private:
		...
};
```

```
class wasserfahrzeug : virtual public fahrzeug
{
        public:
                ...
                void ausgabe( );
        protected:
                ...
        private:
                ...
};

class pkw : public landfahrzeug
{
        ...
        void ausgabe( );
};

class lkw : public landfahrzeug
{
        ...
        void ausgabe( );
};


class motorboot : public wasserfahrzeug
{
        ...
        void ausgabe( );
};

class segelboot : public wasserfahrzeug
{
        ...
        void ausgabe( );
};

class cabrio : public pkw
{
        ...
        void ausgabe( );
};

class yacht : public motorboot
{
        ...
        void ausgabe( );
};

void landfahrzeug :: ausgabe( )
{
        ...
}

void wasserfahrzeug :: ausgabe( )
{
        ...
}
```

```
void pkw :: ausgabe( )
{
	...
}


...


void main( void )
{
	...
}
```

Lösung für Aufgabe 29

```
/* %%%%%%%%%%%%%%%%%%%%%%%%%%%%%%%%%%%%%%%%%%%%%%%%%%%%%%
	Name (des Programms/Moduls):	Ausgabe für Fahrzeuge

	Autor(en):	Bause/Tölle

	Datum:	01.03.1992

	Beschreibung:	Es werden die Klassen fahrzeug, landfahrzeug,
		wasserfahrzeug und amphibienfahrzeug
		definiert inklusive einer virtuellen Funktion print .
%%%%%%%%%%%%%%%%%%%%%%%%%%%%%%%%%%%%%%%%%%%%%%%%%%%%%% */

#include <iostream.h>

class fahrzeug
{
	public:
		virtual void print();
		fahrzeug(double = 0);
		void setze_gewicht(double g) { gewicht = g; }
	private:
		double gewicht;
};


fahrzeug :: fahrzeug(double g)
{
	if (g >= 0) gewicht = g;
	else
	{
		cerr << "Fehler bei Inkarnation eines Objektes der Klasse fahrzeug\n";
		exit(1);
	}
}
```

```
void fahrzeug :: print()
{
	cout << form("Gewicht: \t \t %f \n", gewicht);
}

class landfahrzeug : public virtual fahrzeug
{
	public:
		virtual void print();
		landfahrzeug(double,int);
	private:
		int anz_insassen;
};

landfahrzeug :: landfahrzeug(double g, int i) : fahrzeug(g)
{
	if (i >= 0)  anz_insassen = i;
	else
	{
		cerr	<< "Fehler bei Inkarnation eines "
			<< "Objektes der Klasse landfahrzeug\n";
		exit(1);
	}
}

void landfahrzeug :: print()
{
	fahrzeug::print();
	cout << form("Anzahl der Insassen: \t %d \n", anz_insassen);
}

class wasserfahrzeug : virtual public fahrzeug
{
	public:
		virtual void print();
		wasserfahrzeug(double, double);
	private:
		double verdraengung;
};

wasserfahrzeug :: wasserfahrzeug(double g, double v) : fahrzeug(g)
{
	if (v >= 0) verdraengung = v;
	else
	{
		cerr	<< "Fehler bei Inkarnation eines "
			<< "Objektes der Klasse wasserfahrzeug\n";
		exit(1);
	}
}

void wasserfahrzeug :: print()
{
	fahrzeug::print();
	cout << form("Wasserverdraengung: \t %f \n", verdraengung);
}
```

```
class amphibienfahrzeug : private landfahrzeug, private wasserfahrzeug
{
        public:
                virtual void print();
                amphibienfahrzeug(double, int, double, double);
        private:
                double reichweite;
};

amphibienfahrzeug :: amphibienfahrzeug(double g, int a, double v, double r) :
                landfahrzeug(g, a), wasserfahrzeug(g, v), fahrzeug(g)
{
        if (r >= 0) reichweite = r;
        else
        {
                cerr    << "Fehler bei Inkarnation eines "
                        << "Objektes der Klasse amphibienfahrzeug\n";
                exit(1);
        }
}

void amphibienfahrzeug :: print()
{
        landfahrzeug::print();
        wasserfahrzeug::print();
        /*
                Durch Aufruf der print-Funktionen der Klassen landfahrzeug
                und wasserfahrzeug wird insgesamt zweimal die print-Funktion
                der Klasse fahrzeug aufgerufen, wodurch das Gewicht zweimal
                ausgegeben wird.
                Um eine einmalige Ausgabe des Gewichtes zu Erreichen muss
                die Definition der Klassen und ihrer Member-Funktionen geaendert
                werden. Eine moegliche Loesung gibt die naechste Musterloesung an.
        */
        cout << form("Reichweite: \t \t %f \n", reichweite);
}

void main( void )
{
        landfahrzeug f1(123.34, 33);
        wasserfahrzeug f2(345.56, 56);
        amphibienfahrzeug f3(222.22, 356, 789.77, 9876.55);
        f1.print();     cout << "\n\n\n";
        f2.print();     cout << "\n\n\n";
        f3.print();
}
```

Lösung für Aufgabe 29 (zweite Lösung)

```
/* %%%%%%%%%%%%%%%%%%%%%%%%%%%%%%%%%%%%%%%%%%%%%%%%%%%%%%%%
	Name (des Programms/Moduls):	Ausgabe für Fahrzeuge

	Autor(en):			Bause/Tölle

	Datum:				01.03.1992

	Beschreibung:			Es werden die Klassen fahrzeug, landfahrzeug,
					wasserfahrzeug und amphibienfahrzeug
					definiert inklusive einer virtuellen Funktion
					print und einer speziellen Funktion printh
					Hierdurch läßt sich das Problem umgehen, daß
					die fahrzeug-Daten für ein amphibienfahrzeug
					zweimal ausgegeben werden.
%%%%%%%%%%%%%%%%%%%%%%%%%%%%%%%%%%%%%%%%%%%%%%%%%%%%%%%% */

#include <iostream.h>

class fahrzeug
{
	public:
		virtual void print();
		fahrzeug(double = 0);
		void setze_gewicht(double g) { gewicht = g; }
	protected:
		void printh();
	private:
		double gewicht;
};

fahrzeug :: fahrzeug(double g)
{
	if (g >= 0) gewicht = g;
	else
	{
		cerr << "Fehler bei Inkarnation eines Objektes der Klasse fahrzeug\n";
		exit(1);
	}
}

void fahrzeug :: print()
{
	cout << form("Gewicht: \t \t %f \n", gewicht);
}

void fahrzeug :: printh()
{
	cout << form("Gewicht: \t \t %f \n", gewicht);
}
```

```
class landfahrzeug : public virtual fahrzeug
{
    public:
        virtual void print();
        landfahrzeug(double,int);
    protected:
        void printh();
    private:
        int anz_insassen;
};

landfahrzeug :: landfahrzeug(double g, int i) : fahrzeug(g)
{
    if (i >= 0) anz_insassen = i;
    else
    {
        cerr    << "Fehler bei Inkarnation eines "
                << "Objektes der Klasse landfahrzeug\n";
        exit(1);
    }
}

void landfahrzeug :: print()
{
    fahrzeug::print();
    cout << form("Anzahl der Insassen: \t %d \n", anz_insassen);
}

void landfahrzeug :: printh()
{
    cout << form("Anzahl der Insassen: \t %d \n", anz_insassen);
}

class wasserfahrzeug : virtual public fahrzeug
{
    public:
        virtual void print();
        wasserfahrzeug(double, double);
    protected:
        void printh();
    private:
        double verdraengung;
};

wasserfahrzeug :: wasserfahrzeug(double g, double v) : fahrzeug(g)
{
    if (v >= 0) verdraengung = v;
    else
    {
        cerr    << "Fehler bei Inkarnation eines "
                << "Objektes der Klasse wasserfahrzeug\n";
        exit(1);
    }
}
```

```
void wasserfahrzeug :: print()
{
	fahrzeug::print();
	cout << form("Wasserverdraengung: \t %f \n", verdraengung);
}

void wasserfahrzeug :: printh()
{
	cout << form("Wasserverdraengung: \t %f \n", verdraengung);
}

class amphibienfahrzeug : public landfahrzeug, public wasserfahrzeug
{
	public:
		virtual void print();
		amphibienfahrzeug(double, int, double, double);
	private:
		double reichweite;
};

amphibienfahrzeug :: amphibienfahrzeug(double g, int a, double v, double r) :
				landfahrzeug(g, a), wasserfahrzeug(g, v), fahrzeug(g)
{
	if (r >= 0) reichweite = r;
	else
	{
		cerr	<< "Fehler bei Inkarnation eines "
			<< "Objektes der Klasse amphibienfahrzeug\n";
		exit(1);
	}
}

void amphibienfahrzeug :: print()
{
	fahrzeug :: printh();
	landfahrzeug :: printh();
	wasserfahrzeug :: printh();
	/*
		Durch Aufruf der speziellen printh-Funktionen der Klassen fahrzeug, landfahrzeug
		und wasserfahrzeug wird ein zweimaliger Aufruf der print-Funktion
		der Klasse fahrzeug vermieden.
	*/
	cout << form("Reichweite: \t \t %f \n", reichweite);
}

void main( void )
{
	landfahrzeug f1(123.34, 33);
	wasserfahrzeug f2(345.56, 56);
	amphibienfahrzeug f3(222.22, 356, 789.77, 9876.55);
	f1.print(); cout << "\n\n\n";
	f2.print(); cout << "\n\n\n";
	f3.print();
}
```

Lösung für Aufgabe 30

```
/* %%%%%%%%%%%%%%%%%%%%%%%%%%%%%%%%%%%%%%%%%%%%%%%%%%%%%%
	Name (des Programms/Moduls):	Klassentemplate menge

	Autor(en):			Bause/Tölle

	Datum:				01.03.1992

	Beschreibung:			Dieses Modul enthält ein Klassentemplate für
					Mengen, vgl. Aufg. 27.
					Für Objekte des Typs der Elemente müssen
					folgende Operatoren definiert sein:
						Operator	=
						Operator	new
						Operator	==
					Ferner muß es ein ausgezeichnetes Objekt
					ausg_obj geben, welches nicht in den
					Mengen auftreten darf.
  %%%%%%%%%%%%%%%%%%%%%%%%%%%%%%%%%%%%%%%%%%%%%%%%%%%%%% */

#include <iostream.h>

template <class T> class menge;		//Vorwaertsdeklaration

template <class T>
class elem
{
	friend class menge<T>;
	public:
		elem(T i, elem* s)
		{
			inhalt = i;
			suc    = s;
		}
		~elem(void)
		{
			suc = 0;
		}
	private:
		T	inhalt;
		elem* suc;
};

template <class T>
class menge
{
	friend menge<T>		operator+(menge<T>&, menge<T>&);
	friend menge<T>		operator/(menge<T>&, menge<T>&);
	friend int		operator==(menge<T>&, menge<T>&);

	public:
		menge( );
		menge(const menge&);
		~menge( );
		menge&		operator=(const menge&);
```

```
        void            einfuegen(T);
        void            loeschen(T);
        int             in(T);
    private:
        T               operator() ( );  // Iterator, Hilfsfunktion daher private
        int             iter;            // kennzeichnet den Beginn einer Iteration
        elem<T>         *objekte, *iterator;
};

template <class T>
menge<T> operator+(menge<T>& m1, menge<T>& m2)
{
    menge<T> m;                 // m ist eine leere Menge
    for (T i = m1() ; ! (i == ausg_obj) ; i = m1() )
        m.einfuegen(i);
    for (i = m2() ; ! (i == ausg_obj) ; i = m2() )
        m.einfuegen(i);
    return m;
}

template <class T>
menge<T> operator/(menge<T>& m1, menge<T>& m2)
{
    menge<T> m;
    for (T i = m1() ; ! (i == ausg_obj) ; i = m1() )
        if ( m2.in(i) )
            m.einfuegen(i);
    return m;
}

template <class T>
int operator==(menge<T>& m1, menge<T>& m2)
{
    for (T i = m1() ; ! (i == ausg_obj) ; i = m1() )
        if (!m2.in(i)) return 0;
    for (i = m2() ; ! (i == ausg_obj) ; i = m2() )
        if (!m1.in(i)) return 0;
    return 1;
}

template <class T>
menge<T>::menge( )
{
    objekte     = 0;        // objekte -Zeiger auf NULL entspricht der leeren Menge
    iterator    = 0;
    iter        = 0;
}

template <class T>
menge<T>::menge(const menge<T>& m)
{
    objekte     = 0;
    iterator    = 0;
    iter        = 0;
    *this = m;  // Beachte: Zuweisungsoperator ist überladen
}
```

```
template <class T>
menge<T>::~menge( )
{
	elem<T>* p;
	for (; objekte; objekte = p)
	{
		p = objekte->suc;
		delete objekte;
	}
	iterator = 0;
	iter     = 0;
}

template <class T>
T menge<T>::operator() ()
{
	if (!objekte) return  ausg_obj;
	if (!iter)
	{
		iterator = objekte;
		iter     = 1;                  // Beginn der Iteration
	}
	if (iter == 1)
	{
		T i      = iterator->inhalt;
		iterator = iterator->suc;
		if (!iterator)
			iter = -1;
		return i;
	}
	if (iter == -1)
	{
		iter = 0;
		return  ausg_obj;
	}
}

template <class T>
menge<T>& menge<T>::operator=(const menge<T>& m)
{
	elem<T>* p;
	for (; objekte; objekte = p)
	{
		p = objekte->suc;
		delete objekte;
	}
	iterator  = 0;
	iter      = 0;

	p = m.objekte;
	for (; p;  p = p->suc)  einfuegen(p->inhalt);
	return *this;
}
```

```
template <class T>
void menge<T>::einfuegen(T i)
{
	if (objekte)
	{
		if ( !in(i) )
		{
			elem<T>* p = new elem<T>(i,objekte);
			objekte = p;	// unsortierte Liste
		}
	}
	else
	{
		objekte = new elem<T>(i, 0);
	}
}

template <class T>
void menge<T>::loeschen(T i)
{
	if (objekte)
	if ( in(i) )
	{
		if (objekte->inhalt == i)
		{
			elem<T>* p	= objekte;
			objekte		= objekte->suc;
			delete p;
		}
		elem<T>* p1 = objekte;
		elem<T>* p2 = objekte->suc;
		while ( ! (p1->suc->inhalt == i) )
		{
			p1 = p1->suc;
			if (p2) p2 = p2->suc;
		}
		p1->suc = p2->suc;
		delete p2;
	}
}

template <class T>
int menge<T>::in(T i)
{
	for (elem<T>* p = objekte; p ; p = p->suc)
		if (p->inhalt == i) return 1;
	return 0;
}
```

```
void main( void )
{
      // Test
      menge<int> m;
      for (int i = 1 ; i < 20 ; i++)
            m.einfuegen(i);
      menge<int> m1;
      for ( i = 10 ; i < 30 ; i++)
            m1.einfuegen(i);

      menge<int> m2   = (m / m1);
      menge<int> m3   = m + m1;
      int ng          = (m == m1);
      int g           = (m == (((m/m1)/m2)+m));

      for (i = 1; i < 100; i++)
            if (m.in(i)) cout << "in der Menge m: " << i << "\n";
      for (i = 1; i < 100; i++)
            if (m1.in(i)) cout << "in der Menge m1: " << i << "\n";
      for (i = 1; i < 100; i++)
            if (m2.in(i)) cout << "in der Menge m2: " << i << "\n";
      for (i = 1; i < 100; i++)
            if (m3.in(i)) cout << "in der Menge m3: " << i << "\n";
      cout << form("ng ist %d und g ist %d \n", ng, g);
}
```

Lösung für Aufgabe 31

```
/* %%%%%%%%%%%%%%%%%%%%%%%%%%%%%%%%%%%%%%%%%%%%%%%%%%%%%%%%%%
    Name (des Programms/Moduls):    Ausnahmebehandlung

    Autor(en):                      Bause/Tölle

    Datum:                          01.03.1992

    Beschreibung:                   Bestimmt die Loesungen einer quadratischen
                                    Gleichung und fängt unzulaessige Faelle mittels
                                    Exception-Handling ab. Der Leser beachte, daß
                                    Exceptions noch nicht Bestandteil der AT&T
                                    C++ Version 3.0 sind.
%%%%%%%%%%%%%%%%%%%%%%%%%%%%%%%%%%%%%%%%%%%%%%%%%%%%%%%%%%%% */

#include <iostream.h>
#include <math.h>

void main( void )
{
    double  a, b, c;
    cout "Programm zur Loesung von quadratischen Gleichungen \n\n";
    cout  << "\n a: ";
    cin   >> a;
    cout  << "\n b: ";
    cin   >> b;
    cout  << "\n c: ";
    cin   >> b;

    try
    {
        if (a = 0)    throw "Lineare Gleichung. Faktor fuer x^2 ist Null";
        double w = b * b  -  4 * a * c;
        if (w < 0)   throw "Loesungen sind komplexe Zahlen";
        cout   << "\n\n Loesungen der quadratischen Gleichung sind: \n\n";
        cout   << (-b + sqrt(w)) / (2 * a)          <<  "\n";
        cout   << (-b - sqrt(w)) / (2 * a)          <<  "\n";
    }

    catch (char* str)
    {
        cerr << str;
        exit(1);
    }
}
```

16 LITERATUR

Lehrbücher:

Bause, Falko; Tölle, Wolfgang: "Einführung in die Programmiersprache C++", Vieweg, 1989.

Bause, Falko; Tölle, Wolfgang: "C++ für Programmierer", Vieweg, 1990.

Kernighan, Brian; Ritchie, Dennis: "Programmieren in C", 2. Auflage, Carl-Hanser-Verlag, München, 1990.

Lippman, Stanley B.: "C++ Primer", Addison-Wesley, 1989.

Lippman, Stanley B.: "C++ - Einführung und Leitfaden", Addison-Wesley, 1991.

Stroustrup, Bjarne: "The C++ Programming Language", Addison-Wesley, 1. Auflage 1986, 2. Auflage 1991.

Weitere Literatur:

Anderson, David P.; Bilmes, Jeff: "Concurrent Real-Time Music in C++", Proceedings of the USENIX C++ Conference, Washington, D.C., April 22-25, 1991, p147-162.

Auld, Will: "A C Programmer's Introduction to C++", UNIX Magazin (German), October, 1988, p74-75.

Bar-David, Tsvi: "Teaching C++", Proceedings of the USENIX C++ Workshop, (ed.) Keith Gorlen, Santa Fe, NM, November 9-10, 1987, p232-237.

Berman, C.; Gur, R.: "NAPS -- A C++ Project Case Study", USENIX Proceedings of the 1988 C++ Conference, Denver, CO, October 17-21, 1988, p137-152.

Berry, John: "The Waite Group's C++ Programming", Howard W. Sams & Company, 1988.

Breuel, Thomas M.: "Data-Level Parallel Programming in C++", USENIX Proceedings of the 1988 C++ Conference, Denver, CO, October 17-21, 1988, p153-168.

Breuel, Thomas M.: "Lexical Closures for C++", USENIX Proceedings 1988 C++ Conference, Denver, CO, October 17-21, 1988, p293-304.

Bruck, Dag M.: "Modelling of Control Systems with C++ and PHIGS", USENIX Proceedings of the 1988 C++ Conference, Denver, CO, October 17-21, 1988, p183-192.

Call, Lisa A.; Cohrs, David L.; Miller, Barton P.: "CLAM -- an Open System for Graphical User Interfaces", Proceedings of the USENIX C++ Workshop, (ed.) Keith Gorlen, Santa Fe, NM, November 9-10, 1987, p305-325.

Campbell, Roy; Russo, Vincent; Johnston, Gary: "The Design of a Multiprocessor Operating System", Proceedings of the USENIX C++ Workshop, (ed.) Keith Gorlen, Santa Fe, NM, November 9-10, 1987, p109-125.

Cargill, Tom: "Pi: A Case Study in Object-Oriented Programming", Proceedings of the USENIX C++ Workshop, (ed.) Keith Gorlen, Santa Fe, NM, November 9-10, 1987, p282-303.

Carolan, John: "C++ for OS/2", Proceedings of the USENIX C++ Workshop, (ed.) Keith Gorlen, Santa Fe, NM, November 9-10, 1987, p47-65.

Carroll, Martin: "Problems with Non-invasive Inheritance in C++", Proceedings of the USENIX C++ Conference, Washington, D.C., April 22-25, 1991, p13-28.

Cohen, Bruce; Hahn Douglas, Soiffer Neil: "Pragmatic Issues in the Implementation of Flexible Libraries for C++", Proceedings of the USENIX C++ Conference, Washington, D.C., April 22-25, 1991, p193-202.

Conrad, Al: "Modelling Graphical Data with C++", Proceedings of the USENIX C++ Workshop, (ed.) Keith Gorlen, Santa Fe, NM, November 9-10, 1987, p238-239.

Detlefs, David; Herlihy, Maurice; Kietzke, Karen; Wing, Jeannette: "Avalon/C++", Proceedings of the USENIX C++ Workshop, (ed.) Keith Gorlen, Santa Fe, NM, November 9-10, 1987, p451-459.

Detlefs, David; Herlihy, Maurice; Wing, Jeannette: "Inheritance of Synchronization and Recovery Properties in Avalon/C++", Proceedings of the 21th Hawaii International Conference on System Sciences, Kailua-Kona, Hawaii, January 1988.

Dewhurst, S.C.: "Flexible Symbol Table Structures for Compiling C++" Software Practice & Experience, August 1987.

Dewhurst, Steve: "Architecture of a C++ Compiler", Proceedings of the USENIX C++ Workshop, (ed.) Keith Gorlen, Santa Fe, NM, November 9-10, 1987, p35-45.

Doeppner, Thomas W., Jr.; Gebele, Alan J.: "C++ on a Parallel Machine", Proceedings of the USENIX C++ Workshop, (ed.) Keith Gorlen, Santa Fe, NM, November 9-10, 1987, p95-107.

Eccles, Joseph: "Porting from Common Lisp with Flavors to C++", USENIX Proceedings of the 1988 C++ Conference, Denver, CO, October 17-21, 1988, p31-40.

Eckel, Bruce: "A Programmer's Introduction to C++: C grows up", Micro Cornucopia, March/April 1988, p32.

Eckel, Bruce: "Building MicroCad: Design With C++", Micro Cornucopia, No. 44, Nov-Dec 1988, p32-37.

Edelson, Martin; Pohl Ira: "A Copying Collector for C++", Proceedings of the USENIX C++ Conference, Washington, D.C., April 22-25, 1991, p85-102.

Ellis, Margaret; Stroustrup, Bjarne : "The Annotated C++ Reference Manual", Addison-Wesley, 1990.

Fontana, Mary; Neath, Martin: "Experiences in the Design of a C++ Class Library"; Proceedings of the USENIX C++ Conference, Washington, D.C., April 22-25, 1991, p179-192.

Franz, Marty: "Succeeding C", PC Tech Journal, September 1987, p166ff.

Friedenbach, Ken: "C++ on the Macintosh", Proceedings of the USENIX C++ Workshop, (ed.) Keith Gorlen, Santa Fe, NM, November 9-10, 1987, p67-76.

Fuhrman, Ken: "Object-Oriented Class Library for C++", Proceedings of the USENIX C++ Workshop, (ed.) Keith Gorlen, Santa Fe, NM, November 9-10, 1987, p209-231.

Gansner, E.R.: "Iris: A Class-Based Window Library", USENIX Proceedings 1988 C++ Conference, Denver, CO, October 17-21, 1988, p283-292.

Gautron, Philippe: "Porting and Extending the C++ Task System with the Support of Lightweight Processes", Proceedings of the USENIX C++ Conference, Washington, D.C., April 22-25, 1991, p135-146.

Gautron, Philippe; Shapiro, Marc: "Two Extensions to C++: A Dynamic Link Editor and Inner Data", Proceedings of the USENIX C++ Workshop, (ed.) Keith Gorlen, Santa Fe, NM, November 9-10, 1987, p23-32.

Gorlen, Keith E.: "An Object-Oriented Class Library for C++ Programs", Proceedings of the USENIX C++ Workshop, (ed.) Keith Gorlen, Santa Fe, NM, November 9-10, 1987, p181-207.

Gorlen, Keith E.: "Object-Oriented Programming Support (OOPS) Reference Manual", National Institutes of Health, May 1986.

Granston, Elana; Russo, Vincent: "Signature-Based Polymorphism for C++", Proceedings of the USENIX C++ Conference, Washington, D.C., April 22-25, 1991, p65-80.

Guyon, Janet: "Technology Column: Improving Production of Computer Software", The Wall Street Journal, Tuesday May 10, 1988, p37.

Hopkins, William E.: "Experience in Using C++ for Software System Development", Proceedings of the USENIX C++ Workshop, (ed.) Keith Gorlen, Santa Fe, NM, November 9-10, 1987, p327-344.

Johnston, Gary M.; Campbell, Roy H.: "A Multiprocessor Operating System Simulator", USENIX Proceedings of the 1988 C++ Conference, Denver, CO, October 17-21, 1988, p169-182.

Kennedy, Brian: "The Features of the Object-Oriented Abstract Type Hierarchy (QATH)", Proceedings of the USENIX C++ Conference, Washington, D.C., April 22-25, 1991, p41-50.

Kernighan, Brian: "An AWK to C++ Translator", Proceedings of the USENIX C++ Conference, Washington, D.C., April 22-25, 1991, p217-228.

Kirslis, Peter: "A Style for Writing C++ Classes", Proceedings of the USENIX C++ Workshop, (ed.) Keith Gorlen, Santa Fe, NM, November 9-10, 1987, p147-148.

Kirslis, Peter A.; Terwilliger, Robert B.: "Implementing a Logic-Based Executable Specification Language in C++", USENIX Proceedings of the 1988 C++ Conference, Denver, CO, October 17-21, 1988, p211-226.

Koenig, Andrew: "Associative Arrays in C++", Proceedings of the Summer 1988 USENIX Conference, San Francisco, CA, June 20-24, 1988, p173-186.

Koenig, Andrew: "What is C++, Anyway?", Journal of Object-Oriented Programming, April/May 1988, p48-52.

Koenig, Andrew: "Why I Use C++", Journal of Object-Oriented Programming, June/July 1988, p38-42.

Koenig, Andrew: "An example of Dynamic Binding in C++", Journal of Object-Oriented Programming, August/September 1988.

Koenig, Andrew (Moderator): "How Useful is Multiple Inheritance in C++?", Proceedings of the USENIX C++ Conference, Washington, D.C., April 22-25, 1991, p81-84.

Koivisto, Juha; Malka, Juhani; Reilly James: "OTSO - An Object-Oriented Approach to Distributed Computing", Proceedings of the USENIX C++ Conference, Washington, D.C., April 22-25, 1991, p163-178.

Lea, Douglas: "libg++, The GNU C++ Library", USENIX Proceedings 1988 C++ Conference, Denver, CO, October 17-21, 1988, p243-256.

Lenkov, Dmitry; Mehta, Michey; Unni Shankar: "Type Identification in C++", Proceedings of the USENIX C++ Conference, Washington, D.C., April 22-25, 1991, p103-118.

Linton, Mark A.; Calder, Paul R.: "The Design and Implementation InterViews", Proceedings of the USENIX C++ Workshop, (ed.) Keith Gorlen, Santa Fe, NM, November 9-10, 1987, p256-267.

Lippman, S.B.; Moo, B.E.: "C++: From Research to Practice", USENIX Proceedings of the 1988 C++ Conference, Denver, CO, October 17-21, 1988, p123-136.

Lippman, S.B.; Stroustrup, Bjarne: "Pointers to Class Members in C++", USENIX Proceedings of the 1988 C++ Conference, Denver, CO, October 17-21, 1988, p305-326.

Lowe, Anne: "C++ Gains Following From Industry Leaders", Software Business, Monday April 4, 1988, p7ff.

Mackinlay, Bruce: "After C", UNIX World, July 1986, p51ff.

Madany, Peter; Leyens, Douglas; Russo, Vincent; Campbell, Roy: "A C++ Class Hierarchy for Building UNIX-like File Systems", USENIX Proceedings of the 1988 C++ Conference, Denver, CO, October 17-21, 1988, p65-80.

Martin, Bruce: "The Separation of Interface and Implementation in C++", Proceedings of the USENIX C++ Conference, Washington, D.C., April 22-25, 1991, p51-64.

Meyers, Randall: "The Interaction of Pointers to Members and Virtual Base Classes in C++", Proceedings of the USENIX C++ Conference, Washington, D.C., April 22-25, 1991, p1-12.

Meyers, Scott; Leifter, Moises: "Automatic Detection of C++ Programming Errors: Initial Thoughts on a lint++", Proceedings of the USENIX C++ Conference, Washington, D.C., April 22-25, 1991, p29-40.

Micallef, Josephine: "Encapsulation, Reusability and Extensibility in Object-Oriented Programming Languages", Journal of Object-Oriented Programming, April/May 1988, p12-34.

Miller, William: "Error Handling in C++", Computer Language, May 1988, p43-52.

Miller, William M.: "Exception Handling without Language Extensions", USENIX Proceedings of the 1988 C++ Conference, Denver, CO, October 17-21, 1988, p327-342.

Milliken, Walter; Lauer, Gregory: "A Network Toolkit", Proceedings of the USENIX C++ Conference, Washington, D.C., April 22-25, 1991, p203-216.

Murray, R.: "An Introduction to C++: Data Hiding", The C Journal, Spring 1986.

Murray, R.: "An Introduction to C++: Object-oriented Programming", The C Journal, Summer 1986.

Murray, R.: "An Introduction to C++: Operator Overloading", The C Journal, Spring 1987.

Murray, R.: "Building Well-Behaved Type Relationships in C++", USENIX Proceedings of the 1988 C++ Conference, Denver, CO, October 17-21, 1988, p19-30.

O'Riordan, Martin J.: "Debugging and Instrumentation of C++ Programs", USENIX Proceedings of the 1988 C++ Conference, Denver, CO, October 17-21, 1988, p227-242.

Otillio, Troy: " A C++ Approach to Real-Time Systems: Task Interface Library", USENIX Proceedings of the 1988 C++ Conference, Denver, CO, October 17-21, 1988, p257-270.

Rafter, Mark: "Extending Stream I/O to include Formats", Proceedings of the USENIX C++ Workshop, (ed.) Keith Gorlen, Santa Fe, NM, November 9-10, 1987, p149-157.

Rafter, Mark: "Formatted Streams: Extensible Formatted for C++ I/O Using Object-Oriented Programming", Research Report 107, Department of Computer Science, Warwick University, 1987.

Raghavan, Raghunath; Ramakrishnan, Niranjan; Strater, Sue: "A C++ Class Browser", Proceedings of the USENIX C++ Workshop, (ed.) Keith Gorlen, Santa Fe, NM, November 9-10, 1987, p274-281.

Reyman, Joseph: "C inherits inheritance: A handful of C++ tools", Computer Language, May 1988, p89-93.

Richards, J.E.: "Some Aspects of Binding GKS to C++", Computer Graphics Forum 6(3), (September 1987), p211-218.

Roland, Jon: "C on the Horizon", AI EXPERT, April 1987, p47-55.

Rose, John R.; Steele, Guy L. Jr.: "C*: An extended C Language", Proceedings of the USENIX C++ Workshop, (ed.) Keith Gorlen, Santa Fe, NM, November 9-10, 1987, p361-439.

Rose, John R.: "C*: A C++-like Language for Data-Parallel Computation", Proceedings of the USENIX C++ Workshop, (ed.) Keith Gorlen, Santa Fe, NM, November 9-10, 1987, p127-134.

Rose, John R.: "Implementing a Compiler in C++", Proceedings of the USENIX C++ Workshop, (ed.) Keith Gorlen, Santa Fe, NM, November 9-10, 1987, p135-146.

Rosenblum, David; Wolf, Alexander: "Representing Semantically Analyzed C++ Code with Reprise", Proceedings of the USENIX C++ Conference, Washington, D.C., April 22-25, 1991, p119-134.

Russo, Vincent F.; Kaplan, Simon M.: "A C++ Interpreter for Scheme", USENIX Proceedings of the 1988 C++ Conference, Denver, CO, October 17-21, 1988, p95-108.

Salzman, Issac: "An Objective Look at C++ Compilers", Off the Shelf Column, UNIX REVIEW, November 1988, p81-88.

Schulert, Andrew; Erf, Kate: "Open Dialogue: Using an Extensible Retained Object Workspace to Support a UIMS", USENIX Proceedings of the 1988 C++ Conference, Denver, CO, October 17-21, 1988, p53-64.

Schwarz, Jerry: "A C++ Library for Infinite Precision Floating Point", USENIX Proceedings of the 1988 C++ Conference, Denver, CO, October 17-21, 1988, p271-282.

Scott, Roger; Reddy, Prakash; Edwards, Russel; Campbell, David: "GPIO: Extensible Objects for Electronic Design Tools", USENIX Proceedings of the 1988 C++ Conference, Denver, CO, October 17-21, 1988, p109-122.

Shopiro, Jonathan E.: "Extending the C++ Task System for Real-Time Control", Proceedings of the USENIX C++ Workshop, (ed.) Keith Gorlen, Santa Fe, NM, November 9-10, 1987, p77-94.

Stokes, Ronan: "Prototyping Database Applications with a Hybrid of C++ and 4GL", USENIX Proceedings of the 1988 C++ Conference, Denver, CO, October 17-21, 1988, p41-53.

Stroustrup, Bjarne: "A Set of C++ Classes for Co-routine Style Programming", Computer Science Technical Report No. 90, AT&T Bell Laboratories, Murray Hill, NJ, November 1, 1984.

Stroustrup, Bjarne: "The C++ Programming Language-Reference Manual", Computer Science Technical Report No. 108, AT&T Bell Laboratories, Murray Hill, NJ, Revised November, 1984.

Stroustrup, Bjarne: "Adding Classes to C: An Exercise in Language Evolution", Software-Practice and Experience, Vol. 13, 1983, p139-161.

Stroustrup, Bjarne: "Data Abstraction in C", Computer Science Technical Report No. 109, AT&T Bell Laboratories, Murray Hill, NJ, January 1, 1984; auch in AT&T Bell Laboratories Technical Journal, Vol. 63 No. 8, Part 2, October, 1984, p1701-1732.

Stroustrup, Bjarne: "A C++ Tutorial", Computer Science Technical Report No. 113, AT&T Bell Laboratories, Murray Hill, NJ, September 10, 1984.

Stroustrup, Bjarne: "An Extensible I/O Facility for C++", Proceedings of the 1985 Summer USENIX Conference, Portland, OR, June 11-14, 1985, p57-70.

Stroustrup, Bjarne: "An Overview of C++", ACM SIGPLAN Notices, (ed.) Richard L. Wexelblat, Vol. 21 No. 10, October, 1986, p7-18.

Stroustrup, Bjarne: "Multiple Inheritance for C++", Proceedings of the Spring'87 EUUG Conference, Helsinki, May, 1987.

Stroustrup, Bjarne: "What is "Object-Oriented Programming"?", Proceedings of the First European Conference on Object-Oriented Programming, Paris, Springer-Verlag Lecture Notes in Computer Science, Vol. 276, June, 1987, p51-70; auch in Proceedings of the USENIX C++ Workshop, (ed.) Keith Gorlen, Santa Fe, NM, November 9-10, 1987, p159-180.

Stroustrup, Bjarne: "The Evolution of C++ 1985 to 1987", Proceedings of the USENIX C++ Workshop, (ed.) Keith Gorlen, Santa Fe, NM, November 9-10, 1987, p1-21.

Stroustrup, Bjarne: "Possible Directions for C++", Proceedings of the USENIX C++ Workshop, (ed.) Keith Gorlen, Santa Fe, NM, November 9-10, 1987, p399-416.

Stroustrup, Bjarne: "A Better C?", Byte Magazine, August 1988, p215-216.

Stroustrup, Bjarne: "Parameterized Types for C++", USENIX Proceedings of the 1988 C++ Conference, Denver, CO, October 17-21, 1988, p1-18.

Stroustrup, Bjarne: "Type-safe Linkage for C++", USENIX Proceedings of the 1988 C++ Conference, Denver, CO, October 17-21, 1988, p194-210.

Stroustrup, Bjarne; Shopiro, Jonathan E.: "A Set of C++ Classes", Proceedings of the USENIX C++ Workshop, (ed.) Keith Gorlen, Santa Fe, NM, November 9-10, 1987, p417-439.

Tiemann, Michael D.: ""Wrappers": Solving the RPC Problem in GNU C++", USENIX Proceedings of the 1988 C++ Conference, Denver, CO, October 17-21, 1988, p343-361.

Trespasz, Nancy: "Zortech Developing OS/2 Compiler, Interface Toolkit", Reseller News, July 18, 1988.

Trickey, Howard: "C++ vs. Lisp", Proceedings of the USENIX C++ Workshop, (ed.) Keith Gorlen, Santa Fe, NM, November 9-10, 1987, p440-449.

Udell, J.: "A C++ Toolkit", BYTE Magazine, November, 1988, p223-227.

van Wyk, Christopher J.: "A Class Library for Solving Simultaneous Equations", Proceedings of the USENIX C++ Conference, Washington, D.C., April 22-25, 1991, p229-234.

Vernon, Vaughn: "Object-Oriented OS/2", 1988 Programmer's Journal 6.5, p60-66.

Vlissides, John M.; Linton, Mark A.: "Applying Object-Oriented Design to Structured Graphics", USENIX Proceedings of the 1988 C++ Conference, Denver, CO, October 17-21, 1988, p81-94.

Waldo, Jim: "Using C++ to Develop a WYSIWYG Hypertext Toolkit", Proceedings of the USENIX C++ Workshop, (ed.) Keith Gorlen, Santa Fe, NM, November 9-10, 1987, p246-255.

Weinand, Andre; Gamma, Erich; Marty, Rudolf: "ET++ - An Object-Oriented Application Framework in C++", OOPSLA 88 Conference Proceedings, (ed.) Richard L. Wexelblat, San Diego, CA, September 25-30, 1988, p46-57.

Weinberger, Peter: "Interview with Bill Joy", UNIX REVIEW, April 1988, p60-67.

Weiss, Ray: "$99 PC C++ compiler", Electronic Engineering Times, July 11, 1988.

Weiss, Ray: "C++ compiler eliminates preprocessors", Electronic Engineering Times, July 11, 1988, p64.

Wiener, Richard S., Pinson, Lewis J.: "An Introduction to Object-Oriented Programming and C++", Addison-Wesley, 1988.

Wiener, Richard S.: "A First Look at the Oregon Software C++ Compiler", Journal of Object-Oriented Programming, June/July 1988, p54.

Wiener, Richard S.: "The Guidelines C++ Translator", Journal of Object-Oriented Programming, August/September 1988, p83.

Wilkinson, Nancy M.: "Virtual Functions in C++", UNIX REVIEW, August 1988, p57-62.

Wu, Shanun-inn: "LogiC++: An Integrated Logic and Object-Orientated Programming", Proceedings of the USENIX C++ Conference, Washington, D.C., April 22-25, 1991, p235-243.

ANHANG

A.1 Tabelle der Operatoren

Übersicht über die Operatoren und ihre Prioritäten:

Unäre Operatoren und Zuweisungsoperatoren sind rechts-assoziativ; alle anderen sind links-assoziativ.

Beispiele:

a = b = c	bedeutet	a = (b = c),	
a + b + c	bedeutet	(a + b) + c	und
*p++	bedeutet	*(p++).	

In der folgenden Tabelle befinden sich in jedem Block Operatoren gleicher Priorität. Ein Operator in einem höheren Block hat Vorrang vor einem in einem niedrigeren Block.

Definition von *lvalue*: Ein Objekt ist ein Speicherbereich, ein *lvalue* ist ein Ausdruck, der sich auf ein Objekt bezieht.

Operator	**Bedeutung**	**Beispiel**
::	Scope	*class_name* :: *member*
::	Global	:: *name*
->	Member-Auswahl	*pointer* -> *member*
.	Member-Auswahl	*class_name.member*
[ ]	Vektoren	*pointer* [*expr*]
( )	Funktionsaufruf	*expr*(*expr_list*)
( )	Wertkonstruktion	*type*(*expr_list*)
sizeof	Objektgröße	sizeof *expr*
sizeof	Typgröße	sizeof(*type*)

++	Post-Inkrementierung	lvalue++
++	Prä-Inkrementierung	++lvalue
--	Post-Dekrementierung	lvalue--
--	Prä-Dekrementierung	--lvalue
~	Komplement	~expr
!	nicht	!expr
-	unäres Minus	-expr
+	unäres Plus	+expr
&	Adresse von	&lvalue
*	Dereferenz	*expr
new	kreieren	new type
delete	löschen	delete pointer
delete[ ]	lösche Vektor	delete [expr] pointer
( )	Typkonversion (cast)	(type) expr

-->*	Member-Zeiger-Auswahl	pointer->*pointer-member
.*	Member-Zeiger-Auswahl	class-member.*pointer-member

*	multiplizieren	expr * expr
/	dividieren	expr / expr
%	modulo	expr % expr

+	addieren	expr + expr
-	subtrahieren	expr - expr

<<	links-shift	lvalue << expr
>>	rechts-shift	lvalue >> expr

<	kleiner als	expr < expr
<=	kleiner oder gleich	expr <= expr
>	größer als	expr > expr
>=	größer oder gleich	expr >= expr

==	gleich	expr == expr
!=	ungleich	expr != expr

&	bitweises UND	*expr & expr*
^	bitweises exklusives ODER	*expr ^ expr*
|	bitweises inklusives ODER	*expr | expr*
&&	logisches UND	*expr && expr*
||	logisches ODER	*expr || expr*
? :	arithmetisches IF	*expr ? expr : expr*
=	einfache Zuweisung	*lvalue = expr*
*=	muliplizieren und zuweisen	*lvalue *= expr*
/=	dividieren und zuweisen	*lvalue /= expr*
%=	modulo und zuweisen	*lvalue %= expr*
+=	addieren und zuweisen	*lvalue += expr*
-=	subtrahieren und zuweisen	*lvalue -= expr*
<<=	linksschieben und zuweisen	*lvalue <<= expr*
>>=	rechtsschieben und zuweisen	*lvalue >>= expr*
&=	UND und zuweisen	*lvalue &= expr*
|=	inklusives ODER und zuweisen	*lvalue |= expr*
^=	exklusives ODER und zuweisen	*lvalue ^= expr*
,	Komma (Sequenz)	*expr, expr*

A.2 Tabelle der reservierten Wörter

Folgende Wörter sind reserviert und dürfen nicht anderweitig benutzt werden:

```
asm         auto        break       case
catch       char        class       const
continue    default     delete      do
double      else        enum        extern
float       for         friend      goto
if          inline      int         long
new         operator    private     protected
public      register    return      short
signed      sizeof      static      struct
switch      template    this        throw
try         typedef     union       unsigned
virtual     void        volatile    while
```

Erläuterungen zu den reservierten Wörtern *asm, auto, register, volatile*:

asm :
Durch *asm(String)* wird die Assembler-Anweisung *String* ohne Compilierung an den Assembler weitergereicht.

auto :
Objekte, die in Blöcken deklariert werden, oder für formale Parameter einer Funktion kann zusätzlich das Schlüsselwort *auto* angegeben werden. Hierdurch wird (analog zu den Schlüsselwörtern *static* und *extern*) die Speicherklasse des Objektes festgelegt. Solche Objekte haben nur Gültigkeit innerhalb eines Blockes oder einer Funktion. Im allgemeinen ist die Verwendung der Angabe *auto* überflüssig und dient nur der besseren Lesbarkeit komplizierter Deklarationen/Definitionen, z.B.

```
auto   double* (*p) [5];
```

register :
Mittels der zusätzlichen Angabe des Schlüsselwortes *register* wird ein Objekt als ein Objekt der Speicherklasse *auto* (s. oben) gekennzeichnet. Diese Angabe ist ein Hinweis an den Compiler, daß dieses Objekt sehr häufig im Programm angesprochen wird und es somit aus Effizienzgründen vorteilhaft wäre, den Wert des Objektes in einem CPU-Register zu halten.

```
register   float i;
```

volatile :
Objekte können zusätzlich als *volatile* (flüchtig) definiert werden. *Volatile* ist ein Hinweis an den Compiler eine Optimierung an den Stellen zu vermeiden an denen solche Objekte auftreten. Dies ist zum Beispiel erforderlich, wenn der Wert des Objekts nicht nur durch das Programm geändert wird, sondern beispielweise auch durch andere laufende Programme. Typisches Beispiel für solche Objekte sind Ports.

```
volatile int ports[10];
...
int i  =  port[0];
    i  =  port[0];
    /*
      Die beiden Anweisungen werden hier nicht zu der
      Anweisung int i = port[0];  optimiert, da port ein
      volatile-Objekt ist.
    */
```

A.3 Tabelle der besonderen Zeichen

Folgende Zeichen haben eine spezielle Bedeutung und werden insbesondere zur Steuerung der Ausgabe verwendet:

```
'\a'        Alarm (Klingel)
'\b'        Backspace
'\f'        Seitenvorschub
'\n'        neue Zeile
'\r'        Carriage Return
'\t'        Horizontaler Tabulator
'\v'        Vertikaler Tabulator
'\\'        Backslash
'\''        Einfaches Anführungszeichen
'\"'        Doppeltes Anführungszeichen
'\?'        Fragezeichen
```

A.4 Tabelle der Anweisungen

Die folgende Beschreibung richtet sich nach der ANSI C++ Spezifikation.

Der Index *opt* kennzeichnet optionale Ausdrücke bzw. Anweisungen, d.h. diese können auch ausgelassen werden.

statement::
```
    labelled-statement
    expression-statement
    coumpound-statement
    selection-statement
    iteration-statement
    jump-statement
    declaration-statement
```

labelled-statement:
```
    identifier : statement
    case constant-expression : statement
    default: statement
```

expression-statement:
```
    expression_opt ;
```

compound-statement:
```
    { statement-list_opt }
```

statement-list:
```
    statement
    statement-list statement
```

selection-statement:
```
    if ( expression ) statement
    if ( expression ) statement else statement
    switch ( expression ) statement
```

iteration-statement:
```
    while ( expression ) statement
    do statement while ( expression ) ;
    for ( for-init-statement expression_opt ; expression_opt )

                                             statement
```

for-init-statement:
```
    expression-statement
    declaration-statement
```

jump-statement:
```
break ;
continue ;
return expression_opt ;
goto identifier ;
```

declaration-statement:
```
declaration
```

Man beachte, daß eine Deklaration eine Anweisung ist, und daß es keine Zuweisungsanweisung oder Funktionsaufrufanweisung gibt. Dies sind spezielle Ausdrücke.

A.5 Tabelle der Ausdrücke

Die folgende Beschreibung richtet sich nach der ANSI C++ Spezifikation.

expression :
```
assignment-expression
expression , assignment-expression
```

assignment-expression:
```
conditional-expression
unary-expression  assignment-operator  assignment-expression
```

assignment-operator: einer aus
```
=  *=  /=  %=  +=  -=  >>=  <<=  &=  ^=  |=
```

conditional-expression:
```
logical-or-expression
logical-or-expression ? expression : conditional-expression
```

logical-or-expression:
```
logical-and-expression
logical-or-expression  ||  logical-and-expression
```

logical-and-expression:
```
inclusive-or-expression
logical-and-expression  &&  inclusive-or-expression
```

inclusive-or-expression:
```
exclusive-or-expression
inclusive-or-expression  |  exclusive-or-expression
```

exclusive-or-expression:
```
and-expression
exclusive-or-expression ^ and-expression
```

and-expression:
```
equality-expression
and-expression  &  equality-expression
```

equality-expression:
```
relational-expression
equality-expression  ==  relational-expression
equality-expression  !=  relational-expression
```

relational-expression:
```
shift-expression
relational-expression  <  shift-expression
relational-expression  >  shift-expression
relational-expression  <=  shift-expression
relational-expression  >=  shift-expression
```

shift-expression:
```
additive-expression
shift-expression  <<  additive-expression
shift-expression  >>  additive-expression
```

additive-expression:
```
multiplicative-expression
additive-expression  +  multiplicative-expression
additive-expression  -  multiplicative-expression
```

multiplicative-expression:
```
pm-expression
multiplicative-expression  *  pm-expression
multiplicative-expression  /  pm-expression
multiplicative-expression  %  pm-expression
```

pm-expression:
```
cast-expression
pm-expression  .*   cast-expression
pm-expression  ->*  cast-expression
```

cast-expression:
```
unary-expression
( type-name )  cast-expression
```

unary-expression:
```
postfix-expression
++  unary-expression
--  unary-expression
unary-operator  cast-expression
sizeof  unary-expression
sizeof  ( type-name )
allocation-expression
deallocation-expression
```

unary-operator: einer aus
```
*  &  +  -  !  ~
```

allocation-expression:

```
::opt new placementopt new-type-name new-initializeropt
::opt new placementopt ( type-name ) new-initializeropt
```

placement:

```
( expression-list )
```

new-type-name:

```
type-specifier-list new-declaratoropt
```

new-declarator:

```
* cv-qualifier-listopt new-declaratoropt
complete-class-name ::cv-qualifier-listopt new-declaratoropt
new-declaratoropt [ expression ]
```

(Hierbei bezeichnet `cv-qualifier-list` eine Liste bestehend aus den Wörtern `const` und `volatile`)

new-initializer:

```
( initializer-listopt )
```

deallocation-expression:

```
::opt delete cast-expression
::opt delete [] cast-expression
```

postfix-expression:

```
primary-expression
postfix-expression [ expression ]
postfix-expression ( expression-listopt )
simple-type-name ( expression-listopt )
postfix-expression . name
postfix-expression -> name
postfix-expression ++
postfix-expression --
```

expression-list:

```
assignment-expression
expression-list , assignment-expression
```

primary-expression:

```
literal
this
:: identifier
:: operator-function-name
:: qualified-name
( expression )
name
```

name:
```
    identifier
    operator-function-name
    ~ class-name
    qualified-name
```

qualified-name:
```
    qualified-class-name  ::  name
```

literal:
```
    integer-constant
    character-constant
    floating-constant
    string-literal
```

A.6 Hinweise zur Benutzung von UNIX™-Rechnern

Die folgende kurze Zusammenfassung erläutert einige wichtige und elementare Schritte zur Benutzung von UNIX-Rechnern. Die angegebenen Kommandos sind allerdings von der jeweiligen UNIX-Version abhängig.

1. Eröffnen einer Terminalsitzung:

Nach dem angezeigten Wort

```
login:
```

ist die Benutzerkennung einzugeben und <CR> (Carriage Return) zu drücken. Beenden Sie alle Eingaben mit <CR>. Nach dem angezeigten Schlüsselwort

```
password:
```

ist das Passwort einzugeben, welches nicht auf dem Bildschirm angezeigt wird.

2. Aufruf des Manuals:

Mit dem Befehl

```
man  <kommandoname>
```

™ UNIX ist ein eingetragenes Warenzeichen der AT&T Bell Laboratories.

lassen sich häufig Informationen über das angegebene Kommando (z.B. cp für copy) abrufen (sogenannte Online-Hilfe). Kennt man das Kommando nicht, so lassen sich Informationen über in Frage kommende Komandos mit dem Befehl

```
man -k <bel. Wort(teil)>
```

abrufen (so z.B. die Suche nach einem Befehl zum Kopieren von Dateien mittels *man -k cop*).

3. Grundlegende Befehle zur Dateibehandlung:

Folgende Kommandos sind grundlegende Befehle beim Umgang mit Dateien. Ihre genaue Bedeutung und ihre Optionen kann man im Handbuch nachlesen oder wieder über die Online-Hilfe erfragen.

```
ls     -   Auflisten der Namen der Dateien im aktuellen
           Directory

cp     -   Kopieren von Dateien

mv     -   Umbenennen von Dateien

rm     -   Löschen von Dateien

more   -   Ausgabe einer Datei auf dem Bildschirm
           (alternativ pg oder less)
```

A.7 Hinweise zum Compiler

Da die vielfältigen Optionen beim Aufruf des C++-Compilers bei den verschiedenen Herstellern und den verschiedenen Betriebssystemen stark variieren, sollen an dieser Stelle nur einige nützliche Hinweise gegeben werden.

A.7.1 Aufruf des C++-Compilers:

Generell gilt, daß die Quelldatei mit einem Suffix zu versehen ist. Dieser Suffix variiert aber zwischen den verschiedenen Implementationen von C++.

Unter **Unix** sind zwei Suffixe gebräuchlich:

1) **.c** (.c zeigt hier die enge Verbindung zu C, da in C alle Quelldateien mit dem Suffix .c enden müssen).

2) **.C** (Zur Unterscheidung von den C-Quelldateien empfohlen).

Unter **MS-DOS** wird zwischen Groß- und Kleinschreibung nicht unterschieden. Hier sind zwei andere Suffixe gebräuchlich:

1) **.cxx** (ein x um 45 Grad gedreht ist ein +)
2) **.cpp** (p = plus)

CC ist üblicherweise der Aufrufname des AT&T-C++-Compilers (**cc** der des C-Compilers). Bei Compilern anderer Hersteller wird es natürlich andere Namen geben können.

Wird ein Programm mittels des C++-Compilers korrekt kompiliert, so wird automatisch ein ausführbares Programm mit Namen

```
a.out
```

generiert (wie in C auch). Will man dem ausführbaren Programm gleich beim Compiler-Aufruf einen anderen (sinnvolleren) Namen geben, so kann man dies mit der o-Option tun (s. u.).

Üblicherweise wird bei der Auslieferung des C++-Compilers auch standardmäßig eine gewisse Menge von Standard-Header-Dateien mitgeliefert, wie etwa die oft erwähnte *iostream.h*. Im Quellprogramm werden solche standardmäßig vorhandenen Header-Dateien durch eckige Klammern der folgenden Art gekennzeichnet:

```
#include  <iostream.h>
```

Der Anwender braucht sich nicht darum zu kümmern, diese Dateien beim Aufruf des Compilers hinzu zu binden; es geschieht automatisch. Möchte er jedoch selbstdefinierte Dateien einbinden, so muß er diese im Quellprogramm durch Anführungszeichen angeben:

```
#include  "meine_datei.h"
```

und beim Aufruf die I-Option des Compilers einschließlich des kompletten Suchpfades verwenden (s. u.).

Ein Aufruf des C++-Compilers kann damit etwa wie folgt aussehen:

```
CC  <zu  kompilierende  Datei>
    <-I     <evtl.  anzubindende  Header-Datei> >
    <-o     <Ausgabedatei> >
```

<zu kompilierende Datei> bezeichnet die zu übersetzende Datei (einschließlich dem gebräuchlichen Suffix).

<-I <evtl. anzubindende Header-Datei> > ist optional und gilt nur für selbstdefinierte Header-Dateien. Die Standard-Header-Dateien (üblicherweise unter */usr/include/CC*) werden automatisch angebunden.

<-o <Ausgabedatei>> ist ebenfalls optional. Wird der Befehl weggelassen, so wird das ausführbare Programm unter UNIX nach *a.out* geschrieben.

A.7.2 Präprozessor-Anweisungen

Unter Präprozessor-Anweisungen sind solche Anweisungen zu verstehen, die direkt im Quellprogramm stehen, wie etwa *#include <iostream.h>*. Präprozessor-Anweisungen beginnen immer mit einem # in der ersten Spalte der Datei.

Hinweis:
Diese Einschränkung ist teilweise nicht mehr notwendig. Gemäß der ANSI C++ Spezifikation dürfen auch *white space characters* vor dem Zeichen # auftreten.

Diese Präprozessor-Anweisungen werden vor der Compilierung durch einen Präprozessor ausgeführt und seine Ausgabe wird als Eingabe für den C++-Compiler verwendet.

Neben der bereits erklärten *include*-Anweisung sind noch einige andere Anweisungen nützlich:

1) Mittels der **define**-Anweisung können Konstanten definiert werden (eher in C gebräuchlich, weil dies in C++ durch Verwendung von *const* unnötig geworden ist) oder dem Programm Namen bekannt gemacht werden (vergleiche hierzu Punkt 2):

```
#define NULL  0
#define IOSTREAM.H
```

Bei der Angabe solcher auch als Makro bezeichneten Definitionen, ist auch die Angabe von Parametern möglich:

```
#define square(x)    x * x
```

Solche Makrodefinitionen sollten allerdings sehr sorgfältig vorgenommen werden. So wird z.B. die Anweisung

```
int a = 3;
int b = square(a++ + 1);
```

ersetzt zu

```
int b = a++ + 1 * a++ + 1;
```

welches sicherlich nicht den gewünschten Effekt hat. Teilweise läßt sich dieser Fehler durch vollständige Klammerung beheben:

```
#define square(x)  ( (x) * (x) )
```

Dies verhindert allerdings nicht die zweimalige Inkrementierung von *a*.

Wie dieses einfache Beispiel zeigt, sollten *define*-Anweisungen nur sehr selten benutzt werden (s. 2)). Im allgemeinen sind die Möglichkeiten der Sprache C++, z.B. durch konstante Objekte, Inline-Deklarationen und Schablonen, Präprozessor-Anweisungen vorzuziehen.

2) Eingebundene Dateien können selbst wieder *include*-Anweisungen beinhalten. Wegen der häufig tief verschachtelten Struktur von eingebundenen Dateien kann es daher zu dem unerwünschten Effekt kommen, daß eine Header-Datei mehrfach in ein Quellprogramm eingebunden wird. Um dem vorzubeugen, können **konditionale Präprozessor-Anweisungen** verwendet werden:

```
#ifndef IOSTREAM.H
#define IOSTREAM.H
        ...  // Hier der Inhalt von iostream.h
#endif
```

Diese konditionale Anweisung wird als wahr ausgewertet, falls der hinter **#ifndef** folgende Name noch nicht definiert worden ist. In diesem Fall werden alle folgenden Zeilen bis zum **#endif** eingebunden; im anderen Fall werden alle Zeilen bis zum *#endif* ignoriert.

Wird demnach (im obigen Beispiel) die Header-Datei *iostream.h* nochmals per verschachtelter *#include*-Anweisung eingebunden, wird die *#ifndef*-Anweisung als falsch bewertet und das nochmalige Einbinden vom Präprozessor unterdrückt.

Ähnliches, jedoch mit umgekehrter Semantik, bewirkt die **#ifdef**-Anweisung. Sie wird als wahr bewertet, falls der darauf folgende Name bereits definiert ist:

```
#ifdef UNIX
 ...    //  Unix-spezifischer Code
#endif

#ifdef MSDOS
...     //  MS-DOS-spezifischer Code
#endif
```

Beide vorgestellten konditionalen Anweisungen können mit **#else** kombiniert werden:

```
#ifdef UNIX
  ...   //  Unix-spezifischer Code
#else
  ...    // MS-DOS-spezifischer Code
#endif
```

Falls der Name UNIX bereits definiert worden ist (wahr), wird der Unix-spezifische Code eingebunden, andernfalls der MS-DOS-spezifische Code.

3) C++ besitzt einen vordefinierten Namen **__cplusplus** (zwei Unterstriche am Anfang). Die Verwendung dieses Namens (in Kombination mit einer konditionalen Präprozessor-Anweisung) ist dann sinnvoll, wenn C-Code und C++-Code vermischt werden soll bzw. vorher nicht feststeht, ob die Quelldatei mit dem C- oder dem C++-Compiler übersetzt werden wird:

```
#ifdef __cplusplus
        extern drucke (int, int);
#else
        extern drucke( );
#endif
   /*
        Bewirkt die korrekte extern-Deklaration
        unabhängig von der Verwendung des C- oder des
        C++-Compilers
   */
```

Der Präprozessor (häufig **cpp** = **C-Präp**rozessor genannt), welcher diese Präprozessor-Anweisungen interpretiert, ist oft eng an die Sprache C gekoppelt. Einige Implementierungen von C++-Compilern benutzen sogar einfach den unterliegenden C-Präprozessor. Dies ist auch der Grund dafür, daß der Ein-Zeilen-Kommentar mittels // in manchen Implementierungen von C++ nicht erkannt wird (Zur Erinnerung: Die Kommentar-Zeichen sind auch Präprozessor-Anweisungen). Deshalb ist es am sichersten, die C-Notation für Kommentare zu verwenden, falls sie in einer Zeile mit einer Präprozessor-Anweisung vorkommen:

```
#ifdef UNIX     /*   Unix oder MS-DOS? */
  ...           /*   Unix-spezifischer Code   */
#else
  ...           /*   MS-DOS-spezifischer Code   */
#endif
```

A.8 Einbinden von C-Funktionen in C++

In einem C++-Programm können auch C-Funktionen verwendet werden. Hierzu muß dem Compiler der Hinweis gegeben werden, daß es sich um eine extern definierte C-Funktion handelt.

Beispiele:

```
extern "C"  int  vsprintf(char*, const char*, va_list);

extern "C"  system(char*);

extern "C"  char*  malloc(size_t);
```

Die Bezeichnung *"C"* weist die so deklarierte Funktion als C-Funktion aus.

A.9 Unterschiede der Version 2.0 zur Version 1.2

Generell fallen die Unterschiede in zwei Kategorien:

1) Änderungen in der Semantik der Version 1.2, die zu Inkompatibilitäten führen können. Hierunter fallen z.B. die Initialisierung und Zuweisung von Klassenobjekten (früher bitweise und in Version 2.0 memberweise) und die unterschiedliche Behandlung von überladenen Funktionen (z.B. früher mit Schlüsselwort *overload* und in Version 2.0 ohne).

2) Erweiterungen der Sprache wie z.B. mehrfache Vererbung, die zusätzliche Schutzebene *protected*, virtuelle Basisklassen, das Überladen der Operatoren *new* und *delete* und konstante sowie statische Member-Funktionen.

A.9.1 Änderungen der Semantik von Version 1.2

Das Verhalten folgender Sprachmittel und Konzepte hat sich in Version 2.0 gegenüber Version 1.2 geändert:

- Das Schlüsselwort *overload* braucht zum Überladen von Funktionen nicht mehr verwendet zu werden.

- Literale Konstanten wie z.B. *'a'* werden nun als *char*-Typ gewertet und nicht mehr als *int*. Gleichzeitig ist der Ausgabe-Operator << jetzt in der Lage, literale Konstanten direkt als *char* auszugeben und nicht mehr nur die Integer-Repräsentation.

- Klassenobjekte werden nicht mehr bitweise, sondern memberweise kopiert.

- Der Argumentenvergleich unterscheidet in Version 2.0 auch zwischen konstanten und nicht-konstanten Zeiger- und Referenz-Argumenten. Ebenso wird zwischen den "kleinen" Integer-Typen und *int* sowie zwischen *float* und *double* unterschieden.

- Eine Funktion kann nicht mehr verwendet werden, bevor sie deklariert worden ist (In Version 1.2 wurde eine Warnung generiert; möglich war es trotzdem).

- Anonyme Unions, welche auf Dateiebene definiert sind, müssen nun als statisch deklariert werden.

- Die Initialisierung von Default-Argumenten kann nur einmal spezifiziert werden.

- Variablen auf Dateiebene müssen in Version 2.0 nicht mehr mittels konstanter Ausdrücke initialisiert werden (in Version 1.2 mußte der konstante Ausdruck zur Kompilierzeit ausgewertet werden können; dies entfällt in Version 2.0).

- Operator-Funktionen als Member von Klassen unterliegen in Version 2.0 den evtl. vorhandenen verschiedenen Zugriffsrechten.

A.9.2 Nicht unterstützte Konzepte in Version 1.2

Folgende Konzepte und Sprachmittel sind der Version 2.0 hinzugefügt worden und werden nicht von Version 1.2 unterstützt:

- Mehrfache Vererbung,

- Pure virtuelle Funktionen,

- Virtuelle Basisklassen,

- Typensicheres Binden,

- Überladen der Operatoren *new* und *delete* sowohl auf Dateiebene als auch bei individuellen Klassen,

- Überladen des Kommaoperators und des -> Operators,

- Konstante Member-Funktionen,

- Statische Member-Funktionen,

- Explizite Initialisierung statischer Member,

- Explizite Speicherplazierung von Objekten mittels des Operators *new*,

- Explizites Löschen von Klassenobjekten durch direkten Aufruf des Klassen-Destruktors.

A.10 Unterschiede der Version 3.0 zur Version 2.0

Die Version 3.0 bietet zusätzlich die Möglichkeit der Definition von Funktions- und Klassenschablonen an. Ferner können jetzt die Inkrement- und Dekrementoperatoren als Postfix- und Präfix-Operatoren im Kontext von Klassen definiert werden.

Die wichtigsten weiteren Unterschiede sind:

- Ab Version 3.0 ist es zusätzlich möglich, Basisklassen als *protected* Basisklassen zu verwenden. In Version 2.0 ist nur die private oder öffentliche Ableitung erlaubt:

```
class landfahrzeug : protected fahrzeug
        /*
          Alle public-Member der Klasse fahrzeug
          werden protected-Member der Klasse
          landfahrzeug
        */
{
   ...
};
```

- Vererbung purer virtueller Funktionen:
  In Version 2.0 muß eine abgeleitete Klasse, deren Basisklasse eine pure virtuelle Funktion definiert, eine Funktionsdefinition angeben. Version 3.0 hebt diese Einschränkung auf. Falls keine Funktionsdefinition

angegeben wird, erbt die abgeleitete Klasse die pure virtuelle Funktion. In diesem Fall dürfen keine Objekte der abgeleiteten Klasse definiert werden (abstrakte Klasse).

- Typen können jetzt innerhalb einer Klasse definiert werden und besitzen auch nur innerhalb dieser Klasse Gültigkeit. In Version 2.0 ist eine Typdefinition innerhalb einer Klasse in dem gleichen Gültigkeitsbereich gültig wie die Klasse selbst.

  Beispiele:

```
class fahrzeug
{
    public:
        enum Art  {Land, Wasser, Luft, Raum};
    ...
};

class landfahrzeug : public fahrzeug
{
    public:
        enum Art  {PKW, LKW, Bus, Bahn};
               /*
                 Fehler in Version 2.0, da Redefinition
                 des Typs Art.
                 OK in Version 3.0. Für abgeleitete
                 Klassen ist jetzt diese Defintion des
                 Typs Art gültig.
               */
          ...
};

Art mein_typ;
               /*
                 OK in Version 2.0, da Typ Art global
                 definiert ist.
                 Fehler in Version 3.0, da der Typ nur
                 in der Klasse fahrzeug bzw.
                 landfahrzeug Gueltigkeit hat.
               */

fahrzeug :: Art  dein_typ;
               /*
                 Fehler in Version 2.0; fehlerhafte
                 Syntax.
                 OK in Version 3.0, da Scope-Operator
                 angewendet wird.
               */
```

- Die Aufrufsyntax für den Destruktor wurde geändert:

```
Zeiger -> X :: ~X();
        /*
            Sowohl in Version 2.0 als auch Version 3.0
            erlaubt.
        */

Zeiger -> ~X();
        //  Nur in Version 3.0 erlaubt
```

- Beim Löschen von Vektoren von Klassen mittels des Operators *delete* muß nicht mehr die Dimension des Vektors angegeben werden; es genügt die Angabe von leeren eckigen Klammern:

```
X  *Zeiger  = new X[5];
delete [5] Zeiger;
        /*
            Sowohl in Version 2.0 als auch in Version
            3.0 erlaubt
        */


X  *Zeiger  = new X[5];
delete [ ] Zeiger;
        //  Nur in Version 3.0 erlaubt
```

- Existieren überladene Funktionen mit mehreren Parametern, so wird bei Aufruf die Funktion gewählt, die eindeutig besser bzgl. mindestens eines Arguments im Vergleich zu den anderen Funktionen zugeordnet werden kann. In Version 2.0 wird dagegen nur gefordert, daß die Zuordnung genauso gut <u>oder</u> besser sein muß.

- Um Klassenschablonen zu unterstützen, ist der Aufruf von Konstruktoren und Destruktoren jetzt auch für elementare Typen erlaubt:

```
double d(29.1);         // Entspricht: double d = 29.1;

double *zd  = new double();
                          /*
                             zd zeigt auf einen nicht
                             definierten double-Wert
                          */

zd -> ~double();
```

- Der Name eines formalen Parameters einer Funktion ist sofort nach seiner Deklaration gültig:

```
double d = 4.1;

f( int d, int e = d) { ... }
        /*
          In Version 2.0 entspricht dies
          f(int d, int e = ::d) { ... }
          In Version 3.0 bezieht sich der Name d auf
          den ersten formalen Parameter
        */
```

Obige Funktionsdefinition ist daher in Version 3.0 nicht erlaubt, da es nicht zulässig ist, lokale Variablen als voreingestellte Werte (Defaultwerte) zu verwenden.

REGISTER